BIM 经典译丛

数据驱动的设计与施工

BIM 经 典 译 丛

数据驱动的设计与施工

——25 种捕获、分析和应用建筑数据的策略

［美］兰迪·多伊奇 著

顾文政 蔡红 译

张志宏 校

中国建筑工业出版社

著作权合同登记图字：01–2016–8962 号

图书在版编目（CIP）数据

数据驱动的设计与施工——25 种捕获、分析和应用建筑数据的策略／（美）兰迪·多伊奇著；顾文政，蔡红译．—北京：中国建筑工业出版社，2018.10

（BIM 经典译丛）

ISBN 978–7–112–22799–0

Ⅰ．①数…　Ⅱ．①兰…②顾…③蔡…　Ⅲ．①建筑设计－计算机辅助设计－应用软件　Ⅳ．① TU201.4

中国版本图书馆 CIP 数据核字（2018）第 231526 号

Data-Driven Design and Construction: 25 Strategies for Capturing, Analyzing and Applying Building Data/ Randy Deutsch, 9781118898703

Copyright © 2015 by Randy Deutsch
Chinese Translation Copyright © 2018 China Architecture & Building Press

本书经美国John Wiley & Sons，Inc.出版公司正式授权翻译、出版

丛书策划

修　龙　毛志兵　张志宏
咸大庆　董苏华　何玮珂

责任编辑：董苏华
责任校对：焦　乐

BIM 经典译丛
数据驱动的设计与施工——25 种捕获、分析和应用建筑数据的策略
[美] 兰迪·多伊奇　著
　　顾文政　蔡红　译
　　　　张志宏　校
＊
中国建筑工业出版社出版、发行（北京海淀三里河路9号）
各地新华书店、建筑书店经销
北京雅盈中佳图文设计公司制版
北京圣夫亚美印刷有限公司印刷
＊
开本：787×1092毫米　1/16　印张：22¼　字数：459千字
2018年10月第一版　2018年10月第一次印刷
定价：**89.00**元
ISBN 978–7–112–22799–0
　　　　（32875）
版权所有　翻印必究
如有印装质量问题，可寄本社退换
（邮政编码 100037）

致我的儿子 Simeon，
他教我找到写作和生活的
主要源泉

如果我们有数据，我们就来看数据。
如果我们只有看法，那就听我的。

—— Jim Barksdale

目录

第一部分 为什么要用数据，为什么现在用？

第二部分　捕获、分析和应用数据

序言

在这本综合性著作中，兰迪·多伊奇（Randy Deutsch）教授解锁并道破了21世纪建筑隐藏的密码。那就是数据、大数据、作为驱动力的数据。单单"数据"这个词就会使大多数建筑师感到脊背发凉。它被视为是冷酷的、分析性的、缺乏艺术的——一个暗示着没有形状的词。对某些设计行业的人，尤其是那些在21世纪之前接受教育的人，这预示着他们所学的建筑学的死亡，他们已经认识到这一点了。可是数据——信息的组成模块，是21世纪建筑DNA的一根重要的链条。

和许多很年轻的时候就对建筑感兴趣，然后在1970年代用丁字尺、三角板、计算尺接受教育和训练的人一样，在过去的四十多年里，我在这个行业里看到了重大的变化。在设计所受影响、生产变革以及成果改变方面，这段时间里出现的转型（很多是革命性的），可能比过去5个世纪都多。我们这一代人不得不从头再学一遍建筑学。我们不再依赖钢笔、铅笔，以及由直觉和有限分析驱动的机械设备。相反，我们可以依靠真实的分析和研究、被分解与分享为数据位0和1的真实信息，以及成指数级别地改变我们认知的软件，将分析转变成为基于事实的丰富多彩的形式。

0和1将词语、数字和图像分解成为一种常用的有多种形式的共享语言。0和1为数据编码。它们是可分析的和虚拟的，取代了直观和正统的建筑和设计的本性，而这种本性在我们受教育时被说成是永恒的。勒·柯布西耶出于对黄金分割和测量的兴趣所提出的模数概念，可以认为是早期对0和1的模拟，尽管大多数建筑师选择把它看作是单纯的尺度或者是空间和形状的立方体和容积的定义者。这是一些以规则集或原则形式存在的、有助于生成形式的简单数据。

"*信息*"是个对多数建筑师都有真实意义的词——特别是当它确保了他们事实和想法的交流，可能导致实现设计意图的时候。以信息为基础的设计似乎是无害的，但对于许多建筑师，它具有的含义是多重的。21世纪的信息是数据驱动的并以数据为基础的。从根本上说，"**信息**"是作为建筑学基本组成模块的一个词，它跨越世代、意义和结果。

"形式"（form）是大多数建筑师拥抱的一个词。究其根源，对以设计为导向的建筑师来说，它意义最大。预制（pre-form）、运转（per-form）、规划（form-ulate）等等，都是通过加上前缀或后缀，积极地修饰词根（form），使其变为更有意义和深度的词。在当前新的建筑学中，0 和 1，进而数据，赋予形式以意义、延伸形式并且使形式丰富多彩。21 世纪的形式，特别是建筑师所想象的，只能通过数据创作，根据数据修改，用数据实现，并且通过数据予以测量。

多伊奇教授讲述数据、信息和形式，不仅解释了如何使用它们，而且解释了它们是如何有用的。更重要的是，他讨论了运用大数据的好处和积极的结果。那些 0 和 1 通过数据成为建筑，组成了信息并帮助产生丰富多彩的形式。这该是何等新颖的想法：建筑可以变得消息灵通、智能，能够提供反馈、不断调整，并持续改善——不仅因为作为建筑师的我们说它可以，而且因为数据要么告诉我们它是可行的、要么帮助我们调整那些不可行的。我们的建筑能够响应我们的环境、响应我们，反过来，它也可以不断给后续的建筑提供信息。

xiv　　　但是直到如今，我们已经进入新千年 15 年了，仍然有许多建筑师和建设者并不这么认为。尽管如此，建筑可以，并且将会，通过对数据的收集、分析和操纵所获得的信息变得更好。它将在更多方面得以实时改进——在初步设计、扩初设计和施工图设计阶段，其提高设计的程度是明显的、可度量的，而不仅仅是凭直觉的。最后，数据不随着概念和设计停止。正如本书所说，它的重要性不仅针对建筑行业中诸如供应商和承包商等，而且远远超出了委托建造的客户入住建筑物之后。数据的影响是一个完整的周期，不断地提供信息给建筑并改进建筑。

本书为我们提供了成为明智且有知识的追求者的机会，去追求数据及其带来的可以使建筑成为美妙的、有用的和智慧的艺术形式的机遇。建筑，已经不像我们受教育的时候那样了，现在的建筑，既可以实现一个梦想，且讲述更多真实。

James Timberlake,
美国建筑师学会资深会员（FAIA）
KieranTimberlake
建筑事务所合伙人

前言

夏洛克·福尔摩斯具备非常敏锐的直觉，但他只有在已经收集到足够的数据来消除误报时才这样。

——Jonathon Broughton，数据管理人

写这本书的动力可以追溯到我还是个大学生的时候。在我即将从建筑研究生院毕业的时候，作为毕业礼物，我的导师——一位教授——给我一本他一直没能写成的书的草稿提纲。"这个，你来写吧。"他说，好像他是在给一本书让我读。那本书——如果写成了的话——是关于建筑的理由，是一个当时以及长久以来我一直感兴趣的主题。我发现了专业设计人士为他们的建筑行为提供令人信服的终极理由的机会。虽然这本书到目前为止还没有写（而且本书也并不是那本书），但对于过程、决策和专业判断的专注，在我的思想、在我的公开演讲中却占了主导地位，并且，为我在以下章节中呈现的对建筑行业的数据研究提供了信息。

最近，我作为首席设计建筑师，带领一队优秀的设计师和研究人员，做一个公寓楼原型设计。只是这不是典型的住宅项目：该大楼将不引人注目地挖掘居民们的数据。换句话说，作为补贴租金的交换，将从大楼的居民中提取数据。我的任务，作为全队唯一的建筑师，一部分职责是设计出有吸引力的、可运行的、可建造的住房。但是，我很快就发现（更重要的是团队成功的结果），重大的职责是确保全天候地收集来自居民的宝贵数据而让他们感觉不到是在偷听、窃听或大量的干预。换句话说，数据收集工作必须让人感觉到是无缝的和无形的。最重要的是，它不能让人感到毛骨悚然。这不是第一次一个建筑师被要求设计看不见的东西，但事实证明这是最重要的。客户对数据的着迷有助于解释，为什么作为一名建筑师，我被吸引到数据驱动设计这个题目上来了。在我的职业生涯中第一次，设计和数据头对头地碰上了。这不会是最后一次。

对于我这个注册建筑师、房屋设计师和教授来说，真正的启示是，住房项目——建筑——被团队所有人当作一件几乎是附属的东西。当然，它需要在那里：居民需要有地方住。需要一种东西来将雨和雪挡在他们的卧室之外。但是，可以肯定，每一次会议的重点是数据：怎么以这样的一种方式来收集数据，使得人们不觉得有人在看他们的一举一动，不管有多么私密。例如，在建筑物中没有人会意识到显眼的数据收集装置。如何

去挖掘这幢建筑里居民们的数据，是真正的设计任务。目标是使数据采集无害、无法察觉，而且显得人性化。

在我作为一个建筑设计师的职业生涯中，我不断受到挑战，要去说服客户去跟从，或者也常常劝阻他们去跟从，一个特定的设计方向。建筑师在推荐一个首选的设计方向时，能做的事情很有限。早些时候，我意识到，当一个决定（我们所谓的偏好）是由可靠的数据支持的时候，这一过程就会更成功——更快且痛苦更少。

举个例子，当一个客户前来接洽，由于预期的增长，他们要扩建他们的总部，总有一些猜测的工作要做，比如将来完成的项目在业主入住时及以后，是否会和业主的需要相符。我看着扩建工程，在接近尾声的时候，适应了公司预期的扩张需求，但不是他们严重低估的未来需求。数据和数据分析预测结果的能力——在本书中有几个人和几个案例证明——将可以防止出现这些存在压力和不愉快的结果。

在我作为一个大学教授的平行职业生涯中，不管是在综合型的还是在整合型的设计工作室中，指导建筑施工工序、专业实习或者混合现实（虚拟和现实）施工管理等课程，我已经认识到数据这个主题渗透在课程的中心。尽管如此，要想在长久使用的备用课程"建筑作为建筑"或"建筑作为文档"之上，开设一门关于"建筑作为数据"的课程，恐怕也很难获得批准。学生们为了能在新的工作环境中茁壮成长而需要学习的东西，并不总是在课堂上教授的。认识到这一点是令人沮丧的。有些东西需要改变。

当我在写我的上一本书《BIM 与整合设计——建筑实践策略》[*]（John Wiley & Sons, 2011）的时候，我开始越来越关注 BIM 中的"I"了，它代表"信息"。我注意到，对多数用户来说，BIM 模型被当作一个容器或保管东西的地方。人们会说，模型"装着"物体、建筑规范、规格和其他类型的信息，就像书架装着书籍一样。作为类比，这不是非常复杂的一个。

在认识 BIM 的价值的时候，大多数个人和企业现在使用 BIM 作为一个文档创建工具，然而，设计和施工的专业人士需要认识到 BIM 的真正价值是作为一个数据库，并开始拿它当作数据库来对待。此外，通过 CIFE（Center for Integrated Facility Engineering，集成设施工程中心——译者注）的 Paul Teicholz 和其他人正在进行的研究，人们越来越清楚，光靠 BIM 本身是不会提高建筑行业的劳动生产率的。经过 50 多年的跟踪，建筑行业仍然落后于其他非农产业。为了提高效率，我们需要更多的东西。在《BIM 与整合设计》中，我认为我们需要协作和整合，从而在使用 BIM 的时候能够更快地取得更高的收益。在本书的写作过程中，这些收益还没能实现。[1] 如果我们要在有生之年看到进展的话，需要有别的东西与整合团队的工作相结合，来做这项繁重的工作（图 P1）。

这里，在本书中，我提出：利用、捕获、分析并应用建筑数据，是解决我们行业的集体生产力困境的答案。

---

[*] 该书中文版已由中国建筑工业出版社于 2017 年 2 月出版。——编者注。

提出正确的问题

> 从数据开始，不先作很多思考、没有任何条条框框，是通向简单问题和不足为奇的结果的一条捷径。选择正确的技术同提出正确的问题相比，必须居于次要地位。

> —— Max Shron[2]

会议是讨论某一领域最重要问题的场所，作为圣母大学（Notre Dame University）可持续数据社区的成员，我最近在他们的论坛上发表演讲的时候提出了以下 12 个问题：

● 建筑行业是最后应用数据的行业——为什么？

● 在其他行业里什么推动了数据的应用？

● 为什么现在发生这种情况？

● 在我们的实践和组织中，在我们的业务、工作现场、住处和办公室里，是哪些力量协同到一起，使得利用数据的时机成熟了？

● 将数据整合到我们行业的商业案例是什么？

● 当设计专业人员使用数据时，是否确定具有竞争优势？

● 建筑师是否必须适应与数据分析师一起工作？

● 我们是否需要修改建筑学课程，怎样将在设计项目中收集、分析和使用数据这样的学习内容包含在内？

● 数据是否可以被处理成一种形式，使得非专家也可以进行分析、沟通？

● 知识和判断从哪里引入？使用数据，怎样才能得到见解？

● 我们如何保证我们的数据是高质量的？

● 我们可以合法地允许别人依靠我们模型中的数据吗？我们能保证这些数据吗？谁来承担法律责任？

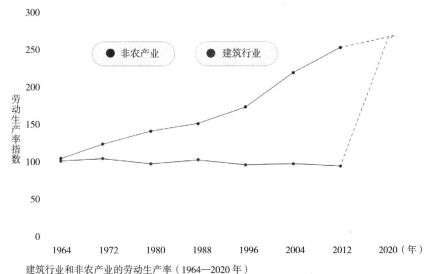

建筑行业和非农产业的劳动生产率（1964—2020 年）
来源：*Paul Teicholz, Aditazz Technical Advisory Board*

图 P1　BIM 本身不会提高建筑行业的劳动生产率。建筑行业经过 50 多年的追赶，仍然落后于其他非农产业 © *Aditazz*

为了写作本书，我和世界各地的设计、施工和运营专业人士以及教育工作者进行了 40 次深入的访谈，我觉得除了一个提问外，所有这些提问都是必要的。第一个提问是：为什么建筑行业是最后一个应用数据的行业？原来，设计专业人员，无论是在大公司还是小公司，使用复杂的数字工具还是手工工具，凭借智力还是直觉，已经在他们的工作中很好地使用了数据，并取得令人印象深刻的结果。只是我们，作为一个行业的专业人员，直到现在都没有说出来而已。在本书中，我试图回答这些问题中的每一个问题，以及更多其他问题。

有一个星期，我与一所大学的设施和运营总监在一起长途旅行。谈到有关我研究的话题时，我提起我的书——你现在正在读的这本——《数据驱动的设计与施工》。他看着我，好像在问，这将如何帮助我？这本书向他——现在是向你——展示了：如何通过基于实践的研究和对行业及学术领袖的深入访谈探究和回答这些以及一些其他紧迫问题，并提出可操作的策略，使设计和施工专业人员能够使用这些策略，在有关设计方向、推进项目、壮大他们的组织、保持竞争力和不断创新方面使客户信服。

不管你试图完成什么，数据在实践的每一个方面发挥着作用。当然数据可以在设计和规划中用于生成不同的造型和创造有趣的几何形状，但是那只是数据可以做事的开始：

- 数据可以确保你的设计保持创新和相关性。
- 数据有助于提高建筑性能和改进生产力，并且增强人的能力、提升经营业绩，因

为它能预测设施未来的性能。

- 通过赢得项目或者通过说服客户一种特定的设计选择是最优秀的，数据可以帮助团队、企业和业主取得业务成果，可以用来为业主、承包商和建筑师降低风险。
- 数据有助于从决策过程中排除情绪因素，并通过证明团队的最初概念的正确性来让他们在作出决定时更有信心。它可以帮助设计人员从他们所处理的信息中得到答案，并最终验证他们的结果。
- 数据提供了对建成环境的各个方面的客观评价，帮助我们证明设计决策并预测我们所提议的行动路线的后果。

在设计和施工中应用数据的额外好处和挑战，对于建筑师、工程师、建筑业主和设施管理人员而言，可以在引言里找到；对于业主而言，可以在第 8 章里找到。这本书介绍了受数据支持的、通过数据了解情况的或受数据驱动的专业人士和他们的组织，并分享了他们的建议、见解以及这样做的策略。它还通过向建筑师、工程师、承包商、业主以及这些领域的学生解释如何获取并使用数据，以作出更了解情况的、明智的决定，来提出和改正我们学习中的空白。此外，它还提出并试图回答一些设计和施工的专业人士、业主以及他们的团队需要弄清楚的重要的问题，以扩展他们的业务、推进他们的设计议程。

这本书不是关于建筑的又一新的运动或趋势。事实上，在建筑中应用数据并没有什么新鲜的东西（在建筑中应用数据至少可以追溯到文艺复兴时期，如果不是更早的话）。"数据"，根据一位从业者的认识，"是一种在

有意或无意之间，塑造了建筑、规划和设计很多代人的东西。它被收集的方法太多了，多得无法揣测。"

xix 建筑中的一种刚刚开始引起人们注意的（一种至今尚未被正式记录的）趋势，是数据驱动设计正在成为 BIM 和建筑计算分析及其相关工具融合的新前沿。我们看到，计算设计工具与 BIM 的同时开发，在赢得项目、改变业主对基于模型研究的价值的观点方面，具有改变游戏规则的作用。目前，有一小部分从业者在使用它，为学生一进入这个行业就受到投资回报率和方法学的培训创造了条件。无疑，接受过培训的学生进入劳动力市场后，将会推动行业蓬勃发展。

目前的专业讨论一直更聚焦于 BIM 而不是同样能改变游戏规则的计算分析。本书针对项目团队的所有成员，试图通过跨越设计、施工、所有权和建筑物运营的界限，以寻求纠正这种情况。将 BIM 看作是数据驱动设计（data-driven design，D3）中数据的来源，这种方法是独特的。我希望，有一本书，将会促使人们关注这个话题，激励学校和大学开始在他们的课程里，着手接触数据驱动设计这一课题，这在今天发生得还不够经常。在建筑和施工管理学校内，令人惊讶的是学生们不了解这个问题。该是改变这一切的时候了。

由于数据驱动设计影响到建筑的全生命周期的很多方面，这本书试图要尽可能具有包容性。虽然书名是《数据驱动的设计与施工》，但是如果封面足够大的话，书名中还将放上包括数据驱动的规划、教育者、业主、运营商、设施经理、能源顾问、战略、研发以及房地产等内容。对于我的研究，我依靠多种来源，在更为传统的来源中，包括我自己的经验，但我特别依靠对终日与数据打交道的建筑行业内的思想领袖们的第一手的采访。

改革者和思想领袖们对数据的利用贯穿整个建筑生命周期

本书的材料来源于作者最近与公司领导人和其他行业高管的访谈，这些公司的规模从小型独资企业到大型跨国组织。受访者的应答被记录下来，由作者转换成文字，并浓缩出版。他们的职位反映了他们在接受采访时的状况。谈话发生在 2014 年的 2 月至 7 月之间。那些接受采访的人（共有 40 人），包括正在推动这个行业转型的人。在许多情况下，受访者利用访谈的机会阐明了自己在工作和实践中对数据的思考。这些观点和我随后的评论一起，描绘了一张关于建筑行业发展方向的连贯的（如果不是全面的）蓝图。

书中出现的从业者和学者是建筑师、工程师、承包商、业主 / 运营商、能源顾问、预测分析师和数字顾问的典型代表；他们倾向于从数据角度思考。有些人在管理和领导岗位，有些人从事设计工作，有些人则从事施工或运营工作。无论在大公司还是小公司，有些人工作在第一线；有些人则在办公室；有些人来自学术界；有些人来自营销和战略部门；有些人沉浸在软件中，从事数字技术或气候工程方面的咨询，并根据需要提供一些新开发的工具。有 xx 些是熟悉的名字，有些对你来说会是新的——但在短时间内所有人都会在你的工作、职业和思考中变得熟悉起来。

你在本书中遇到的从业者和学者们都有一个共同点，他们都对数据话题有浓厚的兴趣和见解；他们都有一个在工作中利用数据以实现卓越成果的良好记录。他们一起为我们展示了当前建筑行业中数据是如何被利用的。建筑、工程、计算机科学、信息学以及那些属于本研究方向的从业人员目前正在研究方法，用来建立新的途径，去搜集数据、传播数据——包括可持续发展数据——以帮助改善我们的宜居建成环境。本书介绍了一些个人和企业，他们有效地、创造性地使用软件，达到了更高的目的和应用；深入讲述了他们的知识背景，分享了他们的最新研究成果、最佳实践方法和见解，并提出关于数据是如何被那些走在前列的人们所利用的事实性信息。它介绍了在建筑行业中有趣地应用数据的人，并且第一次从业务内部着眼，仔细观察了那些在建筑行业里的人是如何用数据工作的，以及他们所得到的教训。

在 2014 上半年，我和世界各地的人谈话，他们都应用数据工作，他们来自设计、施工、规划、研究、制造、战略、房地产业和学术界，我收集了他们的经验、建议、来之不易的见解以及应用策略，并在这本书中提供给你。很多书告诉你 1% 的人们是怎么做的。然而当你尝试在家里或办公室里做的时候，你无法重复他们所得到的结果。因此，我也找了那些在将数据应用到他们的设计和施工过程和业务中有困难的人们。

本书的研究基于今天的技术和实践。由于在建筑实践、施工和运营中利用数据尚处于起步阶段并在迅速发展中，一旦本书的内容有更新，将被张贴到作者的博客（http：//datadrivendesignblog.com）以及出版商的图书页面。书的写作本身可以被认为是一种数据挖掘的练习，这里第一手专家证言是被利用的原始数据，通过查询和潜心钻研，可对支持作者观点的设想和证据进行检验。在本书的写作中，我经常发现自己从访谈数据库中进行数据挖掘以寻求见解。你手里的这本书就是结果。

这本书将为你做些什么？

《数据驱动的设计与施工——25 种捕获、分析和应用建筑数据的策略》这本书讨论了创新的个人和企业是怎样使用数据来保持竞争力，同时推进他们的业务，以及企业怎样才能从制订数据规划和在项目中使用数据获利。需要有这样一本书，不仅展示为什么设计、施工和运营专业人士需要了解在他们的工作和业务中什么地方需要用到数据和分析，而且还展示他们怎样着手使用数据和分析以满足并超越期望值。

本书将帮助你认识你已经拥有的数据：你所持有的数据，今天就可以提供给你的海量数据，你可能没有意识到它的存在的数据。它会使你准备好将捕获、分析和应用数据作为你的业务、文化的中心部分，更重要的是——作为心态的中心部分。本书将帮助你认识到数据是你们公司工具和资源库的核心；并能帮助你了解数据对学习、招聘和培训、人力资源、财务和会计、品牌、战略、设计、创新、项目管理和领导能力的影响。

这本书探讨了一个公司在项目和团队范

围成功应用数据的最常遇到的障碍，以及当个人在为组织努力建立数据策略时，数据所带来的挑战。这些挑战包括互操作性、工作流程、对企业文化的影响、培训、技术挑战，以及数据对团队工作、通信、成本、数据共享、隐私和安全的影响。设计决策在受到挑战时，必须证明是有道理的，没有比用提供数据来支持决策更好的方法来捍卫这些行动步骤了。

给我看数据

商业中成功的秘诀，是和你的客户说同样的语言，在设计和施工中也是如此，而那种语言越来越多地是用数据来说的。业主不再接受设计师和承包商表面上的理由。他们要求证据和数据，以支持这些说法和理由，然后根据那些数据来决定向前推进他们的项目。如果你希望看到你的首选设计方案被选用，设计的建筑被建造，并希望其他人继续来请你为他们服务，你将需要在你的工具箱里添加新的工具。本书将帮助你识别和有效地使用它们，并为你介绍在你前进道路上可以帮助你的人。

这本书不会引用趋势和统计数据。*"世界上 90% 的数据是在过去的两年中产生的。"*[3] 知道这一点会帮你什么忙呢？在这本书中，你不会找到很多那样的事实，那种仅因出现在出版物上而被信以为真的事实。不管它们多么有趣，你不想要那种事实。你想要的是有助于你的工作的信息。所有这些与数据相关的琐事告诉你的是：*有很多的数据*。这我们知道。这些统计数字做不到的是帮助你更

好地做你的工作。而这正是本书的目的。

有两种类型的人会对这本书的标题做出不同的反应：一种类型是认为自己处在模拟世界的人 [有些人可能自称勒德分子（1811—1816 年英国捣毁纺织机械、抗议资本家的团体成员——译者注）或接近退休，因此不会改变]；另一种类型是想为未来做准备的人，因为他们认识到，未来已经到来了。对第二类人来说，使用数据是一种常识。他们不需要说服，他们只想要知道怎么去做。本书是为第二类人写的，以帮助他们着手实现他们的目标。

本书是讲述如何将建筑专业从消亡中拯救出来、将施工行业从百年积习的沉疴中拯救出来。本书是讲述如何使建筑行业更有效率，如何帮助企业更具竞争力，并再次给建筑师树立了目标。本书是讲述如何重建业主心目中的信誉，并在有关美与设计的虚假争论中添加更多论据。本书是讲述如何应用更好的信息创建更好的建筑；是讲述不能被囊括在本书标题中的所有东西（也许书名应改成《数据驱动的所有事物》？）。本书是讲述如何在设计意图和外部世界之间建立一座桥梁；讲述建筑信息模型（BIM）中的**"信息"**（**"I"**）；讲述在我们不再称它为 **"大数据"** 之后很久，我们的行业如何利用大数据。本书讲述公司如何高速、有效地运行；讲述如何优化建筑的能源使用；讲述如何作出更明智的决策。本书是关于未来，也是关于现在正在发生的事情。我希望你喜欢阅读本书，如同我喜欢写作它一样。

请访问 www.wiley.com/go/datadrivendesign，那里有更多的教学指导材料。

xxii **注释**

除非特别说明，本书所有引文均来自作者 2014 年 2 月至 7 月所做的采访。

1. 《数据驱动的规划和设计：数据是怎样驱动建筑、规划和设计的》2012 年 1 月 15 日；www.hugewindow.com/alpha/data-driven/。

另见 Paul Tiecholz：《建筑行业中劳动生产率的下降：原因和补救措施（再探）》，AECBytes，2013 年 3 月 14 日；www.aecbytes.com/viewpoint/2013/issue_67.html。

2. Max Shron：《用数据思考：如何把信息转化为见解》（Kindle Locations 112-113），O'Reilly Media，2014。

3. SINTEF，2013 年 5 月 22 日；www.sciencedaily.com/releases/2013/05/130522085217.htm。

致谢

感谢 John Wiley & Sons 的副总裁兼发行人 Amanda Miller；感谢全球建筑项目执行责任编辑 Helen Castle 给予的指导和专家见解；感谢助理编辑 Calver Lezama，我从他那里受益匪浅；感谢 Kathryn Malm Bourgoine 一开始就从我写作计划中看到了充满希望的前景。

特别感谢 James Timberlake 每天的灵感和慷慨地撰写序言，以及 KieranTimberlake 建筑事务所 Carin Whitney 的帮助和锲而不舍。感谢所有行业创新者和思想领袖们分享他们的见解、时间和经验。感谢未来建筑师 Joseph Palmer 的优秀插图。

我要感谢伊利诺伊大学厄巴纳 – 尚佩思分校建筑学院的 Peter Mortensen 主任，特别是 Jeff Poss 教授、Bill Worn 教授和 David Chasco 教授，感谢他们持续的支持和鼓励。

感谢 Sharon、Simeon 和 Michol，在本书的写作中在我身边、给我支持。

引言

测不可测，证无从证

> 建筑就是决策。
>
> —— Markku Allison

如今作为设计和施工专业人士是一种平衡的行为。许多人不堪重负：在时间、资源和思维空间方面接近极限；挣扎着跟上最新的技术和工作流程，更别提考虑走在前面了。同时，他们知道，尽管利润日益减少，他们需要保持竞争力，以争取工作机会、向前推进项目，并以有效的方式完成工作。

你可能会认为设计和施工专业人士已经对付过很多连续的、颠覆性的技术了，比如CAD、BIM、数字化、参数化与计算设计工具等等，仅举几个例子。他们准备好对付下一个了吗？难道建筑、工程、施工不是已经足够复杂和难懂了吗？

并非多此一举

有些人会退缩：我们还没有准备好，我们还没有准备在我们正做的所有事情之上处理数据。或者：我们只是想糊口而已，试图争夺一些项目，这些项目都有着俗套的预算和吝啬的付费。难道我们真的需要在所有的事情上再加上另一个东西，去参与竞争吗？

种种方式，说的都是同一件事情：数据是多出来的一件事情。

但是捕获、接触、分析以及应用数据并不是多出来的一件事情。正如本书将试图澄清的，数据不是在你当前正在做的所有事情上添加出来的一件东西。它和你所做以及已经做了一段时间的事情是一个整体。我们今天所从事的一切活动都可以转化为数据。数据总是为我们的设计提供信息。数据已经在那儿了，你只需要知道在哪里可以找到它。它已经存在，许许多多，它代表一个机会，这个机会太大，不容放弃。你不能忽视它。本书将帮助你更清楚、更容易地看到你所拥有的数据。

一些旧的东西，一些新的东西

建筑师、工程师，甚至承包商，已经与数据一起工作很久了。有新意的是，我们可以使用多种方式，来捕获、分析和应用我们拥有的数据。很多数据源是新的，而且许多的行业参与者，以及他们的头衔、背景，可能比较陌生，甚至对业内人士也是如此。

数据被许多建筑、工程、承包商和运营（AECO）行业的人们认为是房间里的大象（"房间里的大象"，英语谚语，用来形容一个明明存在的问题，却被人刻意回避及无视的情形——译者注）。数据，尤其是这个包罗万象的术语——大数据，是一个重要的话题。不管贴上什么标签，这个话题都有望保持下去。值得称道的是，许多设计和施工行业的专业人士已经意识到数据是会给出他们最为复杂的专业和业务问题的答案，但是他们不熟悉所需的步骤，以获取和使用数据，使他们更好地完成工作、保持竞争力并在技术和培训的投资上实现更高的回报率。比获得新的技术能力更重要的是，重拾自己作为领导者的角色，建筑师特别需要考虑他们的数字模型所包含的数据和信息，同时能在整个设计和施工生命周期协同工作中得到补充和应用。

实践策略

在这本书中，你会找到处理数据的分步说明，但是，因为没有两个公司是一样的，只有很少的通用型解决方案。这是因为本书是一本关于适应性策略的书，你和你的公司今天就可以用这些策略，来充分利用你手头的数据，这些数据中很多你可能还没意识到。这本书也反映了技术和流程的实时趋同的趋势，那些技术和流程不是通过线性的"先做这个再做那个"形式的清单来反映的。本书从业务内部着眼，观察了建筑行业里的人们在今天的日常工作中是如何应用数据的。

我们需要更好地利用数据保持竞争力，以满足我们客户对证据的要求，并帮助使我们的主张可信。我们需要学习如何用数据来验证我们的直觉和本能的预感，在直觉和数据之间的隔离上架起桥梁，并和以商业为导向，以科学、技术、工程、数学为中心的世界保持一致（图 I.1）。

为什么现在开始?

你都这么久没有有意识地使用数据了，那么为什么现在开始呢？事实上，你已经在使用数据了——搜集、分析并应用—— 一直在创建数据，而且很可能并没有意识到。这本书告诉你如何更加有意识地、有目的地且有效地去这么做，并能帮助你看到一直就在那里的机会。

数据正在改变我们在建筑行业中工作的方法。设计和施工专业人员需要提高生产率。建筑业主指责我们在实现我们的数字化工具、整合过程和工作流程中所做承诺时，在可验证地增加价值、减少浪费方面做得不足。这本书涵盖了数据在我们职业和行业的持续相关性、改进的前景和更加光明的未来等方面所起的作用，因为浪费数据在我们这样一个行业是一件可怕的事情。

学习与数据更有效地工作将需要获得一些新的技能。但更重要的，特别是在开始时，是有效思维的培养。BIM（建筑信息模型）是一个很好的例子。在认识到 BIM 的价值的时

主观的 Subjective						客观的 Objective
情感 Emotions	猜测 Guessing	经验 Experience	知识 Knowledge	预测 Predietion	判断 Judgment	数据 Data

图 I.1 决策标准谱：数据提高信誉 © *R Deutsch*

候，多数人现在仍然用 BIM 工具来创立文档，而这时设计和施工人员需要认识到 BIM 的真正价值——作为一个数据库——并开始这样对待它。在运用 BIM 的项目里生成的数据，我们怎样来使用并与之相互作用，这是采用 BIM 技术的下一步。学习捕获、分析、应用数据就是让我们从 BIM 应用的可视化、碰撞检测以及综合协调进入到更高层次。事实上，《数据驱动的设计与施工——25 种捕获、分析和应用建筑数据的策略》在某种程度上，就是为了帮助设计人员和他们的项目团队更好地利用 BIM 而写的。许多公司都已经这样做了，你将在后面的章节中见到它们，但是迄今为止，几乎还没有什么东西可以用来指导那些想探索类似道路的人。

数据的公共关系问题

　　数据不可否认有一个公共关系问题。当有许多大而复杂的问题需要我们关注的时候，为什么专注于这件看似很小的事情呢？当涉及数据时，大多数人都漠不关心。数据并不像设计一样有趣。有些人不愿谈论数据，因为他们认为这是一种商品。有些人，尤其是学术界，害怕数据，而数据是在文化和制度上源于设计和建筑（本身）之外的研究。有些人认为这是另一个威胁性的东西，将会减少建筑师的力量以及核心竞争力——设计，或者还不明白这些东西是如何相互联系或相互支持的。有些人担心，数据是匠艺的对立面：你可以用你的双手去创造美好并具有永恒价值的东西，为什么要去倒腾数字呢？所有这一切结合起来在问一个问题：我们真的需要一个更多的干预环境、趋势或运

动，以使建筑师远离他们的艺术，建筑承包商远离他们的匠艺？有一种看法：数据应该是留给"宽客"（数据分析师）处理。一个基本问题是：为什么设计人员和承包商自己要关心数据？

　　你在工作中使用数据，并不是因为你喜欢数字，而是因为这样你就可以更有信心地去设计了。正如在后续章节中你将会看到的，数据不是设计和匠艺的对立面；相反，数据提高了匠艺，更重要的是，保证了所设计和施工的东西能够被造出来。使用数据并不妨碍你使用你的想象力或设计创新的建筑。事实上，数据使两者都更可能发生。因为应用数据去工作会导致更快、更放心的决定，所以它能将你解放出来，让你把更多的时间花在设计上。

　　对于设计和施工公司来说，数据是不是只是一个"有也不错"，而不是"必不可少"的东西？问题的关键不是你仅仅为了成为专家而应用数据来工作，而是要学习如何利用已经提供给你的数据，以增加你的设计得到批准和建造的机会，因而你、你的客户和建筑用户都受益于你设计的建成成果。根据这一定义，数据确实是必不可少的。

　　收集和利用数据的方法太多了，你和你的组织没法忽略它。随着我们向前迈进，没有意识到这一点可能会对无数公司的生计造成致命的打击。不管你处在建筑生命周期的哪一段，数据都会帮助你实现你的目标。本书运用清晰的术语来解释你所需要准备到位的东西，以使数据成为你的业务的一部分，并帮助你判断你在使用数据方面准备得有多好。没有合适的用品和工具，你是不会去远

足或野营的。这本书将让你知道，为了这次旅程，你需要准备些什么。

我们需要从数据的方面来考虑建筑和我们建筑专业人员的工作，以便对我们的客户和利益相关者讲述更好的数据故事。我们需要认识到数据价值的教育工作者，他们能够将这种知识分享给他们的学生，而这些学生就是建筑职业和建筑行业的未来。我们需要继续找出可以运用数据来描述的问题，以及考虑这些问题的方法，以使他们适合于计算分析。这本书将帮助你问别人不问或不知道问的问题，以此提供更放心的决定和见解（图 I.2）。

4

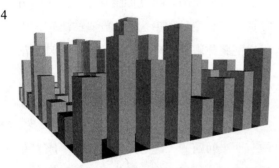

图 I.2　城市柱状图：开始从数据的角度看由数据组成的城市环境的重要性 © R Deutsch

搜集、分析和应用建筑数据的好处

在建筑项目中应用数据的好处有很多，有些可能会让你惊讶。这些和其他的好处——以及应用数据所涉及的挑战——将在随后的章节中有更详细的描述。

全局性的共同好处

除了业主、建筑师和承包商特有的好处外，有一些好处是所有参与者一起共享的。数据全面分享的好处包括决策过程中消除情绪因素、促进行为改变，同时减少风险和管理复杂性，以及改进项目定义。

数据为建筑过程带来分析性的方法

许多建筑行业专业人士使用数据来帮助消除决策过程中的情绪因素。MKThink 的策略师 Evelyn Lee 指出，"这有助于我们的客户发现客观的思维过程——当涉及最终解决方案时，我们帮助他们使用数据进行思考，而数据支持我们如何在项目中推进。"

数据带来行为改变

行为改变是在建筑项目中应用数据而导致的惊人结果之一，特别是用户这一端。CASE 公司的 Daniel Davis 住在一幢公寓楼里，那里的住户需要预付电费。"紧靠着门边就有一个电表，显示你还剩多少电费。"Davis 解释道，"你可以打开电炉，看到剩余的电量在飞速消逝。我开始清楚地意识到我在那间公寓里用了多少能源。"一个单元的用电量不再是每个月账单上的抽象的数字，Davis 说，"这是我一直在看的，每天都是这样。通过这种不断的观察，我更好地了解了我的用电量，以及如何更好地控制它。这只是一个单一的度量，一个单一的数据点，它对我的行为有着显著的影响。以这种方式使用的数据有很大的潜力。"

数据降低风险

业主被数据说服了。Evelyn Lee 指出，数据的说服能力，具有降低业主风险感的额外好处。"我们可以把一个主观解决方案转变成由数据支持的客观方案的事实，对他们是很有意义的。最终，他们觉得自己正在降低与未来建筑项目相关的风险，因为我们已经做了研究，而数据说服了他们。"

5

可以用数据改善的事物的不完全清单

- 回答一个事实性的问题；
- 讲一个故事；
- 探索一种关系；
- 发现一种模式；
- 为一次决策制作的一个案例；
- 一个过程的自动化；
- 判断一个实验。[1]

数据管理复杂性

如今的建设项目极为复杂，没有人可以独自管理。数据，更具体地说，利用数据，可以帮助建设团队管理这种复杂性（图 I.3）。

数据帮助定义项目

"数据帮助我们了解客户的需求。"在 Gensler 公司工作过的 Tom Mulhern 说，"不仅仅是我需要按时、按预算完成项目，不幸的是，这往往是必需的。更多的是对客户的社会或文化目标的生动了解。"作为业主，Sukanya Paciorek，Vornado 房地产信托公司的企业可持续发展副总裁，知道他们收集的数据可以对任何选择使用它的人具有价值，这也许是说明数据通过分享带来

全局性好处的最好的例子。"我们建立了一个系统，系统的接口是给多个用户使用的，因为我们觉得，系统最终的应用将会很广泛。"Paciorek 说。

作为房东，我们是从中受益的，因为我们的运营商和建筑工程师有像我和我团队的人来看着它，以提升运营并改善我们每天所做的工作。我们的租客能够通过自己的眼睛看到同样的数据，并想出更好的运营方法，以降低支出和用电需求。一般情况下，你收集的有意义的数据越多，应用它的人就越多。由于我们的建筑变得更有效率，整个电网和社区普遍地获得了好处，因为我们没有从我们所生活着的更广大的社会里要求尽可能多的资源。总体而言，好处是相当普遍的。

对建筑师的好处

数据为建筑师提供了好几个特定好处。其中最为令人熟悉的是有数据作为支撑的决策能产生信心、能作为一种学习工具并且能够提高直觉，所有这些都导致更好、更放心的决策和见解。数据的一些人们不太熟悉的其他好处也是有影响力的。

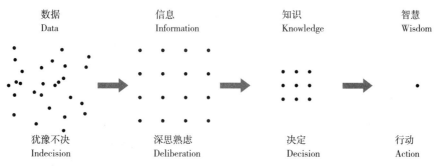

数据 Data	信息 Information	知识 Knowledge	智慧 Wisdom
犹豫不决 Indecision	深思熟虑 Deliberation	决定 Decision	行动 Action

图 I.3 DIKW 递进：利用数据来管理复杂性 © *R Deutsch*

6

数据提供了更多的把握和信心

利用数据的反面不是应用一个人的直觉，而是赌博。Aditazz 知道数据的最重要的事情是，数据将会在他们预测结果的时候提供给他们更多的信心，Zigmund Rubel 解释说。"如果所有这些分析都向我们展示了为什么某一个结果会被呈现出来，我们将有更多的信心，一个特定的结果将实现。如果我们只是希望它会工作，那么我们就是在赌博，可惜许多设计从业人员在设计他们的产品时，正是这么做的。"（图 I.4）

数据帮助团队成员快速学习

Sam Miller，LMN 建筑师事务所合伙人，介绍了声学反射器项目上应用数据的好处：实时地在工作中学习。"结果是一个意想不到的形状和几何体。我们定义集合体时有不少惊喜。声学顾问真的学到了一些东西。尽管他是一个经验丰富的老将，这项工作做了很多年，但他从来没有分析过几何形状，得以操纵几何图形以达到他的水平。在这个过程中，他学到了很多关于有效调整形状的知识。"

数据导致更好的设计决策和见解

利用数据不仅导致更加放心的业务决策，也导致了更好的设计性能决策。"我们在一所学校里做了一些工作，建筑师和工程师预计，

教室需要大量的暖通空调系统来处理过热的问题，"LOISOS+UBBELOHDE 公司的 Brendon Levitt 说，"利用一个详细的热力学模型，我们假设建筑物没有加热或冷却系统，我们模拟了在一年过程中的室内温度。我们发现，通过增强自然通风、安装吊扇和窗帘，室内温度可以保持在一个舒适的范围内。这不仅节省了学区的钱，而且改善了学生的舒适条件。"（图 I.5）

数据使团队同时看到多种因素的影响

当前的计算工具使得云端的分析达到几乎是实时的。"由于事实上用了设计模型来生成能量模型，这比传统的能量建模要快 30 倍。"LEED 认证专家、NBBJ 西雅图公司数字业务负责人 Sean D. Burke 解释道，"然后分析计算是在网上进行的，不是在你的计算机上，所以你可以继续工作。"

数据帮助建筑师作出更好的业务决策

利用数据可以帮助建筑师作出更好的业务决策——不仅对他们自己，也对所有参与者。"建筑师和业主应该说明空间的影响可能会导致这些业务结果。"David Fano 说，"那么我们需要做什么呢？我怀疑许多建筑师向他们的客户要他们的销售记录。需要有一个建筑师向业务顾问的转变。数据将有助于作出很多那样的决定。"（图 I.6 和图 I.7）

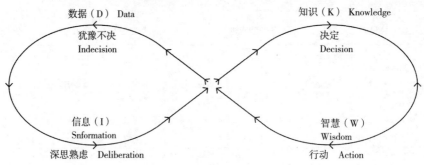

图 I.4　通常表现为一个金字塔或连续体，DIKW 可以认为是朝着提高确定性连续循环　© *R Deutsch*

零净能源设计控制板

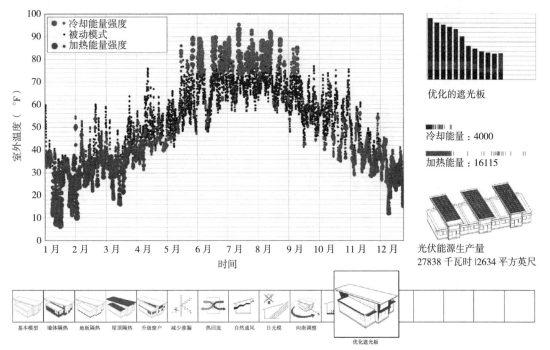

优化的遮光板

冷却能量：4000

加热能量：16115

光伏能源生产量
27838 千瓦时 |2634 平方英尺

图 I.5 可视化使客户经历着沿着图像底部的图标所指示的循环的每一步：基本模型、墙体隔热、升级窗户等。图中颜色越白越好。点越大，所用的能量越多 © LOISOS + UBBELOHDE

景观

整体景观视线分析图表

方案 B

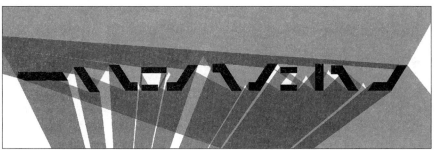

方案 B	% OF OVERALL AREA					
景观	Plot 1	Plot2	Plot3	Plot4	TOTAL VIEW AVERAGE %	Summary
Guggenheim、Sheikh Zayed 博物馆以及全海景	1%	4%	7%	0	7%	
Guggenheim 博物馆以及全海景	17%	16%	18%	25%	19%	50%
全海景	26%	24%	25%	19%	23%	
Sheikh Zayed 博物馆以及全海景	4%	24%	11%	4%	11%	
Sheikh Zayed 博物馆以及部分海景	16%	2%	17%	18%	13%	39%
Sheikh Zayed 博物馆	17%	14%	13%	17%	15%	
部分海景以及部分 Sheikh Zayed 博物馆	0%	7%	5%	0%	3%	
部分海景	17%	4%	0%	0%	5%	11%
基本型	2%	5%	4%	0%	3%	
	100%	100%	100%	100%	100%	

图 I.6 整体景观视线分析图表 © RTKL

9

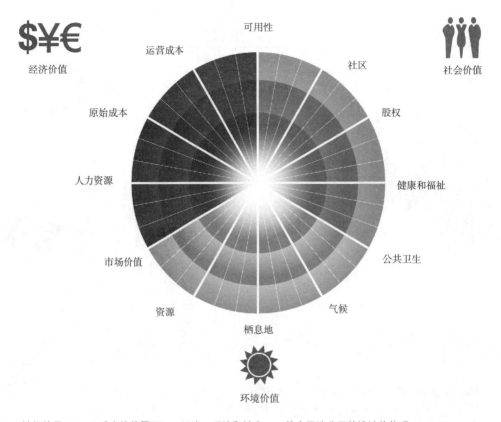

图 I.7 性能轮是 RTKL 三重底线的展示——经济、环境和社会——奠定了该公司的设计价值观 © *RTKL*

数据使人信服

数据讲的是客户/业主所讲的语言，用的是他们可以相互理解并且欣赏的语汇。它讲的是那些业主赖以作出艰难决定的人们所讲的语言，这些人包括财务团队、商业代表、精算师以及会计师。交流水平提高了，不是用严格的建筑术语来解释项目，而是用一种客户能够理解的语言来这么做：用客户的、而不是设计人员的语汇，来描述客户的项目（图 I.8）。

数据允许你将你的经验——和过去的项目——作为一个可搜索的数据库

把建筑信息模型（BIM）作为数据库可以产生几乎无限多的好处。数据已经存在于模型中；通过分析和可视化，这些数据成为支持设计决策所需的信息和知识（图 I.9）。

数据支持、支撑并改进人的直觉

用算法做设计、用数据去分析，是一种达到结果的手段。让我们的生活更美好。让设计师更有直觉。

——Jonathon Broughton，*数据管理人，Allies and Morrison 建筑师事务所*

建筑师根据经验、知识和直觉的组合来行事，并做出专业判断。"强调直觉和如果你能用数据证明是正确的，哪个更好呢？"Jonathan Broughton 问。"当它错了，我们可以证明它是错的。"利用数据可以帮助建筑师通过使用可用的数据来设计更好的建筑物。尽管有需要预感和直觉的地方，但更好

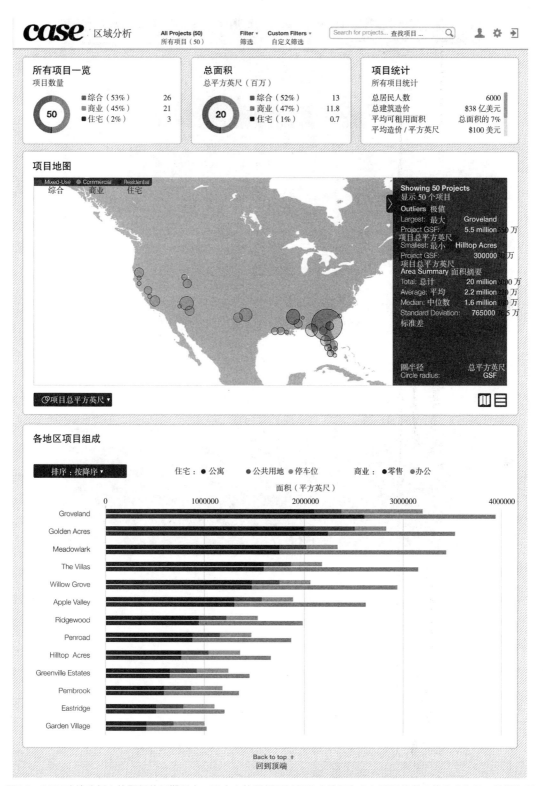

图 I.8　CASE 建筑分析主控面板的早期版本。这个主控面板可以帮助建筑师和业主看到其项目的地理位置、规模和项目类型的发展趋势 © *CASE Inc.*

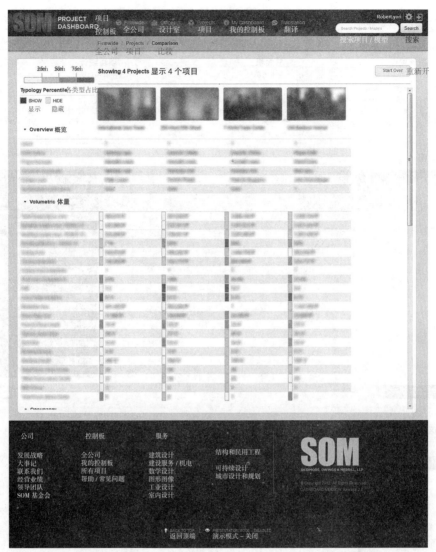

图 I.9 超越 BIM。主控面板提供了一个简洁的界面来比较多个 SOM 项目的指标。颜色编码表示相对于相同类型的所有 SOM 建筑物的百分比排名。指标包括：净面积和总面积、建筑效率、机电系统、玻璃类型、租赁范围、垂直交通，以及可持续性指标 © *Skidmore,Owings and Merrill LLP*

的建筑是靠大量的数据来支撑的。

数据消除误报

数据究竟为建筑师和他们的建筑做了哪些标准的知识、经验和直觉不能做的？它消除了走进死胡同的路径：通过预想的概念导致的直觉和假设，而这些概念原来是不正确的。在建设项目中收集和利用数据的优点是，它使设计人员能够通过消除误报来节省时间

和宝贵的资源。

数据推动设计

数据本身不是目的。相反，它是帮助公司更有效地销售自己的想法的一种手段。那么，好处是在工具里还是在数据里呢？这两者是相互关联的。数据与分析工具一起加速了早期分析的过程，使团队能够更快更可靠地进入设计阶段（图 I.10）。

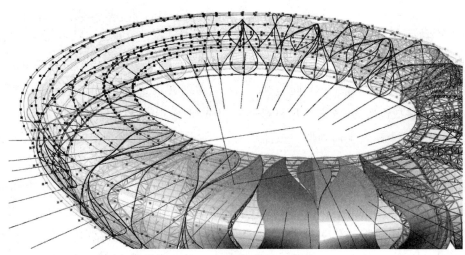

图 I.10　杭州体育场。外部"花瓣"结构：体育场设计的参数组件 © *NBBJ*

对承包商的好处

承包商的好处包括有竞争力的优势和增强的信息管理——数据使建筑更有可能建成。承包商尽可能实时地搜集采购和材料成本以及工艺质量方面的数据。这些类型的数据使承包商可以对成本和质量作出更自信的决定，随着时间的推移，这将是任何成功的建设任务的主要关注点。由于承包商在尝试新的流程和承担未验证的风险方面是出了名的因循守旧且广为人知，与施工行业相关的效益才刚刚显现。

考虑第三件毛衣

13　　HDR 医疗保健主管、副总裁 Jill Bergman 分享了一个关于在建筑项目中利用数据并展示通过查询数据产生价值的故事。故事的讲述也为我们提供了如何从数据中得出智慧的基础。"我最喜欢分享的关于在数据和数据库上投资的好处和成果的故事与计算机无关，"Bergman 解释说。

这要从我给我妈妈一张毛衣针织班的礼券作为生日礼物讲起。我想我真是太聪明了，给了一件礼物，得到一件毛衣。我的那位有时比我更聪明的哥哥说要第三件毛衣。就在那一瞬间，我知道他是对的。第一件毛衣一定很糟糕，这是学习用的毛衣。它不是为了舒适，也不是为了漂亮或者持久耐用，而是为了学习而编织的。第二件毛衣是尽力、应用、重复使用所学知识，并遵循以前的路径。但是第三件毛衣则是应用知识，信誓旦旦要织好，并且了解整件毛衣了，而不仅仅是数据——编织。数据库和处理数据就是要考虑到第三件毛衣。每一次我们开始一个新的项目，每一次就像我们回到要编织第一件毛衣一样。

搜集、分析和应用建筑数据的挑战

数据可以是设计和施工人员、业主和建筑物最终用户的强有力的资源。然而，在建筑行业中处理建筑项目中的数据并非没有挑战。

全局性的共同挑战

正如业主、建筑师和承包商所特有的障碍一样，所有参与方都有一些共同的挑战。数据的全局性挑战包括技术挑战、风险规避、企业规模以及整个建筑生命周期中被捕获、分析、应用和利用的数据的精细度和质量。

简单数据

数据使人信服——但是赢得这些数字可能充满障碍和困难。"数据是有说服力的，因为它是数字和有形的。这是简单的数据，你不能真正地与之辩论，"Astorino 数字实践总监 Brian Skripac 说，"你试图以一种或另一种方法验证设计策略，到头来，你必须有数字来这么做。"

与利益一样，存在影响利益相关者（包括业主、公众和特定最终用户）的挑战。建筑行业复杂、分散，并且充满诸如延误、返工、停工、材料浪费、沟通不畅、冲突和预算过多等问题，外加全球经济放缓和解决可持续发展问题的需要。[2] 工程建设人员在两个方面受到挑战：在采用新技术方面和实施新的工作流程方面。这两种类型的挑战已被确定为由变革带来的技术性和适应性（或行为性）挑战。技术性挑战是那些可以通过专家知识解决的问题，尽管复杂或困难，可以通过将良好的技能应用于明确定义的问题来解决。相比之下，适应性挑战是纠结的，不明确的，开放式的，需要大量不同的技能和方法，很少是透明的，需要新的学习。[3] 在建筑行业的组织中使用并利用数据涉及两种类型的挑战，它们的解决方法不同。

14 风险规避

当要使用新的技术和工作流程时，无论是涉及云计算还是处理数据，建筑行业采取观望的态度并不是一个好兆头。"市场上总是有一部分人喜欢早点尝试一些事情，而其他人则喜欢观望。"Sefaira 首席执行官 Mads Jensen 说（图 I.11）。

要实现前面所列出的许多好处，建筑行业首先必须改变态度和心态。"建筑行业在全面参与大数据方面面临着根本性的挑战，"美国绿色建筑委员会（USGBC）的 Chris Pyke 说，"包括但不限于市场碎片化、专业化、避险心理，以及（相对）较低的研发投资率。"Pyke 提出一个解决方法：

> 建筑行业的大多数专业出版物都非常强调庆祝成功。例如，美国采暖、制冷和空调工程师协会（ASHRAE）杂志每月提供高性能建筑的详细介绍。然而，这些出版物相对来说提供较少的失败和性能不良的建筑的报道。而面向专业飞行员的期刊则不是这样，它们压倒性地关注失败。"飞机安全着陆"不是一个故事。"建筑性能达到设计要求"不应该是一个故事。我们应该想要谈谈性能不良以及失败。我们需要找到方法来讨论这些问题，以解决建筑行业的真实的、实际情况（比如我们的诉讼文化）。显然，如果航空工业能找到一种方法，那么我们也可以。

15

"飞机安全着陆"不值得报道。"建筑性能达到设计要求"也不值得报道。

—— Chris Pyke，美国绿色建筑委员会（USGBC）

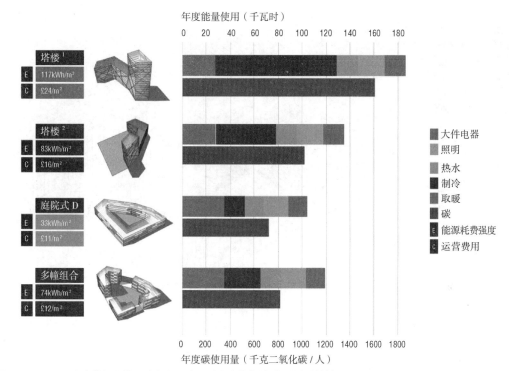

年度能量使用（千瓦时）

塔楼[1]	
E	117kWh/m²
C	£24/m²
塔楼[2]	
E	83kWh/m²
C	£16/m²
庭院式 D	
E	33kWh/m²
C	£11/m²
多幢组合	
E	74kWh/m²
C	£12/m²

■ 大件电器
■ 照明
■ 热水
■ 制冷
■ 取暖
■ 碳
E 能源耗费强度
C 运营费用

年度碳使用量（千克二氧化碳/人）

图 I.11 Sefaira 让建筑师比较设计方案，并通过选定的参数测量它们的性能 © *Sefaira*

16

公司规模

当试图使用数据时，公司的规模是否构成挑战？小公司怎么样？数据只用于大型业务吗？（图 I.12）

"这是这种行业的一个潜在的问题，因为有一种有的有数据、有的没有数据的情况在发展。"Sam Miller 说，"要这么做有资源的需要。一些较小的公司恐怕会比较难受。"

错误的输入必然导致错误的输出

> 像所有的东西一样，如果使用不当，会导致不良的结果。
>
> —— David Fano，CASE

对于任何一个使用数据的人来说，一个挑战是确保数据的质量和可靠性，以及它的来源。

工作做得越早越有效果

与在集成项目交付方式中团队知识和专长的早期贡献一样，收集、分析和使用数据的项目将在项目初期以最少的费用，产生最大的影响。但是，这项工作需要计划，并需要具有相应的资源支出（图 I.13）。

需要将信号从噪声中分离出来

不仅仅是数据的多少，数据的来龙去脉使得它更有价值，这也给数据自身带来一系列挑战。"在我们的业务中最困难的事情之一是，每个人都知道有大量的数据，但以一种对你有意义的方式，向你展示正确数量、正确类型的数据是很难的。你可以使用充足的信息作出决定。"Reed 建筑数据公司产品开发高级总监 Jennifer Johnson 说，"用数据来麻痹人真的很容易。最难的事情是将其归结为 3—5 个因素，这些因素真的会对你的业务产生影响。"

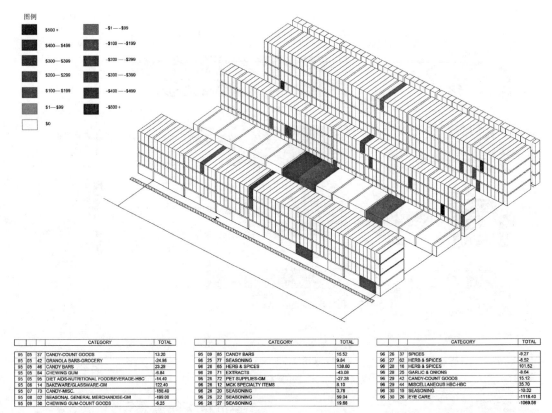

图 I.12 建筑信息模型（BIM）是一种用来记录和管理建设过程的工具。但它可以被用来作为数据可视化的工具吗？
© *Space Command*

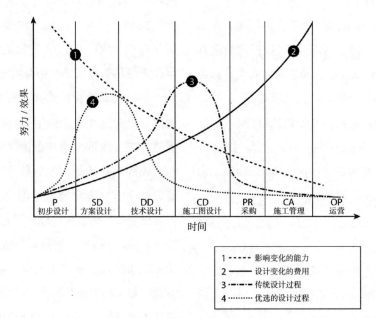

图 I.13 MacLeamy 图。Patrick MacLeamy 主张将大量设计工作提前到项目初期，以减少设计变更的影响 © *HOK*

策略 1　专注于关键信息

17　　在保证数据量的同时，我们也要认识到数据背景信息的重要性。而要想辨识出数据的背景信息，你先要提出问题。Jennifer Johnson 给出以下建议：

> 你需要知道这个施工活动的本质是什么；有什么是可以前期预测的；哪些是你亟须了解的；我该如何清晰地阐述我对其未来走向的观点。一旦你对其未来走向有了清楚的了解，就可以继续深挖数据信息，进行必要的数据分析，不拘形式。切记，不可只见树木不见森林，忽视了背景信息的重要性。你需要专注于一些出现在你面前的、与你的业务最为相关的关键信息。

个人以及团队，都需要去询问，然后才能决定到底需要多少数据来支持他们想要完成的任务。Vornado 房地产信托公司的可持续发展部门的副总裁 Sukanya Paciorek 说："我们现在所看见的，以及行业发展所要应对的，既然数据存储是开放的，那么真正的问题是，哪些数据是有用的，哪些是无用的。找出所需的数据需要一个切实可行的方向。目标是什么？我们努力的方向在哪里？因为更多的数据并不代表更好的数据。更多的数据只能是阻碍。"

> 更多的数据并不代表更好的数据。更多的数据只能是阻碍。
> —— Sukanya Paciorek，Vornado

大量数据可能会挑战计算机硬件

直到现在，我们不得不依靠内部管理的计算机硬件来收集和存储我们在项目中使用的数据。云数据驱动设计将为行业带来全新的分析水平？如果是这样，怎么办？

数据集的互操作性和交叉引用

虽然在建筑行业里工作的人能够获取大量的数据，但只有各种平台和技术相互交流，并且"互相配合"，我们才能获益。

同时看到多重因素的影响

因为数据不是基于规则的，它使团队能够同时看到多个因素的影响，这可以看作是一个好处。但是这样做也有其挑战，例如当某个人想要交叉检查多个数据集时，挑战就来了（图 I.14）。

使用非结构化数据

尽管其他行业声称，他们发现有些人通过使用非结构化数据获得了成功，建筑行业还是不太愿意使用大量非结构化数据。

克服对计算机将要作出决定的恐惧

这种恐惧实际是一种误区：计算机会用数据处理和算法让工作变得自动化，但不论我们有多少数据，多精准的算法，不论我们的进程有多自动化，不论我们的机器有多智能，最终做决策的还是人。虽然在预期计划的某些部分，计算机能给予我们最大的收益，但进程的一些重要部分将永远由人决策。有些人认为设计和施工最终会由计算机和机器人完成，不会让人插手处理，对此，美国建筑师学会（AIA）会员、Aditazz 公司的创始

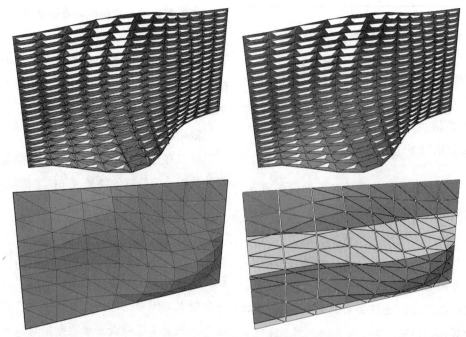

图 I.14 使用代理模型以单个数据集来满足各种可交付结果。参数化平台允许用户基于共享数据集创建模型的多个版本。这样做，可以满足不同的可交付要求，而无须手动重建 © *Brian Ringley*

人之一 Zigmund Rubel 说："公平地讲，某种程度上他们是对的。"（图 I.15）

> 人们担心的是，电脑将自行做出决定，我认为在近期内这种情况不会发生。
>
> —— Zigmund Rubel, Aditazz

数据共享和透明

隐私和安全是建筑机构关心而且有理由担心的重要问题。首先，建筑机构需要意识和知道信息透明带来的益处，意识和知道更好地分享数据的方式，意识和知道软件互用困难给开放数据共享带来的潜在障碍。随着技术和数据相关问题的解决，在设计专业和施工行业需要努力让数据透明共享，以实现利益最大化。

建筑师面临的挑战

建筑师面临几大挑战，其中最关键的一点是：获得的数据太抽象，以至于不能应用于设计环节中。尽管建筑师们知道建筑学是艺术和科学的结合，但一些建筑师认为，数据是建筑设计艺术和工艺的外在附着品，更有甚者，数据被认为是一种商品。伴随这些挑战而来的是恐惧——数据需要建筑师们去验证他们自己的选择，有些建筑师更愿意把这个问题留给工程师或者咨询顾问。

对于建筑师们来讲，数据太抽象

建筑师们相信那些可以看到，可以触及的事物。尤其是一些非技术性的建筑师，那些一门心思做设计的建筑师以及那些认为他们自己是艺术家的设计师，他们对于抽象的数据都缺乏基本的信任度。

图 I.15 Aditazz 实现平台轮集成了设计、施工和建筑产品 © *Aditazz*

20

> 数据不像设计那么迷人，（大部分人认为）它像公文一样枯燥乏味。
>
> —— Andy Hamer, CEO, CodeBook[4]

随着数据的日益猛增，建筑师们需要利用这些数据，他们可能会想：难道建筑学本身抽象得还不够么，还要面对这么抽象的数据？

策略 2 示范有用，解释无用

利用数据工作的那些人不得不向其他人解释，他们利用这些数据做什么，他们在以文档为中心的流程或组织中能提供什么价值？我问 Jonathon Broughton，Allies and Morrison 建筑师事务所的数据管理人，他是否发现其他人，包括他本人团队里的员工是否理解他所提出的观点。他承认道："不。"

我尽量不去为自己解释，因为如果我努力解释我做了些什么的话，可能会离大家理解的相差甚远，反而适得其反。因为他们在考虑，他占了一张桌子，我也在占据着一张桌子；我费尽全力把这些图纸搞出来，而他却只是在角落里玩得开心。所以，对于我来讲，最好是去问：有没有什么事情让你特别困扰？你现在工作中是不是有什么事，即使不知道为什么或者怎么样，可以变得更好？那么，如果我处在你的位置，我会做些什么，这是一个更容易的对话。如果他们有时间去尝试，他们会发现，这会节省他们很多时间。这也许可以让他们在周五晚上早点回家，陪陪孩子。到那时，他们就会理解我所做的是什么了。示范有用，解释无用。

过去的经验

当使用数据时，你过去的经验实际上会对你不利，这是因为你在与经考验证明了的事实对抗。规避风险的承包商和施工人员都不相信数据。他们更信任自己的工作经验。而这种态度贯穿整个建筑生命周期。

验证的必要性

随着风险规避的出现，无论是个人提出的还是另一方提出的决策，都需要验证。"我们害怕验证"，CASE 公司的 David Fano 说，"所有建筑模型的能源计算都给出一个数值结果，然后他们再去测量，测量结果和数值结果相差很大。我们不能因此而害怕，相反，我们需要接受失败，并从中吸取经验。"

企业文化，人员年龄结构和所处时代

企业的文化、人员结构以及人员出生的年代都是利用数据时的挑战。"数据是不同的，它是新的，也是令人恐惧的。"MKThink 的策略师 Evelyn Lee 总结说，围绕数据的挑战始于学校，"就现今的建筑课程而言，我认为现在的毕业生应该没有处理数据方面的问题，因为这些课程都与 GIS、能量建模等有一定的交叉，而这些都会用到数据处理。如果你问这些毕业生，他们会告诉你他们很乐意进入那些能把这些东西付诸实践的公司。"（图 I.16）

好像数据一旦存在，常识就落在了一边。这是数据的巨大危险…… 对数据

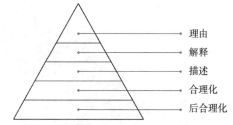

图 I.16　数据作为建筑行动过程的最终理由 © R Deutsch

的信任消除了我们的批判性思维。

—— Brian Ringley

数据也可以太过具体和受限制

数据是否有助于创建更灵活和适应性强的项目？或者数据处理会变得太过具体，或受到限制？"在我们的行业中使用数据的最大障碍之一就是接受确定性，"David Fano 说，"我们能够说，是的，我知道是这样。大多数人都希望能够说：可能是这样，也可能是那样。"

业主的好消息可以成为建筑师的坏消息

在本书的后续章节里，不少设计师描述了一些场景，通过数据运行给业主带来好消息，但对于整个设计团队来说却可能是坏消息。比如："尽管我们在提案申请中详尽说明，数据并不支持预计持续三年增加的需要。"

利用数据需要额外的时间和精力

与用 BIM 工作类似，使用数据时，需要一些前期工作。而这些工作所需要的额外人力和物力超出了一般项目预设阶段的需求。我们不能保证，通过努力，我们将会获得物质上的利益，或者是否像 BIM 那样可预测，而不是单单被认为是一种额外的设计服务。正如 BIM 那样，我们也可能会问："谁会为用数据工作付出的额外努力买单呢？"（图 I.17）

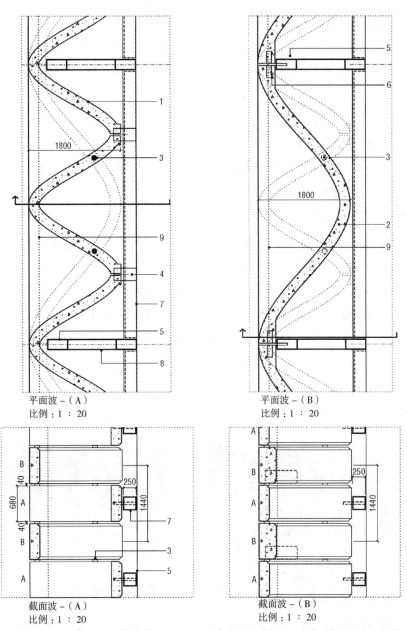

平面波－（A）
比例：1∶20

平面波－（B）
比例：1∶20

截面波－（A）
比例：1∶20

截面波－（B）
比例：1∶20

图 I.17　冷却塔（卡塔尔，多哈）：城市中的幕墙表层冷却设施。将设计数据工作扩展到施工中，使模板模架的制造自动化 © *Allies and Morrison*

承包商面临的挑战

　　承包商的挑战是较为独一无二的，因为有些挑战被认为是自创或自制的，例如：他们不在施工过程中应用数据来减少或者管理风险，却更倾向于排斥数据带来的额外风险。因为预算、进度和安全是承包商的主要关注点，如果需要额外的资源、时间或培训，或者策划未经证实，他们有时候不愿尝试新的技术或过程。

技术引进需要训练、资源、时间

承包商对处理建筑项目数据所需的额外时间和精力特别敏感，部分原因是他们的工作是根据时间（满足工期）和成本（满足预算）来评判的。因此，在建筑领域创新的研究人员知道，他们希望将其努力落实到实践中，他们是想在现有的先进技术和流程的基础上工作，而不是试图引入那些需要紧缺资源和培训时间的工具和工作流程。而且简单地收集数据可能比预期的更加耗时。如果要在从结构系统到室内装饰的决策中使用数据，那么时间因素是不得不考虑的。

23

未验证的或未曾试验的流程的风险

规避风险的施工行业对变化以及引入新的应用程序、小工具和流程的接受程度怎么样？Mani Golparvar-Fard 根据现有生产过程创立了有数据功能的技术而不是创造新的工具，部分原因是为了节省承包商的时间和成本，但主要还是因为没有人有时间学习新的技术、没有人有资源去支付一个新的工具（图 I.18）。

> 通过推荐的平台，从文化角度看，我碰到的问题是：告诉我这 150 个已经成功部署的项目。
>
> —— Tyler Goss，CASE

总而言之，对于任何准备在决策中应用数据的设计或施工人员、业主，或者设施管理者，他们所面对的好处有很多，但挑战也相当大。业主可能会遇到的利益与挑战会在第 8 章中进行阐述。尽管面临相当大的挑战，作为一门学科，建筑行业如何充分利用数据来推动建筑的创新，正如其他学科和行业已

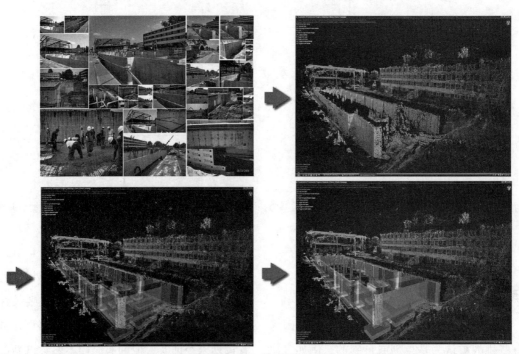

图 I.18　使用重叠的照片集生成施工照片日志和点云模型。检测到落后于预定计划的构件用"红色"标注，按预期计划完成的构件用绿色标注 © *Mani Golparvar-Fard* 博士

经做到的那样？这个问题将在后续的章节中得到解决和回答。

本书结构

24　　本书分为三部分，先后强调了数据使用的理由、说明和描述，并依次探寻原因、方法和具体内容。每一个部分都比之前给出的信息更加具体深入（图I.19）。

在第一部分，第1章到第3章，讨论在建筑行业中使用数据的理由。第1章定义了数据的意义，考察了数据与信息和知识的差异，并探讨了数据和BIM的关系。不同类型数据的好处及挑战也在这里探讨，同时探讨的是一个大问题：谁真正需要听到数据驱动设计的信息？

第2章问了这样一个问题：作为一个产业，我们今天在数据方面的定位是什么。本章讨论了与数据启用或数据启示相比，数据驱动的业务的含义。本章最后讨论了数据中人的一面：我们在用数据工作时需要利用直觉——所谓的人为数据覆盖——在面对日益增多的自动化的情况下，导致人机协作。第3章重点介绍了在学校中讲授和使用数据的方法，业务中有效训练的机会，以及忘却那些可能会成为向前迈进的障碍的过去的习惯，

倡导数据的作用。

第二部分讲述建筑行业中是如何使用数据的。第4章探讨企业如何挖掘项目数据；在何处找到数据和收集数据的方法，包括传感器、激光扫描/点云、卡片扫描；以及可以捕获的数据类型，从监测空气质量到声学等方面的数据。

第5章涉及对数据的分析，以及数据分析和解析中使用的各种工具，包括参数化工具和流程，如BIM以及计算设计工具和算法。讨论了建筑性能，包括能源、可持续性、试运转、生命周期、人员绩效，运营绩效和业务绩效，以及用于衡量和评估结果的指标。本章最后讨论了通过建筑模拟进行预测分析，以及可视化和数据通信的重要性。第6章讨论了项目数据的应用，以及在建筑行业中使用数据的新角色和现有角色；探讨了人才的获取和领导的机会。

第三部分描述了数据在整个项目生命周期中的应用，重点讨论了数据在建筑、设施和运营中的作用。第7章主要介绍了建筑中　25目前是如何使用数据的，以及建筑文化对数据驱动努力的影响。讨论了标准和互操作性，以及链接数据，开源和开放数据，开放BIM和buildingSMART的倡议。第8章继续讨论建筑之外的问题，讨论楼宇业主，运营商和最终用户如何利用数据；数据对各种建筑类型的影响，包括数据中心和技术项目；数据在这些类型建筑的规划、设计、施工和运营中发挥什么作用，如果有的话。

第9章讨论在使用数据时管理风险的方法。收集数据时安全和隐私问题有多大？在组织中分享数据的潜在障碍是什么？这本书

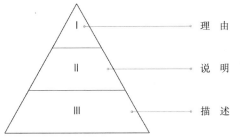

图 I.19　本书分为三部分，按照这一顺序提供了建筑行业数据使用的理由、说明和描述　© R Deutsch

预测了在未来几年里会发生什么以及在建筑行业中数据使用的机会在哪里。本书简要讨论了 BIM 在建筑、施工和设施管理中应用的未来；所谓的物联网，包括建筑物的互联网，以及数据将会在所有与"智能"有关的事物中扮演的角色。这些"智能"物品包括智能建筑、设备、制造商的产品、基础设施和景观，以及城市。

注释

1. MaxShron，《用数据思考：如何把信息转变为见解》（Kindle Locations 33–34）。O'Reilly Media，2014。
2. Andera Al Saudi，"加强全球 BIM 社区"，*The BIM Hub*，2014 年 7 月 23；http://www.adjacentgovernment.co.uk/pbc-edition-004/bim-community/
3. "关于改变的观点：Ronald A. Heifetz,"Change Theorists Wiki；http://changetheorists.pbworks.com/w/page/15475032/FrontPage?ie= UTF8&refRID=1Q32H7MCBH2HX1B8VBSR
4. Andy Hamer，CodeBook Solutions 首席执行官，于 2014 年 6 月 19 日发邮件给作者。

第一部分

为什么要用数据，为什么现在用？

我们正在进行一场比赛，以产生越来越好的信息，而不是越来越好的建筑。

—— Paul Fletcher

数据导向的决策

设计和施工专业人员经常会处于被要求维护他们的决定——他们的选择、偏好、设计或者行动的境地。专业人士着手证明他们的决定有道理的方式对他们工作的状态是很重要的，并决定了什么将被建造。

纵观历史，建筑师一直承担的角色是使看似随意的设计成为可信的和合理的。现在建筑师是如何着手证明他们的行动的呢？他们找到一些什么结果呢？他们的努力有多成功？并不是现在的建筑有更多的随意性，而是设计专业人员比以往更难说服别人相信他们权威以及他们的选择的公正性。在学校里，未来设计专业人士被训练去证明的不是他们的选择，而是他们自己。

当设计和施工专业人员说到"证明"或"正当理由"等词汇的时候，他们真正的意思常常是另外的术语或概念，用来处理为设计决策所做的辩护：证明合理性、自我辩护、解释、描述以及找借口。这些都是在设计决策作出之后证明其合理性有用。

设计和施工人员需要从学校开始就放弃自我辩护的行为。我们所要做的事情是用数据来支持我们的决策。**获取有关数据**。对有些人来说，数据是事后才需提出的东西：为已经做出的行动证明合理性并给予支持。这些事后才做的合理性证明，每个人都能发现，因此在证明的时候说服力不强。

业主想要找的是理由，而不是合理性。能否找到决策的令人信服的根据？设计人员是否在错误的地方寻找他们决策的根据？有没有一个理由类型的优先级排名，使有些理由可以优先考虑？换句话说，有没有终极理由，或者说在特定的情况下只有那些理由是最有效的？

第 1 章

数据时代

> 模型质量确实提高了，但是我们仍然没看到足够有用的嵌入数据。
>
> —— David W. Light

直到最近，在大多数建筑、工程和施工公司里，关于数据的讨论并不是每天发生的。那么为什么现在需要知道数据是如何在建筑、工程和施工中，以及被业主和运营商利用的呢？换句话说：特别在建筑行业中，为什么今天会出现这种情况？

导致数据利用和行业改革的五个因素

在 21 世纪第二个十年里，是什么力量和技术一起，使得在小型、中型和大型企业中的行业从业者们搜集并使用数据成为可能？

技术

在数据可用性和数据使用的上升中，技术起了很大的作用，包括提高计算机性能、处理大量数据的能力、提供更高分辨率的通信、与云的连接，以及更廉价的存储选择。软件在这一切中也扮演了重要角色。我们开始询问，怎样用数据挖掘来使得建筑信息可以被更好地利用，开始调查在一个设施的生命周期中加速建筑信息流动的新方向。反过来，我们已经开始看到 BIM 数据在设计、施工和建筑运营中被用于决策（图 1.1 和图 1.2）。

不少设计和施工专业人士，以及他们的客户，都有理由感到沮丧，因为 BIM 工具承诺的成果无法轻易地实现。这种延误的原因是，所谓的 BIM 分析的高端应用，包括计划、成本估算、能源、可持续发展、设施管理以及设施运营等，不仅需要综合团队合作，也需要对建筑数据的收集和战略性的应用。另一个因素是更高分辨率的通信。很快，人们将能够分享比目前多得多的信息。我问 Gehry 技术公司研究部主任 Andrew Witt，是否这可以归因于共享的需要增加了或别的什么东西。"应该是数据和分享手段的机会可用性，" Witt 说，"它不一定是基于一些新的分享要求。越来越高保真度的通信，是人们越来越大的期望。人们将会有办法进行高分辨率的通信。虽然不一定会更频繁地进行通信，但是，通信的分辨率将会更高。"

更高的分辨率将使得更多的数据和信息，这里指更多准确的数据和信息，被更快而且更可靠地分享。这其中的一部分正通过云计算来实现。Sefaira 首席执行官 Mads Jensen 承认，如果不是云计算，他将连一个产品都不

30

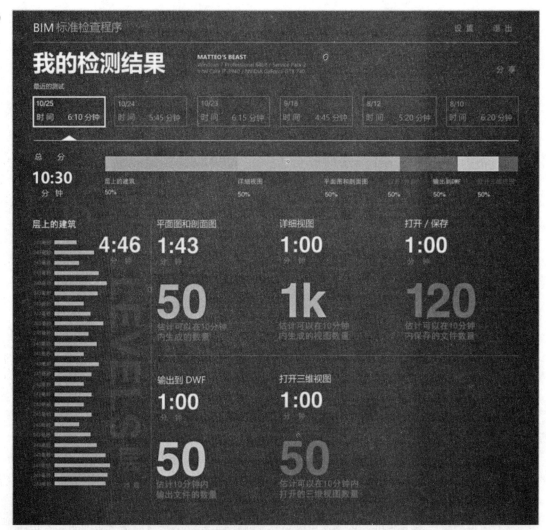

图 1.1   BIM 标准检查程序测量计算机硬件的实际性能。提供给用户一系列关于他们的计算机执行 BIM 模型中的一系列任务有多迅速的统计数据，让他们能够作出更明智的硬件采购决策 © *CASE*

会有："借助云计算，我们现在可以更详细地分析一切，从而利用我们的设计数据分析来形成下一个设计决策。"（图 1.3 和图 1.4）

策略 3   看行业之外

建筑设计和施工行业总是排在主流技术的末尾。CASE 的 David Fano 建议一种赶上甚至保持领先的方法："如果你想知道建筑行业有

什么新动向，只要看看 5 年前《TechCrunch》[1]上的文章。你可以看到世界将要往哪里发展。我们是否落后了，如果有的话。"

Fano 采取了一个不同的观点，认为今天出现的新的一切实际上都已经伴随了我们一段时间："商务智能有多长时间了？这是旧新闻了。对于建筑行业而言却是新的、创新的、突破性的东西——其实并不是。我是这样告诉人们的——其他人已经为我们想好了：技

图 1.2 BIM 标准检查程序原型的一个版本 © *CASE*

术问题已经解决了，软件已经编好了，过程大多都想好了，我们只需将它们应用到我们的行业里即可。"[2]

"对我们来说，云只是一个服务器。关于这

项技术没有什么特别的。20 世纪 70 年代的建筑公司使用服务器和今天我们运用云是同一个理由：服务器可以存储并处理的数据要比在本地机器多出好几个数量级。"Fano 补充道，"我们

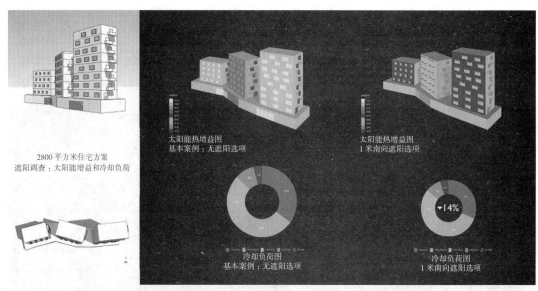

图 1.3   阴影测试和相应的冷却负荷的变化 © *Sefaira*

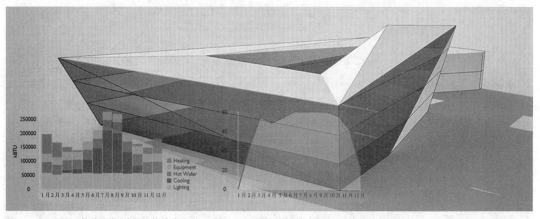

图 1.4   Sefaira 的输出包括明确的信息图表，可以导出和编辑成符合设计师的品牌的内容 © *Sefaira*

可以将数据保存在云中，而不是丢弃。我们可以创建存储一个公司生产的每一个模型的海量数据库；我们可以保存模型开发的每个版本。"[3]

"简短的回答是，我们其实只是站在过去三十年里我们所看到的计算机科学的惊人进步的基础上。"Sefaira 的首席执行官 Mads Jensen 总结道，"我们生活在一个令人难以置信的时代。"[4]

技术不仅限于我们的组织内提供的解决方案。正如 Jensen 指出的，"在许多方面，电脑游戏已经开创了数据驱动的决策模型。像 Sim City 这样的游戏在为用户提供数据丰富的沉浸式的环境，以作出决策，并通过持续反馈循环使用户能够进行更多迭代最终得到更好决策等方面，领先商业软件很多。"（图 1.5 和图 1.6）

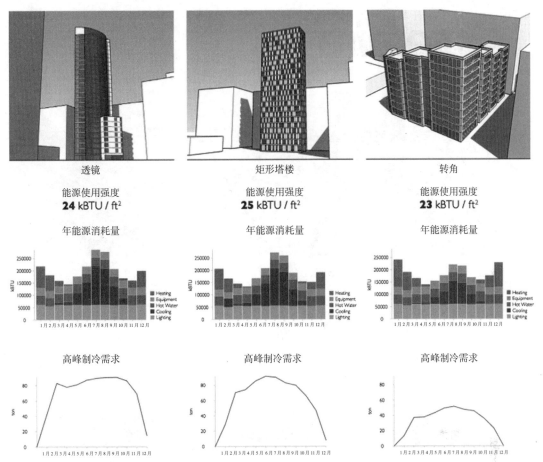

图 1.5 Sefaira 允许建筑师去比较设计选项并应用选定的参数去测量它们的性能（能源使用强度 / 年能源消耗量 / 高峰制冷需求）© *Sefair*

人

　　不仅仅是技术和工具：人们也会发生作用的。人是一股重要的力量，使得如今搜集、分析和应用数据成为现实。但并不是任何人：正确的人——具有一定倾向的人——正在帮助使得在建筑行业中利用数据成为可能。这些倾向因人而异，但可以看出一些模式。辨别和认知人的这些素质的能力可能对人力资源以及吸引和留住人才有影响。

　　使用数据现在是项目团队工作的重要组成部分，鼓励或者至少接受这一点的企业文化将会令企业与众不同。特别地，我们需要鼓励和维护与数据工作者一起工作所需态度和心态的文化，这些数据工作者对从事数据分析工作和将建筑拼装起来感到一样舒适。西雅图 NBBJ 公司数字实践的领导者、LEED 认证专家 Sean D. Burke 讨论了参数化工具和计算工具对人而言的融合："从工具的角度看——工具并不是导致这种融合的唯一原因——它是设计社区的成熟，每个人都能够利用这两种工作方式；这是与时俱进的结果。"由于获得信息，无处不在的培训和信息共享，今天的人们被认为更有能力开发管理数据所需的流程和技术。

35

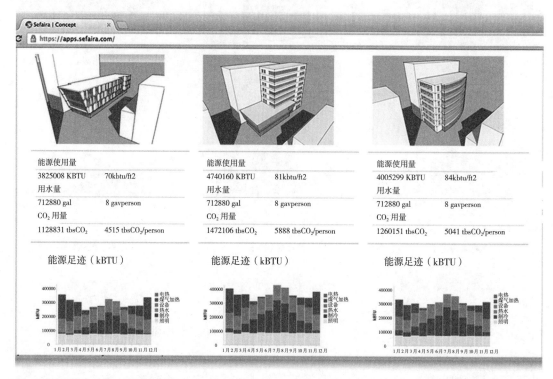

图1.6   用户进行比较,以便早期将项目设置在正确的轨道上,在设计进行时完善设计,并测试设计更改(包括价值工程)的影响 © *Sefair*

性能

我们已经开始看到当代建筑师的着眼点从形式到性能的变化，远离媒体关注的所谓建筑大师以及创造纪念性、标志性建筑，而更加贴近场地、环保地去设计建筑。专业工程师、Transsolar 气候工程公司管理合伙人、首席执行官 Erik Olsen 见证了对形式的迷恋的变化。"形式的魅力对年轻一代建筑师而言，已经不如现在正在从业的老一代的建筑师那样了。它已经改变了。"不再专注于形式为数据的发现提供了一个开端。

访问

今天有很多数据，以许多格式存在，所有这些都比以往任何时候更容易访问。虽然互操作性仍然是一个反复出现的问题，但是这应该归因于软件工具的互操作性得到改进以及各方之间协作、开放的信息共享。

意识

无论是通过教育，启蒙，还是通过经验的认识，我们终于接受了这一现实：建筑行业的本质是分散的。换句话说，它是一个建

36

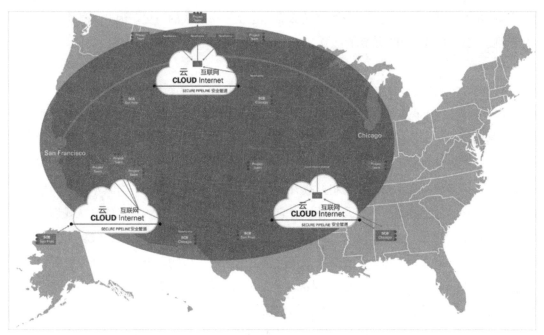

图 1.7 Horizon Cloud。云技术实现了一个安全的管道，用于在事务所和项目团队之间共享数据 © *Solomon Cordwell Buenz*

立在独一无二、一次性设计，具有地域分散的生产基地和项目利益相关者的行业。团队在一个短暂的时间里聚集在一起，建造项目，然后分散；特别是，这些团队的努力并不是在一个单一实体里做的。整个行业正在从有史以来的风险规避转向逐个项目地评估和管理风险。美国建筑师学会资深会员（FAIA）、Solomon Cordwell Buenz 公司主管 Mark Frisch 那一天表示："对于数据如何积极地为我们行业中的各种流程提供信息，人们普遍更加欣赏。"所有这些都会对使这个数据机会的时机成熟发挥作用（图 1.7）。

案例研究 专访 Robert Yori

Robert Yori 是 SOM 建筑设计事务所纽约办公室的高级数字设计经理，在那里他与人共同管理办公室的数字设计工作，并与人共同领导 SOM 建筑设计事务所全公司的 BIM/ 数字设计的首创项目。他为纽约大学及另一些地方开发了 BIM 课程，并在那里任教，你经常可以看到他在行业会议上发表演讲，包括 Autodesk 大学，ACADIA 和 RTC。

数据是否只是您用于工作、并被认为是理所当然的东西？我们是否有可能仅仅通过谈论它而迷恋它？

Robert Yori（RY）：数据本身就是一个宽泛的术语。用墨水产生的东西也是数据。这真的是一个关于它如何被吸收、共享和处理的问题。广义上说，处理大量的数据是建筑师们一直做的事情，虽然大部分的数据从来没有被计算过。核心问题是：我们如何利用各种类型的数据以改善我们的项目？利用计算机来这么做，也是一个悠久的历史。因此，数据的粒度和显式性质，这是挑战的相对较新的部分。此外，每个人采纳东西的速度是不一样的。

请谈谈 SOM 建筑设计事务所一直在和 CASE 公司一起做的数据库工作。

RY：我们最近的一些工作与我们在过去几年以模拟形式进行的努力相呼应。我们集合了我们在某些市场关于不同建筑类型的知识和专长。例如，塔楼是我们公司的主要业务。通过轶事知识和严谨分析的结合，我们对公司已经完成的所有塔楼的各项指标有了深刻认识。我们非常擅长记录和共享。我们认为将此提升到下一个层次是有用的——将其从模拟领域中移出并将其转换到数字领域——有几个原因。它让我们有一些灵活性。它将信息从我们生产的纸质文档中解放出来。例如，以纸张形式，我们可能决定要在内部发布八个建筑物的数据。如果我们要添加第九个，那么需要花费大量的精力来修改出版物、重印、重新分发等。如果信息是一个数据库的一部分，我们能够灵活地添加和删除建筑物、市场和其他不可预见的信息。更重要的是，它使我们能够选择在最初发布纸质文档时可能没有想到的过滤方式。我们一直在深入分析我们最好的项目，并将结果放入一个数据库，这将成为先例研究的强大资源（图1.8至图1.11）。

我们可以问数据库："我们在纽约用这种特殊类型的玻璃设计了多少建筑？"当一个客户来对我们说："我真的很喜欢你们在曼哈顿中城做的那个项目。你们可以在中国我们的地块上做点类似的事情吗？"我们几乎可以立刻开始分析我们的建筑的关键设计指标，以了解它们如何能够转换为在另一个地区的另一栋建筑。看看玻璃类型在太阳光的增益、日光，或透明度，或R值等方面是否适合。评估冷却和通风策略并确定它们是否适用于中国。它给我们深入、快速地获得访问一个知识体系的机会，这种知识体系在历史上一直是难以在这种全面性水平上收集到的。

—— Robert Yori，SOM 建筑设计事务所

38　**公司里的其他人了解到他们的工作除了设计建筑和城市空间外，也在和数据库打交道，这件事情有多重要？**

RY：项目负责人和高级建筑师们在他们的大脑里处理大量的数据，团队则使得这些数据通过图纸、规格、项目介绍以及效果图显示出来。在过去的十年里，随着团队开始使用 Revit，对话变得简单起来。当团队开始熟悉并熟练使用工具后，我说："你们知道你们在一个数据库上工作，是吗？"他们中很多人回答说："是的，我知道。"它其实是一个图形化的介绍，说明什么是数据库以及它可以用来做什么。计算机辅助设计（CAD）存在类似的潜力，因为 CAD 是一个数据库——如果它是这样使用的话。

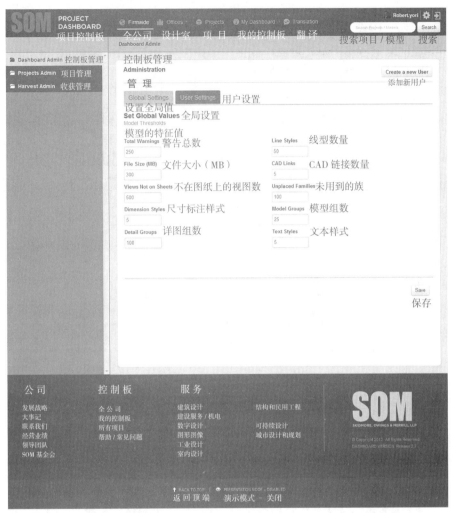

图 1.8　主控面板可以设置为标记那些数值超过一定用户设置的阈值的属性。随着主控面板功能的增加，可以增加或修改角色 © *Skidmore Owings and Merrill LLP*

　　如同计算机刚刚被引入建筑设计时一样，有不同的方法和不同程度的理解和熟悉"图纸即为数据库"这一概念。作为一种职业，我们在与有形与无形的想法斗争，我们需要判断什么更难实现数字化，什么可以和应该实现。总的来说，我们都必须处理越来越多的数据。那些具有计算倾向的人自然会寻找某种数据库解决方案。但我并不一定喜欢从一开始就这样说——这样会把人们吓跑的（图 1.12 至图 1.14。）。

在最理想的世界中，是不是每个人都会从数据的角度看待建筑物？

　　RY：一个下意识的回答是："当然。我希望每个人都会那么做。"我不是那么英明，可以为整个行业开处方。建筑是多方面的。每个与之相关的人都有各自的利益和个性。那也是使它吸引人的一个原因——那并不是简单的一组概念的集合。尽管我喜欢数据并且工作信息化，

图 1.9 添加一个新的项目涉及输入多个字段，包括市场分类，建筑类型和状态，这些信息可以来源于现有的数据库，以尽量减小冗余并提高数据的有效性 © *Skidmore Owings and Merrill LLP*

有时候我真的是被那些令人无法置信的简单的、完全由手工制作的东西所吸引。就像一个狂热的古典音乐爱好者，无法满足于三和弦的摇滚乐歌曲一样。多样化才是好的。所以，确实，在某种意义上来说，如果每个人都可以从数据的角度看待建筑会使我们的日子好过一点。但是我会担心如果每个人都用同一种方法的话，我们所有人都会被失落的。

有没有特定的技术可以更好地处理项目数据？这是否曾经是您考虑使用这些工具的一个原因？

RY：一个普遍存在的、很好的起点是 Excel。有多少人用微软公司的 Excel 创建表格？几乎每个人都用到它，很多人甚至没有认识到它可以是一个数据库的基础。我看到这是经常发生的——不仅仅在 SOM 建筑设计事务所这里，而是所有的地方。我曾在我自己的使用中看到这一点。我写下一些事情，然后想，嗯，如果我把它输入 Excel，我就可以进行一系列的计算。过了一会儿我说："如果我在这基础上扩展一下，加上'x'、'y'和'z'，进行一些计算就可验证我的想法……"于是这份电子表格成了非常有用的、临时的数据库。Excel 是一个门槛最低、

图 1.10　扩展信息，比如合同范围和当前进度，可以被加入以便在特定的阶段查询项目 © *Skidmore Owings and Merrill LLP*

费用最低、最容易摘到的果子，让你开始明白怎样利用你所拥有的东西。Revit 在这一点上也很好，因为它提供了一个具有前端图形界面的数据库。对于核心的数据采集，这是必经之路。你看到好数据的价值，看到了可能性，并且开始在别处找更强大的更复杂的工具。通常这需

41

图 1.11 项目上传或收获，可以被检查、跟踪和核对 © *Skidmore Owings and Merrill LLP*

42

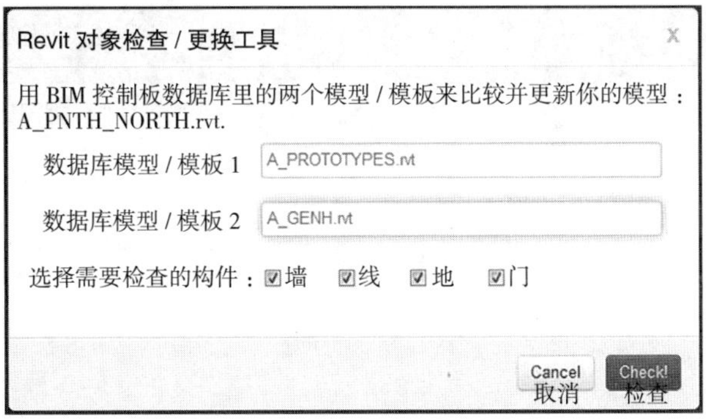

图 1.12　对比引擎使得用户可以比较不同文件里的一个或多个族的类型，比如说标准文件。对比结果显示族参数值的差异 © *Skidmore Owings and Merrill LLP*

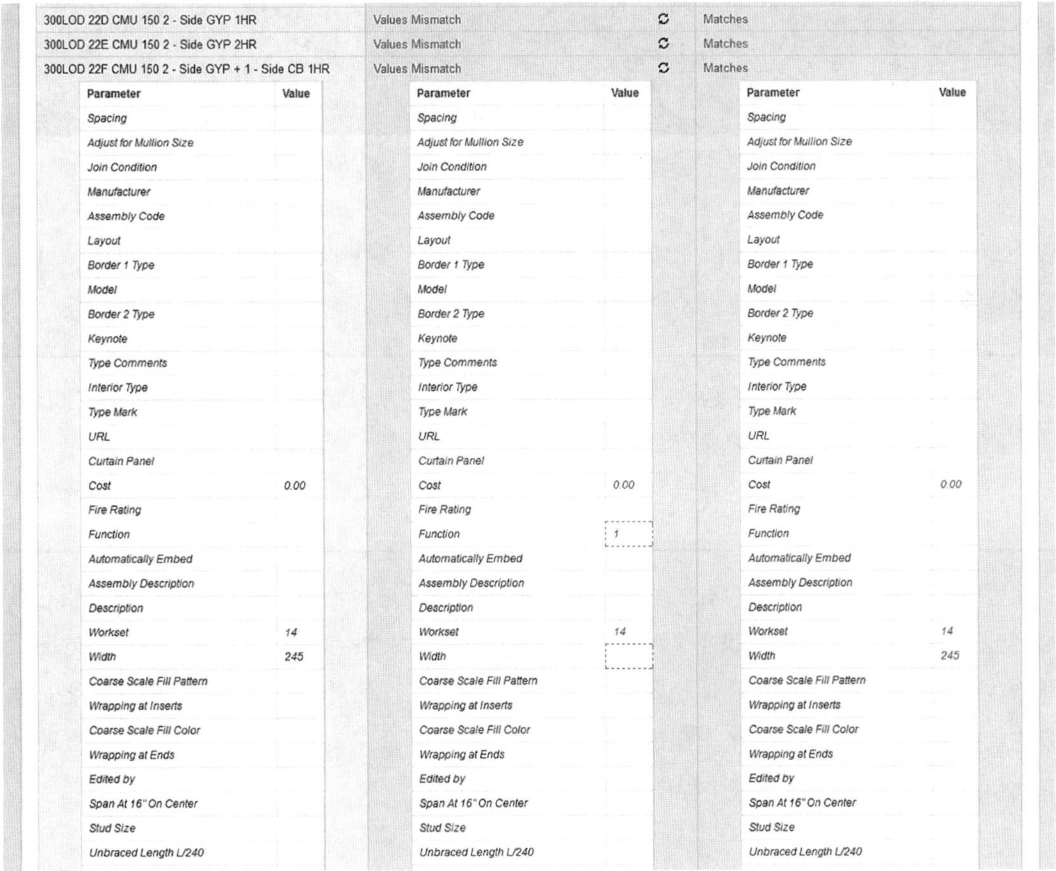

300LOD 22D CMU 150 2 - Side GYP 1HR	Values Mismatch	Matches
300LOD 22E CMU 150 2 - Side GYP 2HR	Values Mismatch	Matches
300LOD 22F CMU 150 2 - Side GYP + 1 - Side CB 1HR	Values Mismatch	Matches

Parameter	Value	Parameter	Value	Parameter	Value
Spacing		Spacing		Spacing	
Adjust for Mullion Size		Adjust for Mullion Size		Adjust for Mullion Size	
Join Condition		Join Condition		Join Condition	
Manufacturer		Manufacturer		Manufacturer	
Assembly Code		Assembly Code		Assembly Code	
Layout		Layout		Layout	
Border 1 Type		Border 1 Type		Border 1 Type	
Model		Model		Model	
Border 2 Type		Border 2 Type		Border 2 Type	
Keynote		Keynote		Keynote	
Type Comments		Type Comments		Type Comments	
Interior Type		Interior Type		Interior Type	
Type Mark		Type Mark		Type Mark	
URL		URL		URL	
Curtain Panel		Curtain Panel		Curtain Panel	
Cost	0.00	Cost	0.00	Cost	0.00
Fire Rating		Fire Rating		Fire Rating	
Function		Function	1	Function	
Automatically Embed		Automatically Embed		Automatically Embed	
Assembly Description		Assembly Description		Assembly Description	
Description		Description		Description	
Workset	14	Workset	14	Workset	14
Width	245	Width		Width	245
Coarse Scale Fill Pattern		Coarse Scale Fill Pattern		Coarse Scale Fill Pattern	
Wrapping at Inserts		Wrapping at Inserts		Wrapping at Inserts	
Coarse Scale Fill Color		Coarse Scale Fill Color		Coarse Scale Fill Color	
Wrapping at Ends		Wrapping at Ends		Wrapping at Ends	
Edited by		Edited by		Edited by	
Span At 16" On Center		Span At 16" On Center		Span At 16" On Center	
Stud Size		Stud Size		Stud Size	
Unbraced Length L/240		Unbraced Length L/240		Unbraced Length L/240	

图 1.13　对比结果显示族参数值的差异，以简化多模型项目的管理 © *Skidmore Owings and Merrill LLP*

43

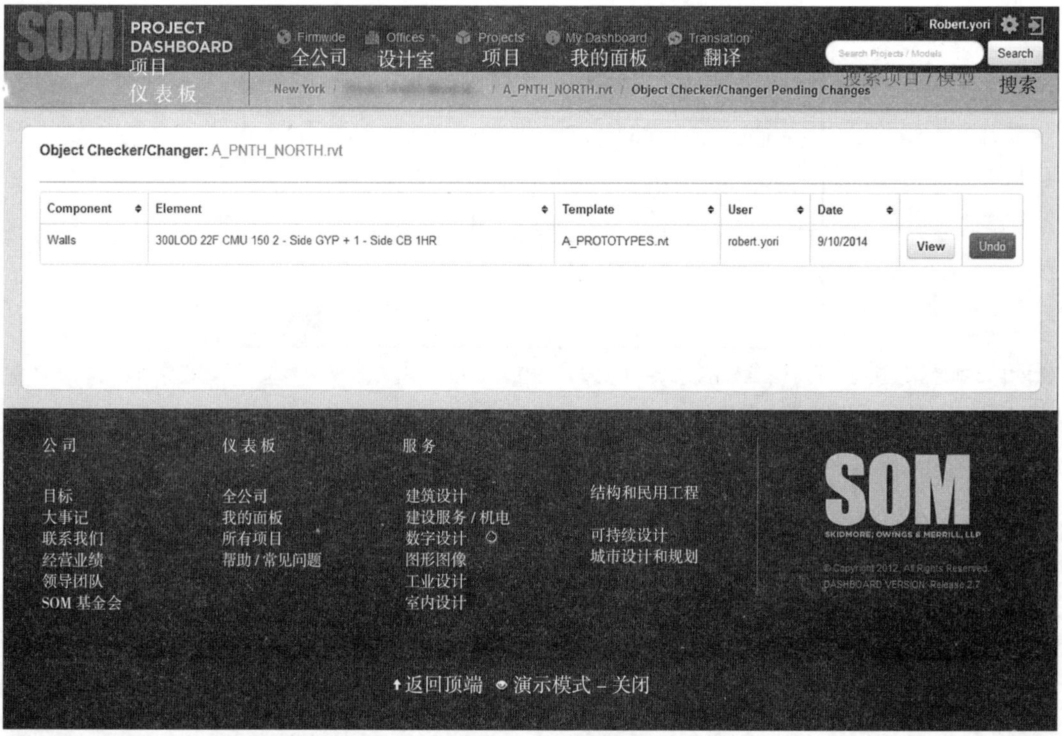

图 1.14 在控制板上可以进行修正并回馈到各个模型 © *Skidmore Owings and Merrill LLP*

要一个更复杂或更深层的知识，比如说 SQL 数据库，或者更复杂的建模程序。但是 Excel 是
44 到处存在的，这么多的人在使用，使得它成为一个很好的起点。

> Revit 在这一点上也很好，因为它提供了一个具有前端图形界面的数据库。对于核心
> 的数据采集，这是必经之路。
>
> —— Robert Yori，SOM 建筑设计事务所

暂时回到 CAD，对于信息化，它有着巨大的能力，但是，正如我所提到的，只有当它被
那样使用才行。在我早期的职业生涯中，我见过很多的人，没有理解把实体放在适合的图层
所产生的数据价值，或者正确地给图块命名以便于统计。任何计算工具所遇到的困难之一就
是它们的有效感知可以是一个全赢或全输的前景。它必须是完美的，一旦有人开始怀疑驱动
它的信息的合法性，就会对整个程序的合法性产生怀疑。

**对于许多的设计专业人士来说，数据的主题并不像创造有趣的形式那么引人注目，您认
为这是建筑行业使用数据的一个障碍吗？**

RY：数据是达到目的的一种手段，我们所做的也可以按照那种方式来归类。理解数据

争议背后的动力，并在这些动力之中去寻找价值，这是应该有的探讨。作为过程的一部分，为了自身而提供数据可能是有意义的。但是这只是过程的一部分，而不是最终目标或者解决方案。人们通常不会进入建筑去进行数据争议，人们进入建筑，以解决特定的问题，或追求他们想追求的特殊兴趣。当然，有些人对细节的细微问题感兴趣，这是非常好的，因为不是每个人都如此。理解数据和计算过程是达到目的的手段，这真的很重要，作为成年人学习，我们都需要一个动机，这个动机能帮助我们理解为什么我们应该做不同的事情而不是仅仅做令我们舒服的事情。如果我们不能找到一个令人信服和有益的理由，我们就不会去改变。

在不久的将来，您把什么当作是公司里一个理想的方法？是努力践行数据启用，还是数据启示或者是数据驱动？贵公司的做法是怎样的呢？为什么这样做？

RY：像任何一个好的学术机构，我们应该定义这三个术语里面每一个意味着什么？"数据启用"是可能意识到数据但是没有利用它。"数据启示"可能就是在决策过程中，把使用数据作为其中的一个因素。"数据驱动"可以定义为需要优先考虑的事情。我不知道这是不是一件好事，我无法描述整个公司应该应用的一种方式。但是我们在 SOM 建筑设计事务所中所做的一切方面是数据驱动的。有些是数据启示。有一些信息更适合于数据驱动，而有些则更少需要它。因此整体上来说，当我们接近于设计，我不得不使用数据启示，因为我们做的有些事情是难以置信的数据密集型。而我们做的另外一些事情却不是这样。

我认为这个行业理想的方法是数据启示，虽然很难一概而论。在某些类型的实践中需要的是数据驱动。例如，我的好朋友最近去了一家专注于医疗保健的公司工作，在这个公司里面，对于循证设计，就有许多奇妙的、难以置信的引人入胜的会议。在这种数据密集型公司工作可能更接近于数据驱动。如果你作为一个客户想要的是雕塑建筑师为你设计雕塑，因为你正在寻找的可能是规划和定义不是很严格的东西，想要的东西更具有象征性，可能你更接近的是数据启用。了解数据而且能够理解数据在实践中所扮演的角色，这是非常非常重要的。我们应该有这种意识。在学校里，我们的教授经常告诉我们，建筑学是关于你所选择的要解决的问题——而我会把它延伸，加上一句："以及我们如何选择解决它们。"只要你意识到"数据因素"，并且你理解在实践中使用它的意义，知道使用到什么程度，那就是关键。

当我听到"数据启发"这个术语时，听起来好像是有一种企图，使得数据看起来是被完整地使用了，可其实并不是这样的。"数据清洗"已经是一个术语了吗？

—— Robert Yori，SOM 建筑设计事务所

45

图 1.15 BIM 主控面板的首页给了用户对文件大小、项目版本、模型类别、最新状态和正在工作中的项目等等有一个直观的、高层次的认识 © *Skidmore Owings and Merrill LLP*

利用数据有多大程度取决于技术？有多大程度取决于心态？

RY：你必须首先有这样的心态，如果你不是有动机去做，你就不会去做。

为了用数据工作，您会为我们组织、专业和行业中的同行推荐什么样的心态？

RY：如果目标是为了得到动力，我会期待用数据驱动或者数据启示来工作。埋头钻研找到如何利用数据驱动或者数据启示改善项目质量和过程的方法，是充满乐趣的。而你在做这件事情的时候也一定充满乐趣。对任何人来说，这就是最大的动力。

您能描述下一个使用数据的项目吗？因为使用数据改善了决策，提高了洞察力或者改善了结果？

RY：我们可以列举许多我们性能导向的建筑，这么多的设计都是数据驱动的。它有明显的效果。在中国广州，我们有一个塔楼项目，这个项目就是充分利用模拟和数据驱动分析的方法确定建筑物的外形，引导高速风通过发电涡轮机。我们也把类似的策略用在印度尼西亚的一座塔楼上。这座塔楼也采用地热策略。我们还在纽约 Staten 岛上做了一个净零能耗学校，通过使用数据驱动的策略，在太阳能电池

表面积需求方面超出了我们的目标。

另外一个很好的例子，尽管不是一幢大楼，是我们的 Revit 和 BIM 标准倡议。许多年前，我在 Autodesk 大学进行了一次演讲，讲关于 BIM 平台从开拓性使用到成为主流平台使用的转换，当然这也包括 Revit。我重点引用了 Geoffrey A. Moore 的《跨越鸿沟》。这场转变包含了为每个人建立标准——指导方针、最佳方法等等。我知道我们的开拓者和他们的团队用 Revit 积累了许多成功的项目。我们想要搞清楚我们怎样把这些成功的案例整理成一个文档体系，来指导我们的未来的项目——实质上，这是一种标准化的工作（图 1.15 至图 1.18）。

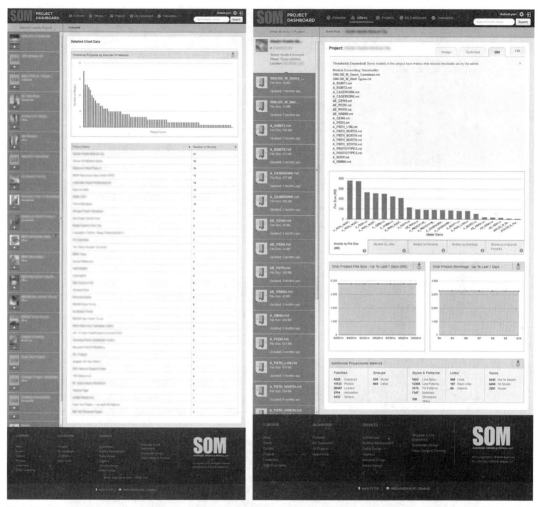

图 1.16　用户可以向下展开数据并可以看清具体的异常现象。该图表明：最大的项目比次最大项目多三分之一的模型。大多数项目里面有 1 至 6 个模型 © *Skidmore Owings and Merrill LLP*

图 1.17　项目页面显示了所有组成总装模型的模型信息。所有文件的大小和总体警告项目数量保持不变，表明项目得到了很好的管理 © *Skidmore Owings and Merrill LLP*

　　我们现在面临两种选择。选择一，当涉及标准时，去做每个人都会做的事情。大家围坐在桌子旁边，口头上来争议，哪个过程是比较好的，我们认为这个参数应该被命名成什么，为什么我们应该把它放在这里或者那里，等等。选择二，就是一个完全不同的方法——找一种方法来转换数据、信息，以及包含和嵌入在我们已经成功的项目中的知识。我们选择了第二个选项，开始了我们同数据和 CASE 公司的接触。我们和 CASE 公司探讨，看起来建立一个工具来查询和提取那些模型中的信息并分析它是一个很好的主意。

　　例如，我们看着我们的墙，一个典型的问题就是如何标识防火等级。他们应该描述为"1小时"，或者"1"，或者"60 分钟"？我们选定的我们都同意的 10 个取得了很大成功的项目，从所有这些项目中获取了数据，然后分析这些数据来看看以往是怎么做的。这帮助了我们确

47

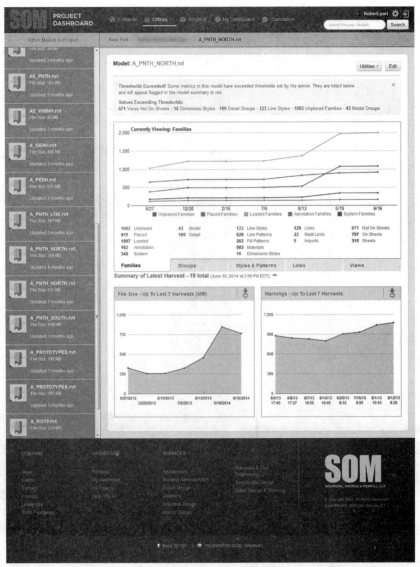

图 1.18 项目的模型页面以许多通常商定的度量为基础，给出了一个项目健康状况最及时的反应。模型的历史也包括在内，这给未来的模型性能提供了额外的洞察和预测 © *Skidmore Owings and Merrill LLP*

定前进的方向。我们不是盲目猜测。在选项一的场景中，人们围坐在桌子旁边进行口头上的争议，他们拥有那个数据，但数据仅仅存在他们头脑之中。这样得到的结果，不如在选项二中我们在一起分析这些数据时所得结果那样清晰。在选项二的过程中，我们能从我们的项目中了解一些惊人的东西。不同的建模和逻辑方法、命名技术——从平凡到崇高的一切。它惊人地告诉了我们，我们向前迈进时应该怎么做。

我们遇到很少的阻力，因为我们作为一个公司，知道这些项目已经成功了。这是我们对已经完成的项目的一个演进，也是扩展那些项目用途的尝试。这就是迄今为止我们是如何在 SOM 建筑设计事务所中取得成功的，并将继续利用这些知识向前推进（图 1.19 至图 1.21）。

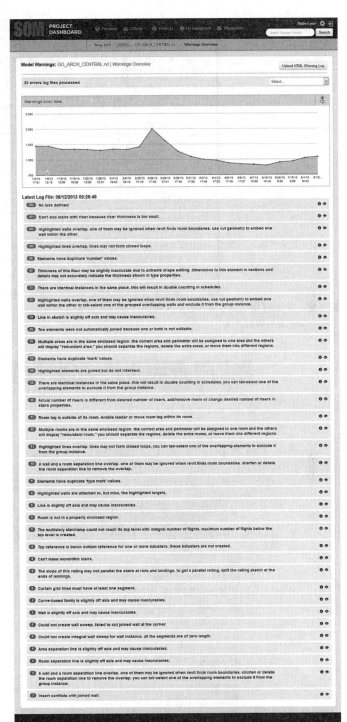

图 1.19 警告功能对模型中的每一个警告做日志，并记录与该警告有关的构件，使得用户可是追踪特定的警告实例 ©
Skidmore Owings and Merrill LLP

49

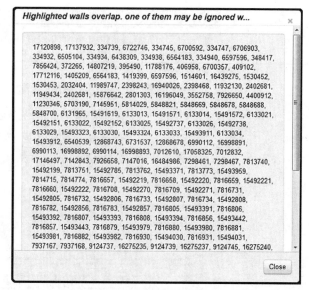

图 1.20　文本框使用用户可以通过复制粘贴方便地得到警告构件编号，以便其在 Revit 中很快被选中　© *Skidmore Owings and Merrill LLP*

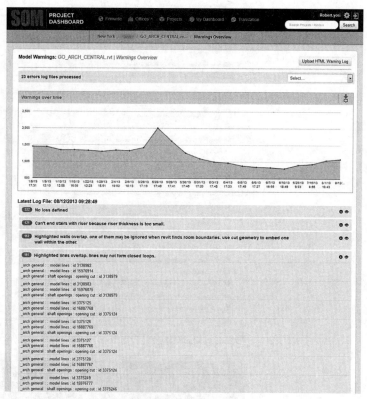

图 1.21　任何警告都能被展开，在其下面显示警告构件编号，每一个分组都表示一个特定的警告实例　© *Skidmore Owings and Merrill LLP*

数据定义

50　　本书是一本专门针对数据的书，在开始的时候，定义一些概念是很重要的。我们所说的 *数据* 到底是什么？它是未加工的资源吗？它是如何区别于信息的？这个词是不是包罗万象而无法被定义呢？为了定义这个词，我们需要查看各种类型的、大量的数据。

数据类型

Brian Ringley 是纽约城市大学 Fuse 实验室技术协调员以及 Woods Bagot 全球设计技术团队成员，他阐明了在建筑技术和建筑教育的工作中，他是如何处理和定义数据的。"在我看来，建筑技术专家和专业人士所处理的主要是三类数据，我用他们相对于几何构件的关系来定义它们"：

　　固有几何数据，或几何构件生成的固有数据。 例如一个非均匀有理 B 样条（NURBS）的表面的固有数据包括的数据项有：参数空间，边界边和顶点；一个全局唯一标识符（GUID）；控制点和度数，以及分析数据，例如曲率和锥度等等。

　　外部生成数据，或来源于生成几何图形的外部数据， 其目的是为了影响所述几何体或迭代生成新的几何体。这种数据的一个例子是用于测量建筑物表面日照的数据。可用于测量日照的实际数据项包括天空辐射模型，辐射材料文件，EPW 天气文件以及对测量时间和间隔的定义。这些数据项必须与固有的几何数据，如表面法线方向和基本物体遮挡，进行交互，以计

算日照值，然后可以使用这些数据来修改现有的几何图形或生成新的几何图形（这是被认为是大数据的部分）。

　　补充 BIM 数据，或用于建筑施工和建筑运营 / 生命周期的数据，以补充几何数据， 通常在电子表格或 BIM 软件中生成。IFC 数据就是这样一个很好的例子。但是即使是简单的数据，比如在 Revit 的软件界面中，一堵墙是否是结构墙也是这样的一个例子（图 1.22）。

是什么使得数据拥有价值而不仅仅是一种商品？答案可能就在我们寻求的结果里面以及数据最终是如何被投入使用的。Ryan Mullenix 是 NBBJ 的设计伙伴，他看到价值不在于数据本身，而在于数据是如何被使用的。"一个我听到的最有趣的评论来自一位旧金山的未来学家[5]，他认为数据只是数据。数据不会回答一个问题，数据仅仅只是信息。数据的重要性就是在于你如何获取这些数据并使用它来处理你试图解决的问题，这是我们一直关注的焦点。"

DIKW

数据和信息是一回事吗？除了粒度，如何区分数据和信息呢？例如 BIM 里面的 "I" 代表信息。数据和信息的不同点在哪里呢？它们仅仅是语义不同吗？这两个术语可以互相交换吗？"我觉得数据和信息是可以交替使用的，" CASE 公司的 David Fano 承认，"它们之间的差别非常微妙。当我谈论它们的时候，我倾向于交换着使用它们。"但是这两个术语真的可以相互交换使用吗？

我们可以用一个连续体、有时也被称为　51

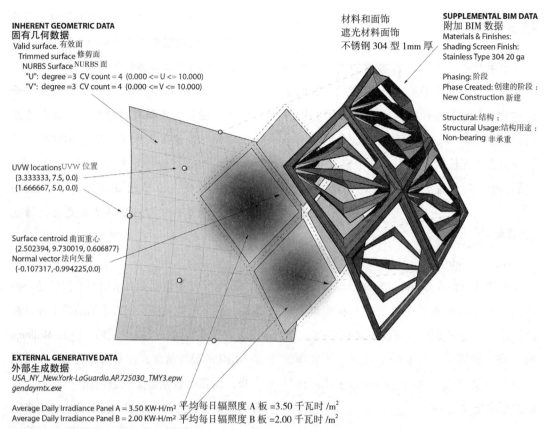

INHERENT GEOMETRIC DATA
固有几何数据
Valid surface. 有效面
Trimmed surface 修剪面
NURBS Surface NURBS 面
"U": degree =3 CV count = 4 (0.000 <= U <= 10.000)
"V": degree =3 CV count = 4 (0.000 <= V <= 10.000)

UVW locationsUVW 位置
{3.333333, 7.5, 0.0}
{1.666667, 5.0, 0.0}

Surface centroid 曲面重心
{2.502394, 9.730019, 0.606877}
Normal vector 法向矢量
{-0.107317,-0.994225,0.0}

材料和面饰
遮光材料面饰
不锈钢 304 型 1mm 厚

SUPPLEMENTAL BIM DATA
附加 BIM 数据
Materials & Finishes:
Shading Screen Finish:
Stainless Type 304 20 ga

Phasing:阶段
Phase Created: 创建的阶段：
New Construction 新建

Structural:结构：
Structural Usage:结构用途：
Non-bearing 非承重

EXTERNAL GENERATIVE DATA
外部生成数据
USA_NY_New.York-LaGuardia.AP.725030_TMY3.epw
gendaymtx.exe

Average Daily Irradiance Panel A = 3.50 KW-H/m² 平均每日辐照度 A 板 =3.50 千瓦时 /m²
Average Daily Irradiance Panel B = 2.00 KW-H/m² 平均每日辐照度 B 板 =2.00 千瓦时 /m²

图 1.22   建筑参数化建模中的三类基本数据：固有几何数据、外部生成数据和补充 BIM 数据 © Brian Ringley

DIKW 谱或金字塔来定义数据，其中 DIKW 代表数据、信息、知识和智慧。随着数据在建设项目中的应用，"洞察力"可能取代智慧成为利用数据的一个更有利的目标：数据、信息、知识和洞察力。CASE 公司的 Daniel Davis 提到："我们的行业大部分是基于知识和信息的，我们从知识和信息中获得深刻见解——不管这种见解来自数据还是计算工具。"（图 1.23）

"从概念上来讲，我相信 DIKW（数据，信息，知识和智慧）的进展模式。"FANO 继续说道：

这个行业需要明白这就是人们一直在做的事情。建筑师们如此有价值，却在他们的职业生涯的后期遇到了麻烦，部分原因就是他们积累了许多的智慧。我认为这是不可小看的。我认为正在发生的是：如果我们能获得这些东西——那只不过是被动的知识而已——我们拥有所有这些更可检索的东西，我们可以把智慧揭示给以不同方式思考事物的不同年龄段的人们。我确实认为现在是建筑行业的分水岭，我们能够结束这些持续了很久的传统的工作模式，因为我们可以开始利用信息了。

Fano 用数据结构的增长来描述 DIKW 进展，"用最简单的术语，就是用过去的眼光来做未来的决策。最原始的状态就是数据，当它更多的结构化，那就是信息了。这就是做

52

图 1.23　DIKW 进展模式。为了作出相关的和有意义的决策，数据必须先从 BIM 模型中流过 © *R Deutsch*

决定，用正确的事情来武装我们自己以便我们做出更好的决策。"随着 DIKW 体系的连续发展，很清楚没有数据就不会有上游信息、知识或者智慧，换句话说，数据可以被认为是低层次或者以粒度形式表达的信息。

我们可以进一步地来区分数据和信息。我们不断听到 BIM 里面的 "I"（信息），那么数据是如何与 BIM 中的 "I" 相关的？ BIM 里面的 "I" 常被描述成一个书架或者文件柜，用来保存工厂的手册和产品的说明。据说这个 BIM 保留了产品的规格书、项目的手册，以便人们知道去哪里找到它们。与信息相比，数据不是专用的，而更多的是可用的、流动的。因为数据，这个模型就不再仅仅是一个储存信息的容器，不再仅仅是检索系统或者长期存储的容器，BIM 的数据是可以流动的，是可以被查询的。

定义海量的数据

正如所讨论的，在建筑行业使用数据并不是什么新事物，建成环境一直有着丰富的数据源。新事物使我们能够得到大量数据，还有我们测量数据的能力以及捕获数据，处理和作用于数据的能力。坦率地说，我们的行业迫切需要这样做。[6] 在设计和施工中使用大量数据进行决策涉及获得团队和组织内部承诺，再造内部、外部流程和修正组织行为。[7] 有关我们如何在行业中使用海量数据的话题，目前还在讨论之中（图 1.24）。

本书使用 "大数据" 这个术语，虽然在刚推出时很流行，但将迅速减少，今后，大量的数据将被仅仅称为数据。Mads Jensen 是 Sefaira 的首席执行官，他承认说："技术正在

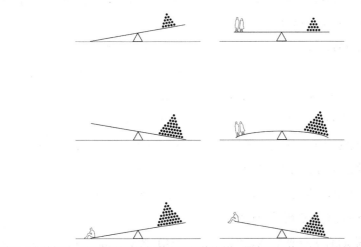

图 1.24　利用 "大数据"。对组织利用数据做出更好的决策，带来更好的见解，并创造更好的建筑进行实验 © *R Deutsch*

飞速发展。""我们所谈论的语言也一样，由于快速发展，我们不能总是在某些术语被替换或意义发生改变之前对它们的具体含义达成共识。"Jensen 尝试过定义大数据，"大数据经常被用作一个术语，用于我们应用统计学处理我们拥有的大量数据。我们可能不理解或者不能模拟正在发生的事情，但是它们之间存在许多潜在的关系，你可以由此推断它们的因果关系，并试图得到一些关于事物关系的结论。"

53　　　David Fano 发现试图为建筑行业定义大数据是没有意义的。Fano 说："如果你看大数据，就像看 BIM 一样。"

　　　　这个术语是来自市场部门，而不是来自任何做实际工作的人。不管它什么时候消失都没有关系，我们不需要浪费太多的精力。我们应该拥抱它所代表的含义，这是一种心态。这里应该有一些我认同的思想体系在里面，因此我仅仅需要优选那些能被我所用的东西，而浪费任何时间去试图得到一个奇异的定义，我觉得没有任何价值。当我谈论它的时候，我用我的术语来定义它。你仍然可以使用你的定义。在这里我们都使用相同的语言（图 1.25）。

　　　　美国绿色建筑委员会（USGBC）的 Chris Pyke 认为，我们在用大数据这个术语上有些超前了，我们正在传统的容量、速度、多样性和准确性等大数据概念中寻找价值。"今天我们的数据容量比较适中，速度相对较低，多样性不断增长，准确性是个非常宽泛（狂放）的变量。所以，虽然我们有了一些元素，但是我们几乎没有接触到像电子商务或金融那

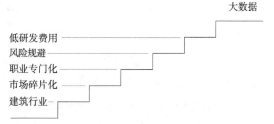

54

图 1.25　建筑行业在全面参与大数据方面面临的巨大挑战 © R Deutsch

样的大数据。"Pyke 继续说道：

　　　　当我们开始收集和整合来自数百万的建筑物所关联的几十亿居民每秒使用能源，创造社会、经济和环境影响力的空间和时间信息时，大数据就将来到了我们的行业。我们正在为这样的未来打基础，但是未来还在地平线那里，还没有到来。

Andrew Heumann 是 NBBJ 设计计算团队的领导者，他把海量数据定义为数据集。由于数据集足够大，这需要专门的计算基础设施，像云计算或者像超级计算机这样的大规模的机器处理它们。Andrew Heumann 继续说道："在这样的定义下，我不会说我正在使用大数据。"

　　　　然而，用一个稍微自由点的定义，大数据就是一个带有数百万 BIM 模型的服务器。在这种情况下，我们每天都使用它，而不仅仅是个人访问特定的项目。在公司里面，我们可以使用我们的工具来分析和监测所有项目的性能。一次性关注到所有的模型。

RTKL 的 Clayton Starr 则用更加传统的方式把大数据定义为为信息收集者提供发展趋

势和预测未来结果所收集的信息。"这都是被动的收获，这就像我们当地杂货店老板的忠诚度方案，或者气象站每天收集信息是用于主动跟踪人或设备的移动。最大的惊喜就是你所感知的结果恰恰就是实际状态。令人惊奇的是你可以看到我们日常生活中产生的浪费，滥用的资源或者你实际上购买了多少的Kraft Mac 和奶酪。"当以这种方式来定义的时候，毫无疑问这里很少有大数据的具体应用。

策略 4 不是大数据，是智能数据

每个组织都必须根据具体情况以及他们打算使用的方式来定义大数据。例如，MKThink 的策略师 Evelyn Lee 并不是从规模的角度思考大量的数据点，而是从它能为客户做什么的角度来考虑，并说要找到一切事物的平衡点。她是怎么做的呢？"我们试图从大数据中提取智能数据。"Lee 接着说道：

每当开发人员说，如果你想在街区拥有最可持续的建筑，千万不要把灯打开。切勿运行任何机械系统。与此同时，我们正在努力为员工创造一个高效的工作场所。每样东西放置多少才可以让你达到最高的生产力水平？我们使用大数据。我们有一个系统可以很快地挖掘这个数据。这真的是关于如何聪明地对待你所搜集的数据，因此我们称它为智能数据。

55　　"大数据公司通常会获得不断生成的实时数据"Andrew Witt 补充说道："这样的事情不会发生在建筑项目上，建筑项目可能会收集一

些信息，但是我认为这根本不是大数据。"Witt没有把他的工作归类于用大数据工作。Witt 继续说道："当我想到大数据的时候，我就想到了 10 亿的数据点，在 GT 我们工作的项目上，更多的是有几十万个数据点，或者数百万的数据点。关于建筑信息，真的很难仅仅从单一的项目上获取大数据。"Witt 接着说：

大数据假定它是结构均质的，所有分离的数据点就有可比性。在 BIM 的背景下，我们谈论大数据的困难之一就是，作为一个整体，这个模型有多种多样的信息。所有这些信息在结构上都是不同的，并且没有真正的可比性。你没有必要把窗户的元数据和建筑物中钢筋混凝土板的元数据进行比较。它们是两个不同的部品。当你在这样的背景下谈论大数据时，这也是面临的一个挑战。个别的可比较的数据集实际上相对较小。

其他人则认为大数据允许对看似不兼容的数据集进行比较。"看看这个选址的决策，"Dātu Health 的高级副总裁兼首席创新官 Tom Mulhern 说道：

房地产数据就是他们的数据，他们正在研究市场分析、房地产部门数据以及房地产的转售价值。他们的业务是建立在对这些数据的掌握以及代表客户这些处理数据的能力的基础之上的。关于大数据的一个定义性的特点是重叠通常没有重叠的数据集，将一件事的数据与另一件事的数据结合起来，将有关建筑物经济的数据与有关建筑物设计的数据相重叠。

案例研究　专访 Sean D. Burke

Sean D. Burke，LEED 认证专家，是华盛顿西雅图 NBBJ 建筑事务所的高级合伙人。作为 BIM 数字实践的领导者，Sean 负责开发最优方法，对新工艺和新工具进行研究和开发，与设计计算团队紧密合作来确定哪些领域中技术可以帮助发展实践。Sean 曾在 Autodesk 大学和世界各地的会议上发表过讲演。

一些新工具对数据共享甚至是大数据共享有什么影响？

Sean D. Burke（SB）：它们现在还不成熟，很难说会发展成什么样。现在正在解决的是一个初始的点对点协作的问题，以取代需要大量 IT 参与的、大型的、更为繁重的管理站点。我认为这是一件好事，因为它使项目团队的理念大众化，使访问数据变得更加灵活而减少壁垒。你可以使用这个工具根据需要随时邀请其他设计公司的同事和合作者，而不是非常正式地，先创建一个账户，再为每个人提供访问权限。这完全取决于个人，这是一件好事。它也有缺点，如果你的项目对信息有一定的敏感性，那你就很难控制信息的流通。但是，大部分项目不属于这个类别。

56　　至于对大数据的影响，当涉及在多个项目或团队中聚集信息时，如果数据能够被正确地挖掘，并且以开放的方式访问，云就成为一个非常丰富的信息源。目前，这些云服务的供应商，例如 Autodesk，正在挖掘数据并创建大数据。他们可能会将这些数据匿名并将其用于内部销售和市场营销。无论我们是否直接受益，这已经发生了。

您能谈谈大数据是怎样融入 BIM 工作流的以及 NBBJ 利用大数据的一些方法吗？

SB：这里有两种不同的方法，第一，我们试验把 Revit 之外的数据用计算机数据库平台来管理。这里也有一些商业工具像 dRofus，CodeBook，Trelligence Affinity，这些都是非常好的。当你遇到一个像医院那样有非常大的项目的大客户，你会从他们那里得到的所有信息。在你画第一根线或者为第一堵墙建模之前，你会把信息放在某个地方。一旦你建了模型，你就希望可以用已有数据来验证这个模型。使用这些工具进行验证非常顺手。我们一直在试图弄清楚除了目前的规划工具外是否有更多的机会。我们正在考虑这一领域的下一步是什么。

第二，我们一直在密切关注 CASE 的项目主控面板（图 1.26 和图 1.27）。这种把许多项目中收集的数据聚集起来的想法是非常有趣的，将其放进一个类似主控面板的接口，这样你就可以在项目团队层面上和公司的商业智能（BI）层面上得到一些不同的东西。

关于几何体与数据的主题，您已经写了[8]《在工具之间移动几何体不难，移动数据才是关键》，您可以解释下其间的不同吗？为什么移动数据的能力才是关键？

SB：当数据停留在一个容器里太长时间，就会变得陈旧，当然也会失去其作用。数据就

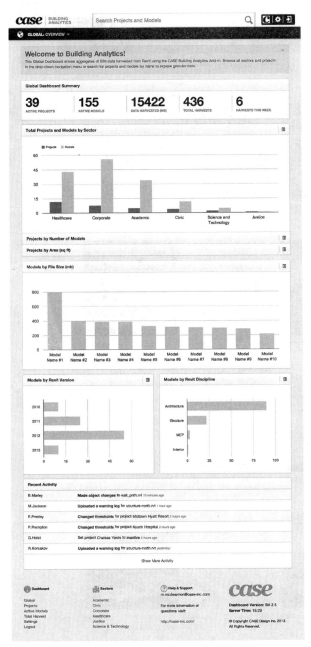

图 1.26　全局概览提供了日常监控的关键统计信息的快照，进行中项目的数量和 BIM 模型中的活动也显示在这里 © CASE

像物理对象一样，可以有动量。假如它待在一个地方太久，就不想离开了。假如它非常灵活，可以在工具间移动而不会使结构或者完整性受损，数据就会变得更加有价值。因为你能很容易地就分析它，很容易地追加或者修改数据。有许多我们正在使用的专业软件，某人正在寻找的信息就在这里，像在一个 Revit 模型中。但是应用软件可能没有按照可以访问这样的方式来设计。举一个简单的例子，容积率是我们可以做的一个很简单的分析。但是 Revit 不能从两个不同的类别中比较两种不同的东西。建筑物有其容积、面积，有总的楼层面积。但是它不知道建筑物所在的地块。而像 Dynamo 这样的工具就可以把这两个物体进行比较并得到一个公式，然后告诉你说这就是容积率（FAR）。当你在设计的时候，你也可以获得一些直观的反馈。你并不需要一个 Dynamo 专家来用 Dynamo 作为工具。它可以提前设置好，然后最小化。设计师们可以用 Revit 工作，他们可以掌控整个模型。一旦模型的体量超出了约束范围，它就会变成红色。整个模型都会变成红色。然后他们再一次把它回退一步，模型又变成了绿色。仅仅是连接两种数据的简单行为，使用另外一种工具，用一种新

的方式，这就已经是一个很好的启示了。我们把设计计算当作是制作表格，我们将会有双曲面。但是它真的只是一种工具。你可能会想到一个问题，它需要人手动获取数据，然后把它放在一个地方。一旦数据被存放在不同的地方，它就很有可能会出错。当数据可以作为真理的源头保存在某个地方，并且能与模型相关联，这就是一个存储数据的更好的地方。如果你试图把所有的数据放在一个篮子里，把它放在最有意义的地方。

57

图 1.27 建筑分析主控面板提供了公司所做的每个项目的信息 © *CASE*

要做到这一点，需要采取什么措施？

SB：可能需要一个现成的工具。为了更加成功地扩展我们 BIM 方面的能力和覆盖面，我们需要开发人员作一点点工作，让我们能够直接访问我们的数据，以使我们可以从外部查询 Revit 模型。普通数据与几何数据的区别很小，它们都是数据，区别仅仅在于是否是图形数据而已（图 1.28）。它们都很重要。计算机不在乎什么是什么，我们只是从概念上把这两件事情分开，因为我们的专业是视觉导向的，我们在数字矩阵中看不到美。反正我们大多数人是这样的。

Revit 的用户界面背后的原始数据还有很多秘密需要披露。我们只是要想办法以便我们可以更快更容易地得到这些数据。也许文件格式需要开放。也许它的竞争者需要更认真地看待 IFC，并基于 IFC 开发一个编辑工具，这样就不再需要有任何的转换。它只是以开放的结构在那里，任何人可以用任何工具访问它，你只要你需要的部分，并利用它来工作。

风格超越内容的思考方式是不是对富有思想的未来建筑师们的发展有害处？类似于用于几何体与用于建筑性能的算法，您预测数据将会如何发展？

59　　SB：当数据经得起考验的时候，数据就是有价值的。我关注的一点是计算是如何迅速扩张的。我就是这种扩张的一部分。我一头扎了进去，因为在我们的工作中，这种扩张比单独的 BIM 有更多的潜在价值。这种迅速夸张

设计师们可以用 Revit 工作，他们可以掌控整个模型。一旦模型的体量超出了约束范围，它就会变成红色。整个模型都会变成红色。然后他们再一次把它回退一步，模型又变成了绿色。仅仅是连接两种数据的简单行为，使用另外一种工具，用一种新的方式，这就已经是一个很好的启示了。

—— Sean D. Burke，NBBJ

人们对 Revit 的价值存在错误的印象。它是一个数据库，我们真的需要开始像对待数据库那样对待它了。

—— Sean D. Burke，NBBJ

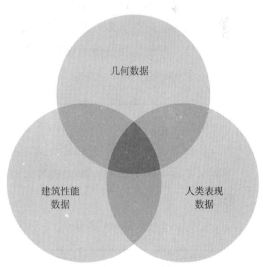

图 1.28　无论是几何体、建筑性能，还是人类表现，都是数据 © *R Deutsch*

的危险就在于人们从不可靠或未知的来源获得算法，将其投入工作、产生结果并向客户展示，说是用了你的方法。如果我们不小心，这可能会有严重的后果。我把它称之为蛇油推销员困境（the snake oil salesman dilemma）。你站在人群面前，用华丽的图表给人们展示。但是，如

果最后你提供给客户的是错误的数据，或者被错误解释了的数据，而客户就只抓住了它（它是错误的），那整件事情就穿帮了。[*]

如果有两种结果完全相同的报告，只是一种显示一个数字，另一种显示一个带有加／减的百分比，我宁愿在对结果进行松散解释方面犯错，我不会把所有的一切都押在生成这个结果的软件上，不管用的是商业的还是开源的算法，也不会押在软件使用者的技能上。

我曾看到过看起来完全不符合现实的东西被展示出来。稍作深入研究，[我想] 哦，好吧，这个人以前从未做过这种分析，也没有使用过这种特定的工具。我们必须非常小心。NBBJ 的领导层敏锐地意识到了这些事情，并与项目团队做了许多良好的尽职调查，以确保他们理解这些风险。有他们的认同是非常好的。

那些独资经营者呢？或者想利用所有这些工具和方法却不一定具有专业知识的小公司呢？人们容易盲目相信一个工具输出的漂亮的图表，但当以后再检查时却发现，即使是商业软件也可能是完全不可靠的。

对于动态的工作场所，您帮助促进这种改变，但是并不是每一个人都适应这些变化，技术又是不确定的，您有什么建议吗？

SB：挑选你真正喜欢的东西，或者和你核心价值观一样的东西，把这个作为你的职业。如果你的心不在这里，它就是一份工作。每次我去参加这些行业会议，我都会感到非常的兴奋。并不因为有一些新的有价值的东西，而是因为我可以和所有志同道合的人交谈，他们真的很投入。我坚信这就是有意义的工作。当我用 AutoCAD 统计门的大小和尺寸的时候，那并不是有意义的工作。即使给我三倍的薪水，我也不会再用二维图形工作了。我想创造价值，而价值不是在一个封闭的空间里就可以得到的。

> 60
>
> 即使给我三倍的薪水，我也不会再用二维图形工作了。我想创造价值，而价值不是在一个封闭的空间里就可以得到的。
>
> —— Sean D. Burke，NBBJ

在 2011 年，您是最早描述在 BIM 环境下进行实时分析的人之一。您能从数据角度来描述一下实时分析吗？

SB：这甚至不是真正的实时，只是接近实时。这也不是真正的能源分析，只是获得气象数据，从 NREL 网站下载并使它有用处，是一件很痛苦的事情。然后，你必须将其转换为能量建模工具可以读取的某种文件格式。

它的速度比传统的能源建模要快 30 倍，因为你实际上是使用你的设计模型来产生能源模型工具。它是在线处理的，不是在你的计算机上，所以你可以继续工作。假如那个时候你运行一个 Ecotect 模拟或者 TRACE™ 模拟，那些东西需要很长时间才能设置好。而当它们运行

---

[*] 经原作者同意，此处下面删除一段内容，因其与原书 p.191 策略 12 内容相同。——译者注

的时候，会占据你电脑的所有资源，你不能做任何其他的事情。你按下按钮，然后走开。因为直到运行完成，你的机器是无法使用的。

把这件事从整个过程中移除，是一种很大的解放，你就可以做更多的工作。你没有必要和以前一样对能源建模精挑细选。你再也不用因为必须创建一个新的模型给工程师用而做出改变。现在，他们可以拿着在 Green Building Studio 里处理过的设计模型，把它转换回 gbXML 格式，导入他们的能源模型，这时他们的模型已经增加了更智能化的数据。能够与建筑师更密切合作的工程师很欢迎这一点，这能使他们在寻找创新解决方案方面取得更大成功。从一个优化的建筑设计开始，再加上一个优化的系统设计，与那些从来没有做过任何能源分析的公司形成反差。他们的建筑物可能定位错误，因为它朝向有点不对而增加了能源使用。将一个糟糕的设计交给工程师，这是有悖于协作精神的。然后告诉他们：把它做得更好，满足所有的最低要求。靠那种方式，它是不可能满足美国建筑师学会 2030 年挑战的要求的。我们需要更多的协作。整合系统的人，不一定是工程师，有时他们又是同一个人，必须在这方面做得很好才对。

我们工作中，从接近实时到真正实时反馈的转变就在眼前。我们的软件可以做到，我们的硬件也可以做到。只需供应商加把劲，把所有的那些东西开发成为一个产品交到我们手上就行。Autodesk 在这个领域可能会很快受到一些竞争者的挑战。Sefaira 非常接近即时能源建模。你没有在 BIM 的世界里工作，你仍然是在使用松散的建模工具。你如何过渡到智能设计数据呢？你什么时候会在一个模型上附加智能分析数据，而这些数据是不能在 Revit 中使用的呢？（图 1.29）

在一个建模软件上建一个 BIM 工具和在一个二维 CAD 软件上建一个 BIM 工具面临的是相同的挑战。Revit 的竞争对手，都深陷于这一事实，即它们试图成为一个通用平台，上面有建筑设计工具。它们是 BIM，它们是 BIM 工具，但是它们不是一个数据库。它们当然不是专门为此开发的。因为在 AutoCAD Architecture 里，你可以炸碎一堵墙，现在它们不再是 BIM 了，对吗？只有三维面和空间，没有任何数据连接到它们。你不能用那么简单的事情来欺骗大家。任何编辑都应该不是破坏性的。当然，SketchUp 有创建 BIM 数据的能力，但是它有很多规定，你必须非常守规矩地使用它。

61

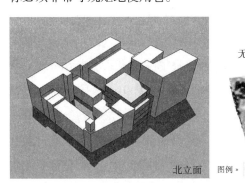

北立面　图例 ▶

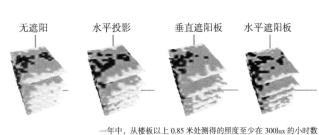

无遮阳　水平投影　垂直遮阳板　水平遮阳板

一年中，从楼板以上 0.85 米处测得的照度至少有 300lux 的小时数

■ 1—730 小时　■ 731—1460 小时　1461—2190 小时　2191—2920 小时　2921—3650 小时

图 1.29　运用 Sefaira 的采光可视化软件进行阴影分析 © *Sefaira*

数据 vs 文件

建筑师当然不生产建筑物，除非他们的工作是从设计到建造全包的。他们以设计意向文件的形式生产说明书，其他人按照说明书来建造建筑物。对那些从没有和建筑师合作的人或者不是建筑师的人，是不会注意到这种重要区别的。建筑师历来将其价值与这些文件的生产联系在一起，无论是亚麻布、纸张、聚酯薄膜、牛皮纸还是数码文件。因为文件有许多数据源，比如传感器、BIM 模型、刷卡、条码阅读以及 GPS 等，也有许多不同类型，比如照片、视频以及纸质文档（这些以及其他类型的数据我们在第 4 章中讨论）。

但是文件怎么样呢？文件不能也被当作数据吗？或者说一切都必须数字化或数据化才能变成数据？也许近年来最大的飞跃是我们从一个以文件为中心的行业转变为以数据为中心的行业。"一切都是数据，"CASE 的 David Fano 说道："我们的抱怨不在文件或纸上。纸张很好。纸张对我们很有价值。"Fano 举了一个例子：

> 比如 24×36 或者 36×48 这样的尺寸的纸，是我们用来传递建筑信息的唯一方式。为什么？这是来自当时生产方式的一个古老的东西。现在我们有 iPad，我们在工地有激光打印机，为什么图纸尺寸不能像一本书那么大呢？我们现在可以放大缩小。比例只与铅笔的大小和你可以在纸上放多少信息有关。我们需要认识到中间介质所提供的机会。

"文件是很好。假如你看看在数据库方面的最新趋势，它们是基于文档的数据库而不是表格或者关系型的数据库。"Fano 补充并继续说道：

> 我们要挑战的是信息的表现形式。行业中的很多想法一直是关于自我保护：把事情记录成文，因而你可以回过头来说你做过了。如果是要在正确的时间把正确的信息交给正确的人，我们就可以挑战关于图纸的本质：图纸就是建造大楼所需的文档。我所需要的文档是一个视频文件。让我们使用视频，而不是局限于二维抽象的东西。

CASE 的 Tyler Goss 探讨了建筑师从生产文档到利用数据的转变及其对实践和教育的影响："在我们的行业中，有一个从以文档为中心到以数据为中心的交付方法的根本性的转变。除了少数例外，学校并没有培养这样的人才。即便如此，越来越多的毕业生离开学校的时候，对 Grasshopper（一种基于参数、基于规则的设计过程）有着深入的实践知识。在这种从以文档为中心到以数据为中心的方法转变的趋势下，成为一个自身可以引导业务实践进行转型的人，将会比其他方式更快地将他们自己置于权利的位置。"（图 1.30）

Goss 提供的一个以文档为中心思维的例子，对于使用 Revit 和 BIM 的任何人来说都是熟悉的："Revit 可以以两种方法之一使用。它可以按照建筑物的逻辑构建一个项目的基本的逻辑关系；也可以用于方便地生成用于合同目的的二维文档。通常情况下，使用 Revit 的方式是后一种。"

图 1.30　数据库：由数据支持的想法仍然是许多人选择与建筑师合作的原因 © *R Deutsch*

Robert Yori 提醒道，对"图纸作为数据库"的概念有不同的方法和不同的理解。他对比了数据中心化的转变时刻和计算机被首次引入建筑行业时的可怕时刻。"作为一种职业，我们同有形和无形的想法作着斗争，什么更难以数字化地体现、什么可以和应该体现。"Yori 说，"总的来说，我们都必须和越来越多的数据打交道。那些有计算倾向的人自然会寻找某种数据库解决方案，但是我不一定一开始就这样说，因为这样会把人吓跑。"

为了帮助解释这个概念，可以把建筑师的服务工具——建筑文档和数据的可视化进行比较。"你如果看看世界其他地区，数据可视化变成了非常强大的东西。"Fano 说道，"纽约时报会把大量的钱花在购买世界顶级的数据可视化工具上，因为现在你可以以非常简单的方式了解非常复杂的事情。所以对我来说，图纸就是数据的可视化。现在到了数据可视化发展的时候了。"

建筑师有很多的图纸，大部分的会存档。他们是不是应该把这些作为他们可以访问和使用的数据呢？ Mani Golparvar-Fard 博士，是伊利诺伊大学厄巴纳－尚佩思分校土木与环境工程和计算机科学的副教授，他也这么认为。"是的，肯定是的。我们可以利用（我们自主知识产权的）移动增强现实系统（MARS）平台来提供接近实时的，对这些图纸的 PDF 文件的访问。我们可以使用这个接口在图纸上作标记。"（图 1.31）

由于 BIM 的出现，文档和数据之间的区别可能很快就会变得模糊，传统的建筑平面、立面和剖面图可以被看作是模型数据库的视图。Aditazz 的 Zigmund Rubel 在谈到这一点时说道："文档是（BIM）模型的输出。这个模型就是即将要建造的东西。"他接着说：

> 在我们今天的世界中，是文档驱动的建造。我们的目标是要把任何将要建造的东西虚拟地造一遍。文档只是为了支持施工过程中的监管和其他一些方面。数据是实际将要建造的东西。文档只是那个东西的一个报告。所以，这与现在考虑的有所不同。

图 1.31　MARS 网络平台，用于众包建筑活动分析。用户提供技工的角色、活动和所使用工具的说明，平台推出描述这些信息的视频 © *Mani Golparvar-Fard 博士*

案例研究   专访 Jonatan Schumacher

Jonathan Schumacher 是 Thornton Tomasetti 的 CORE 工 作 室 主 任，CORE 工 作 室 是 Thornton Tomasetti 整个公司各种想法的虚拟孵化器，他负责与工作流程自动化相关的研究计划和战略软件开发，用于整合的建筑设计、分析和建造方法。在产品设计、建筑、制造、机器人、工程和计算机科学领域的研究中，Jonatan 的多才多艺的专长包括数字加工、基于性能参数的自动模型创建、计算分析、网站开发以及自动化定制的 BIM 工作流集成。Jonatan 在 Columbia 大学 Stevens 理工学院和纽约市技术学院讲授编程、互操作性和参数建模等课程，并提供这方面的咨询。

您是稀有的设计专家，在形式生成和优化建筑性能方面都很在行。

Jonatan Schumacher（JS）：很难找到对一件事情同时有兴趣、又能够做到优秀的人。Thornton Tomasetti（TT）的整合应用程序开发人员 Mostapha Roudsari 就是这种非常稀缺的人才之一。作为一名受过专业训练的建筑师，他专注于可持续发展服务和能源分析，为天气数据、日光和能量模拟开发 Grasshopper 插件。由于有设计背景，他了解什么东西对企业很重要，那就是分析的过程和方法。我起初从 Grasshopper（在线）社区了解到他，他在 Twitter 上也很引人注目。有趣的是，在网络世界里，你可以遇到你不一定会在专业会议上遇到的人（图 1.32）。

找到一个既能够理解自动化又了解主题的人是很困难的。有时我们认为我们应该只要雇用计算机科学家就行。显然，我们不能支付给他们谷歌所能给他们的薪水，但是要找一个水平相当的人还是可以的。去年我们招了一个有两个计算机科学学位的实习生。和他一起工作很困难，他已经远离我们仍然在处理纸张和图纸这类无聊的东西的现实。这对来自不同的行业的他来说，没有任何意义，但不幸的是，这是现实。这里至少需要有人可以理解事情是怎么做的。教建筑师和工程师学习一些计算机科学的概念帮助了我们。

> 每个人都能用算法很好地实现几何模型的自动化生成。这是一方面。更重要的是它所附带的数据。
>
> —— Jonatan Schumacher，Thornton Tomasetti

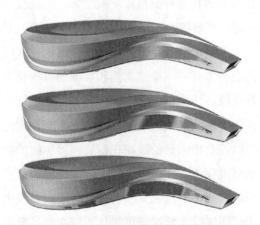

图 1.32 Thornton Tomasetti 的 CORE 工 作 室 帮 助 360 位建筑师在加拿大埃德蒙顿市的罗杰斯（Rogers）广场体育场进行拼板设计。采用自下而上的方法来导出由 Grasshopper 的物理引擎 Kangaroo 主控面板布局 © *Thornton Tomasetti CORE studio*

在考虑使用工具的时候，工具如何处理数据是不是您考虑的一个因素？

JS：当然。让我们从另一端开始。看这个 3Ds Max，它基本上是渲染软件。即使你要测量它的网格面积，它们也不是准确的。某些软件是不能用于数据提取和数据处理的，它本身就不是为此而开发的。

一旦 Grasshopper 研发出来，我们发现它几乎对所有人都是有好处的，特别是那些思考逻辑很强的工程师，他们每天写 Excel 函数和宏。Grasshopper 就像是 Excel 和 AutoCAD 两者的结合。他们知道 AutoCAD，也懂 Excel。所以这只是将数据和几何体结合起来的另一种方法。可以说 Grasshopper 现在是我们的首选工具。我们可以很容易地对它发出指令，"显示大楼里所有长度超过 5 英尺的梁。"做这种分析是很容易的（图 1.33）。

当然，Excel 只是一个日常工具。每个人都可以用 Excel 编程。但当我们从大局来看，我们希望所有项目信息都能投入到一个中央存储库时，它是有局限的。以一个大型体育场项目为例。最近这个项目有一个最后期限，涉及我们团队的两个人。他们花了 4 天时间，每天在办公室工作到凌晨 5 点。为什么我们不能更聪明地工作呢？他们的情况是这样的：这个楼梯是在那个电子表格里设计的，建筑的这一部分是在不同的地方设计的。最后，很难把所有的东西组合成一个模型。每个人都单独做自己的事，没有人同大信息库交换信息。如果系统地使用 Grasshopper，它可以让我们结合并挖掘不同来源的信息和数据，如电子表格、各种 BIM 和分析环境。但是 Grasshopper 本身还不是一个好的数据库存储解决方案。这也是为什么我们在 2012 年的秋季开发自己的 TTX 的原因（图 1.34）。

在决定开发自己的互操作平台 TTX 之前，我们在一个大的、快节奏的项目测试 IFC 文件格式。有一些公司，像 Autodesk，并不是很积极地用 IFC 工作。我们需要从 Grasshopper 和 SAP 中获取数据然后导入 Revit。在项目所需的工作流中这样做是不可能的。如果输入的几何体发生变化，你将分不清 Revit 中的哪些梁需要被哪些 Grasshopper 中的梁替代。IFC 不能跟踪每个程序分配给其 BIM 元素的唯一标识符，因此我们不能很好地用它来更新现有的

图 1.33　Thornton Tomasetti 的内部结构设计套件：Thornton Tomasetti 的 CORE 工作室开发了一些工具，用于复杂结构分析、数据可视化和数据挖掘 © *Thornton Tomasetti CORE studio*

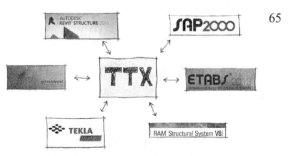

65

图 1.34　Thornton Tomasetti 的 CORE 工作室开发了一个内部的互操作平台和 BIM 管理套件 © *Thornton Tomasetti CORE studio*

模型——特别是在该模型也发生了变化的情况下。这就是我们开发 TTX 的原因。它是 IFC 的替代品。说到底，这是一个文件，是一个包含所有 BIM 信息的数据库。它随着时间的推移而发展，它可以与我们通常用于建模、分析、记录和建造建筑结构的所有不同的程序进行交谈。TTX 是通用存储库。我们现在可以在所有程序中的各个元素之间进行交流，并不断更新我们的计算。随着时间的推移和项目的发展，我们自然不断地发展着这个存储库。

在寻找人才方面，为什么有计算机科学背景的人会在建筑行业工作？

JS：特别是当他们只拿到他们在各自行业中所能拿到的三分之一薪水的时候……这个人想做一些真正的、实在的项目。我们很幸运。开发软件或是分析数据与设计出要屹立几十年的建筑之间，显然有很大的不同，这对一些人来说是有吸引力的。

您是否认为有必要探索算法，以进一步提高我们在设计和施工上的能力和表现，并超越其形式生成的能力？

JS：在我们的研发小组里，大多数人有产品设计、工程或建筑方面的背景，并对计算机科学非常有兴趣。实践能力很强。我们有几个人在之前的公司里，是在数字项目部门工作，或是有施工管理或制造业背景。计算机科学很重要，对我们行业相关领域具有兴趣和专长也很重要。如果工程公司的人只知道如何在 BIM 中很好地建模，那是不够的。

就形式驱动和数据驱动而言，这两者都是很好的挑战。在许多有趣的项目上，建筑师并不一定首先考虑数据。他们会受到一些形式的启发。数据仍然是一个很好的挑战，可以应用于任何一种设计。

66

一些建筑师——大牌建筑师——不关心数据，这是令人惊讶的。有些公司告诉我们，我们不做三维的。没关系，即使如此，作为工程师，我们也会为自己着想。我们必须像任何工程师一样将几何体变成现实。我们只是用不同的方法实现。

我们非常幸运，我们的首席执行官 Tom Scarangello 对 Thornton Tomasetti 作出了明确的决定，即在技术方面成为工程公司的先驱。这就是为什么我们在研发领域投入大量资金的原因。Tom 明白这最终会对业主有利。我们通常是由业主直接雇用的，而不是建筑师或承包商。

我们专注于如何建造建筑以及施工方面将会遇到什么样的复杂情况。这就是为什么我们要在设计阶段进行这类研究的原因。因为与其他主要在项目概念阶段工作的高端工程公司相比，我们设计的建筑物实现的可能性要大得多。

有没有任何其他方法可以通过使用数据来压缩流程，或不丢失已有数据的价值来压缩流程？

JS：作为工程师，在所有这些有关数据的讨论之前，甚至在 BIM 被称为 BIM 之前，我们就有了带属性的三维模型。数据总在启示着我们的设计。这很难解释，因为我不认为这是两

图 1.35 飓风桑迪灾难的可视化：CORE 工作室协助 Thornton Tomasetti 的财产损失咨询小组，对调查后的获取的数据进行可视化 © *Thornton Tomasetti CORE studio*

图 1.36 飓风桑迪灾难的可视化：CORE 工作室协助 Thornton Tomasetti 的财产损失咨询小组，对调查后的获取的数据进行可视化 © *Thornton Tomasetti CORE studio*

个不同的事情。总是有几何体和数据。数据与几何体一样重要。马来西亚吉隆坡的双子塔在 20 世纪 90 年代初进行了三维分析。那是一个 BIM 模型。只是当时没有人用这个术语。数据一直是（结构）工程师所做工作的很大一部分（图 1.35 和图 1.36）。

您将建筑结构、建筑外立面和建筑性能紧密结合。数据如何、在哪里发挥作用？

JS：目前的一个项目，由 Diller Scofidio + Renfro 承担建筑设计的 Hudson Yards Culture Shed，我们是结构工程师和外墙工程师。它是一种动力学结构，其结构和外表面是一样的。外表面在结构框架的内部。如果你要尝试在两家不同的公司之间进行协调，那将是一场噩梦。我们还通过算法设计印刷到 ETFE 膜面板的玻璃图案，并将可持续性服务整合到设计过程中。

这个项目的结构模型和外表面模型是同一个。它是一个将坐落在 Hudson 铁路码头顶部的几何复杂的动力学结构。重要的是协调信息，以便所有专业都能与之合作。例如，我们正在设计玻璃图案，不仅仅是作为一个图案，而是设定了一个减少太阳辐射预测量的目标。这是我们的外表面小组所不能做到的，因为他们没有计算能力来给这些细节建模以及网格化。此外我们的可持续发展小组也没有能力自己完成这件事。我们必须整合不同的专业知识，比如，关于材料和太阳能性能的知识，必须让玻璃图案的产生自动化，同时还要让热辐射分析自动化。这是一个计算量非常繁重的过程。我们进行了很多分析计算，仅仅是为了弄清楚要使用什么样的玻璃图案。我们用 Grasshopper 软件来做这件事，因此我们可以在建筑几何体发生变化的时候进行实时的调整，而建筑体型的变化则是使用了两个 Grasshopper 的插件：Ladybug 和 Honeybee，它们是由 Mostapha 开发的。所有这些都是用参数联系在一起的。

这些例子里，实时数据帮助您做出更有保证的决定。您怎样把这些支持您的决定的数据传达给建筑师／客户呢？

JS：我希望我们很快就能实时地与我们的客户——建筑师或业主——交流存在的问题和设计建议。看见那个模型中的红色区域了吗？那里是我们仍需修改的地方。让我们现在就开始，在这个共享的模型上、通过网络浏览器，进行修改吧。

在过去，您必须扔掉以前的迭代过程。

JS：确实是这样。现在我们可以使用相同的模型。现在我们有了一个参数模型，所以我们可以改变建筑的几何特性并重新开始分析。我们的动机是在这个过程中尽早找到帮助建筑师的方法。因此他们可以更了解他们设计的建筑：它要多少钱？它的总重量是多少？它将会以什么方式建造？这些问题我们都会在结构分析程序中回答。现在，有了这些可视化的方法，我们能够轻松地走到业主面前，传达我们所发现的东西，从一开始就让业主对我们产生信任。

我们正在积极开发的另一个概念是我们所说的远程协同。这一概念源于和 LMN 建筑事务所技术工作室（LMNts）的一次对话。传统上，工程师和建筑师之间存在着巨大的脱节，特别是在早期设计阶段。工程师倾向于等待建筑师，在他们"冻结"设计之前甚至不会去看一眼，然后工程师只是对建筑师的设计进行后期合理化。远程解决的动机是能够在建筑还处于设计之中时主动提供工程以及可建造性的约束信息（图 1.37 和图 1.38）。

68

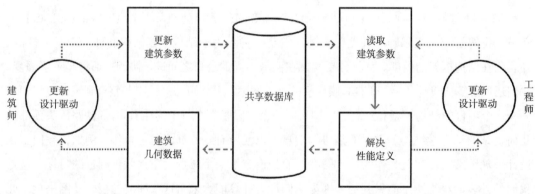

图 1.37 Thornton Tomasetti 与 LMN 技术工作室的联合研究项目。远程协同使得在概念设计阶段就可以得到工程师的自动分析反馈 © *Thornton Tomasetti CORE studio*

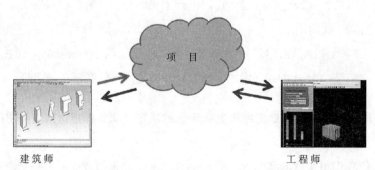

图 1.38 Thornton Tomasetti 与 LMN 技术工作室的联合研究项目。远程协同使得在概念设计阶段就可以得到工程师的自动分析反馈 © *Thornton Tomasetti CORE studio*

目前，还没有为建筑师和工程师之间的文件交换定义理想的工作流。经常，我们得到一个表面模型，我们必须花费大量的时间找到一种从中提取中心线几何特性的方法。到我们给他们结果的时候，设计已经变了，我们没法在设计早期阶段就与建筑师沟通。所以我们提出了这一点：我们在服务器上托管分析模型，并向建筑师（以及其他合作者）公开某些输入和输出。这样，每当建筑师做出了修改，分析系统将会自动运行，并给建筑师提供必要的反馈，让他们能够为下一个设计迭代作出明智的决定。

在这个例子中，建筑师可以控制体量和轴线。他们每次修改之后，建筑师的电脑就会上传新的几何信息到 Amazon 云的数据库里。我们的电脑下载这些数据，实时重新调整所有模型的大小，一两分钟之后建筑师们就获得了更新了的重量、结构尺寸和碳值。

有些公司希望雇佣的员工具备数据可视化的技能。在 Thornton Tomasetti 公司，这将是多余的。你们的数据可视化工具已经建在您的系统之中了。

JS：举个例子，有一些驱动程序，建筑师可以自己使用它们来达到目的：建筑师想要对一个双曲面的外立面进行拼板设计，希望每个面板都有相同的几何形状。我们开发了一个脚本程序来帮助他们做这件事。此外，外立面工程师建议我们应该检查面板的曲率，确保它们翘曲不超过 20 毫米。于是，作为脚本的一部分，我们实时测量了挠度，并把它用颜色标注出来（红色代表翘曲过大）。这么做以后，我们把脚本给了建筑师，以便他们可以研究不同的设计选项。他们能够驱动并控制，他们想要的立面边缘有多长，角度是多少。通过这个过程，外立面基本上将推、拉自己到合适位置。目的同样是为了将红色减到最少。这样，他们可以看到哪些角度适合，哪些则不然。我们将智能装配信息嵌入设计模型，这样他们有数据，可以自己弄清楚。你可以根据自己的喜好随便设计，但是如果有太多的红色，就将会产生非常高的建筑费用（图 1.39）。

Thornton Tomasetti 公司是否收集并存储自己的数据用于项目或提高性能？

JS：作为内联网解决方案的一部分，我们每一个项目都有一个具有高级项目信息的内部网页，包括关键联系人、所提供的服务、施工日期等。我们可以通过内联网查询：我们医疗项目是怎么做的，高层项目是怎么做的，我们在迪拜是怎么做的？每个项目页面还有结构系统、每平方尺建筑重量以及含碳量的输入。我也一直在考虑把每一个项目的 TTX 模型放到那里，这样可以方便以后随时回顾和提取 BIM 以及分析数据。这只是一个数据库，所以我们可以打开和读取它。它不会像 Revit 模型和 Grasshopper 定义那样过时。而且它不需要占用太多的储存空间。我们可以在 10 年后打开它，进行非常详细的查询，直至每一个 BIM 构件或者结构分析节点。

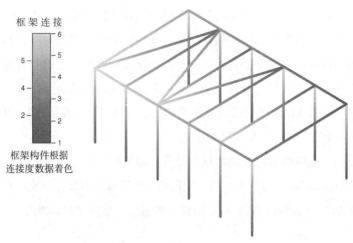

图 1.39　Thornton Tomasetti 的内部结构设计套件：Thornton Tomasetti 的 CORE 工作室开发了一些工具，用于复杂结构分析、数据可视化和数据挖掘 © *Thornton Tomasetti CORE studio*

今天，我们需要透彻理解数据是如何在建筑、工程、施工中和被业主、运营人员使用的。数据在设计和施工中得到创新性的应用，是由在技术和工作流程方面取得的最新进展所带来的，同时也得益于信息的开放，以及人们对数据如何能够向行业内的各种流程积极提供信息的增进了的理解。

70　注释

1. 除非特别说明，本书所有引文均来自作者 2014 年 2 月至 7 月所做的采访。

2. David Fano，作者采访，2014 年 3 月 10 日。
3. David Fano，"BIM in the cloud：Industry view"，AEC 杂志，2014 年 7 月 29 日；http://aecmag.com/59-features/627-bim-in-the-cloud
4. Mads Jensen，与作者的访谈，2014 年 3 月 13 日。
5. 引用自未来研究所（Institute for the Future）执行董事 Marina Gorbis，在旧金山 Bloomberg 由 NBBJ 主办的"数据与启迪"会议中的讲话，2013 年 8 月 18 日。
6. Randy Deutsch，引用 David Barista "大数据革命：数据驱动设计如何改变项目规划"，建筑设计与施工，2014 年 2 月 11 日；http://www.bdcnetwork.com/big-data-revolution-how-datadriven-design-transforming-project-planning
7. 出处同上。
8. Sean D. Burke 在其 2013 年 12 月 18 日题为《模式转变》的博客中的文章："Autodesk 大学：要点重述"。www.seandburke.com/blog/2013/12/18/

第 2 章

数据驱动的建筑设计方法

只有当那些能够发挥作用的人理解我们所收集的数据，从中得到启迪，并取得进步时，我们的工作才算完成。

—— Mike Schmoker

数据驱动设计首先要考虑的问题包括：当今建筑行业在数据前沿处于什么位置？如今的设计师、建造师、业主、经营者与数据有什么关系？他们会拒绝吗？他们是否接受可以获得的数据，或者漠不关心？他们是否意识到利用数据创建几何图形、提高建筑性能、跟踪人的表现、监控业务绩效以及达成其他目标的重要性？他们是否认识到在实践中利用数据的价值，但却感觉还没准备好？如果是这样的话，那么他们怎样才能做到准备充分，在设计和建造过程中运用数据？

建筑行业中引领数据的五个趋势

下面几个趋势能够解释数据收集和从业者使用数据的兴起：

仪器化

最能解释建筑行业数据兴起的现实因素就是如今的传感器几乎覆盖了所有的事物，有时

被称为物联网（IoT），当然我们也应称其为"仪器化"（instrumentation）。Tom Mulhern 是这么描述该趋势的："如今，数据对设计的最大影响就是将一切仪器化，如将建筑传感器和执行器的仪器化，以及人类社会的仪器化。仪器化将是一场革命，仪器化是我们对建筑物中所发生的事情进行测量的能力。"

Zigmund Rubel 从仪器化角度，将大数据定义为"机械化数据"。"想象一下，如果你的数据由某种机器产生的，并且这条数据流源源不断。"Rubel 说，"对我而言，非结构化的数据不是大数据。大数据应该是可以通过分析得到结论的数据。当你注视一栋建筑时，其中蕴含着巨大的分析'机械化'大数据的机会，因为那里有所有这些已被机械化的小仪器，它们将被用于收集和了解数据。"（图 2.1）

数据化

数据化是将一切变为可阅读、可共享和可比较的数据。它与数字化不同，数字化是将一段声音或一张图片变为可以被电脑处理的数据。虽然数字化可简单地认为是以数字形式捕获模拟信号，但数据化蕴含更多：由离散或功能数据组成的计算机信息是智能的、可共享的，例如将扫描下来的文件转化成数

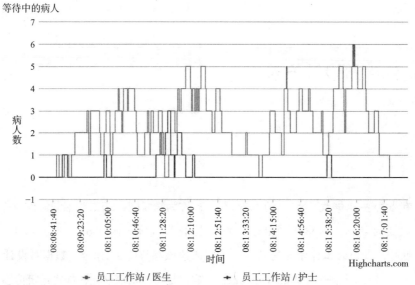

此图展示某一天内等待医生或所分配护士的病人人数。可以看出日程安排很有必要增加一名流动护士或者让护士集中一点

图 2.1   数据表明需要调节日程安排来减少病人等待的时间 © *Aditazz*

据。David Fano 说："我们可以将现有的纸质文件转化成数据，但这并不是必需的，这取决于你想知道什么。"（图 2.2）

产品化

产品化与制造业关系密切。"我们其中一个商业伙伴（ConXtech）生产钢梁和钢柱，"Zigmund Rubel 告诉我们，"如果你看一下 AISC 钢材目录就会发现有将近 400 个 W 型钢。ConXtech 将其缩减到只有 40 个。他们与 40 种形状打交道。这就是他们能够快速设计和装配钢结构的原因之一。因为他们将这一过程产品化了。"Rubel 继续说：

在一定程度上这是数据分析的结果，他们分析满足不同梁需求的型钢断面以提高生产效率。这与我们设计人员的传统做法不同：我们会仔细研究，再告诉你满足你需要的理想方案。实际上，可

能并没有理想的方案，只是一个备选项。只有当你减少了备选项，你才能从过程和交付的角度实现规模经济。

产品化的对立面是去产品化：建筑行业更趋向于在现成软件产品中使用插件。

策略 5   关于数据准备的 8 个问题

我们是否有：

- 足够的容量？
- 思考空间？
- 正确的文化？
- 合适的人？
- 自上而下或自下而上的支持？
- 衡量结果 / 产出的方法？
- 足够的时间和资源来做这件事？
- 处理数据应有的态度和思维方式？

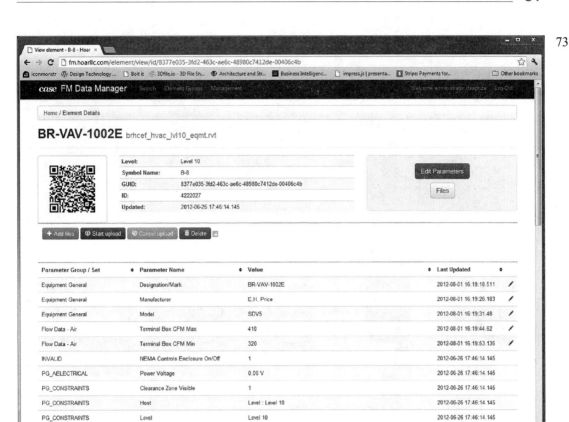

图 2.2　数据化信息可在任何地方检索。每份资产都有自己的页面，展示从 BIM 模型中提取的数据，允许现场人员不打开 BIM 模型就能访问数据 © *Hoar Construction and CASE Inc.*

验证

74
我们的验证方法之一是，利用数据使决策合理化。"你如何使设计达标？"Zigmund Rubel 问，"我认为 20% 的设计都是创新的过程，在此过程中，一个特定的决策点不能变成规则。例如，创建总体构图当然是创造性的，我们不认为这可以完全脱离人。但计算机可以知道，具有特定分区包络线的特定形状的场地，会有特定的形式。如果我们给它设定一套规则，这些工具能让我们迅速获得一个经过验证的 yes 或 no 的答案。"

数据验证有其自身的特点。David Fano 认为，验证对传统的风险规避行业来说，是一个挑战。"我们害怕去验证。如果建筑模型上所有的能量计算都说'应该是这样'，而我们回去测量时却发现它根本不是这样。我们不能害怕，我们必须接受失败并从中吸取教训。"

可视化

最后，数据可视化（data viz）有助于将复杂的信息、见解及抽象概念传达给非专业人员，使数据可以被更多人获取和理解。数据可视化可帮助设计人员以令人信服的图表方式讲述自己的故事（第 5 章有更多关于数据可视化方面的内容）（图 2.3）。

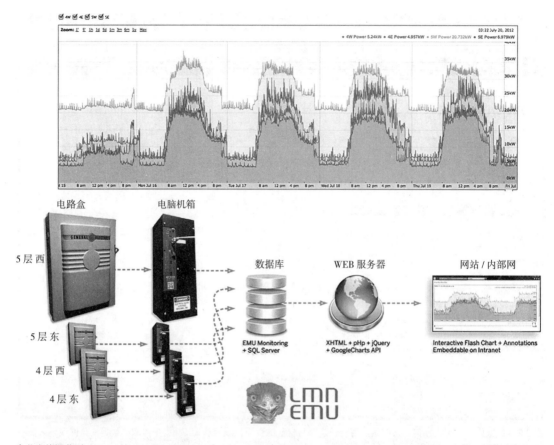

办公室能源监测

图2.3 LMN 构建了一个能源监视系统来量化、记录并可视化其办公室装修后的性能改进。© *LMN Architects*

---

75 ## 案例研究 专访 Zigmund Rubel

Zigmund Rubel，美国建筑师学会会员，Aditazz 联合创始人之一，负责确保所有使用数据的项目交付时的性能及质量。他在 Aditazz 的主要工作是，创建一套建筑产品部件，以使用"套装"的方式来装配建筑。他拥有多项美国及国际专利，他创新地将 Aditazz 通过数据使用的套装部件与其他建筑构件整合在一起。他还领导了几个使用数据驱动设计技术的项目，尤其是医疗建筑的运营商，他们正受益于 Aditazz 革命性的数据驱动技术。

Aditazz 是一家数据驱动型公司，它走在行业前沿，大胆利用数据来提升你们——不仅是你们自己的竞争优势，还让行业进一步提升。Aditazz 在极短的时间内让这一模式得到了迅速发展。

Zigmund Rubel（ZR）：我一直告诉我的同事 Deepak Aatresh（公司创办人及电脑芯片设计者），我们面临的挑战不是技术，而是文化。这一定也是你要在你的书中所阐明的观点。

您认识到，在规划流程方面，计算机能取得很大成果。您还认识到，流程的某些部分将继续留给人类。有些人认为，建筑学最终会演变成计算机文化和机器人文化，再没有他们的一席之地。

ZR：平心而论，在某种程度上他们是对的。我不想低估他们的担忧，但我认为，事实上，行业内的数据驱动的计算机应用将为参与者提供更有创造性的流程。我们现在采用某个特定的流程是因为我们获得了一组特定的工具——无论铅笔还是鼠标——并且只能对我们用这些工具创造出来的对象作出反应。如果某事物是基于一系列要求创建的，那么并列来看这一过程，我们会有非常不同的体验。对我们创建的图纸作出回应是一回事，对一个包含解决方案的目录作出回应是另一回事。我认为在未来我们可以对一个预定解决方案的目录作出回应。我之所以不担心，是因为人类仍然在作出决定，无论是在填写需求目录时，还是在方案选择中。我认为，人们担心的是，计算机将决定一切，而我不认为这会很快发生（图 2.4）。

有些人，尤其是那些来自美术界的人，认为就对创造力的约束性而言，空白的画布、白纸、白板或空白的 Moleskine 笔记本是理想的。

ZR：我完全同意，一本空白的 Moleskine 笔记本是艺术的开端，且永远不会消失。但是，

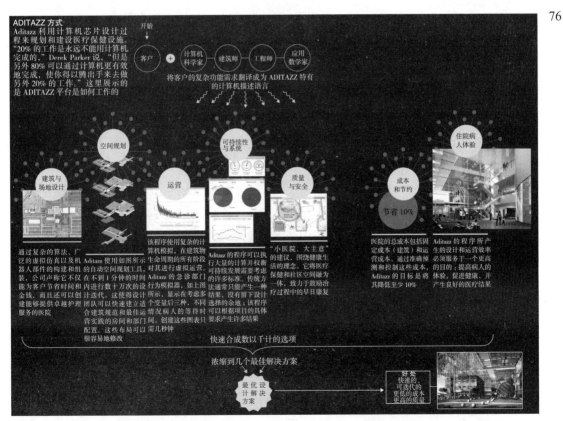

图 2.4　Aditazz 方式：软件平台革新建筑设计的方法概览 © *Susan Szenasy*，Metropolis *magazine*（*first published in the October 2013 issue of Metropolis magazine*）

在建筑的创作中，所要做的，远远大于一本空白的笔记本。你可能需要解决的一个文化问题是：如果坚持空白笔记本上的构想，是不是不太负责？或者，我们是否可以把笔记本放在一边，用电脑来完成其他部分？这就是我们在 Aditazz 所要做的。

我们的业务模式正在演变。我们的世界没有什么是一成不变的。我们希望创建自己使用的组件目录。我们之所以要这样做，是因为我们认为，如果该目录仅供我们使用（而非面向所有人），那我们就能更快地进行创新。我在技术和软件领域学到的是，创建一个仅供自己使用的软件要远快于创建一个供给所有人的软件。

这是否意味着设计师需要妥协，接受更少的选择？

ZR：是的，他们将不得不选择妥协。他们将不得不放弃全面、广泛地选择设计方案的自由。他们将不得不放弃目前的自由，以获取另一种基于结果而非设计初衷的自由。他们必须在某一层面上放弃控制，以获得另一层面上的选择自由（图2.5）。

在建筑行业，规划、设计和施工的数据让我们可以创造一种简化技术。Clayton Christenson（在其《创新者的窘境》一书中所述）的第一个启用器（enablers）。[1] 人类需要为革新提供创造力。

Aditazz 建筑产品

结构框架	混凝土平台板	内置水电管线的集成金属墙板	多工种管线架
01	02	03	04
25%的传统时间内现场安装	33%的传统时间内现场安装	33%的传统时间内现场安装	33%的传统时间内现场安装

图2.5 Aditazz 建筑产品目录所能节约的时间 © *Aditazz*

当您转去 Aditazz 公司时，是否担心过处理数据的工作太抽象？与您之前学习的建筑学相距甚远？

ZR：我并没有，但我的很多同事最初担心过。我之所以不担心，是因为觉得自己控制了要查找的数据，而另一些人则感觉他们被数据所控制。如果你创建了工具及其工作的方式，那么实际上你就是控制了结果。如果你定义了流程，那它实际上是为你工作的。

对于那些需要进行类似转型的人，您建议他们秉持什么心态？

ZR：愿意改变，不惧失败，渴望勇敢而谦卑（正如乔布斯所说：我们活着就是要在宇宙里留下我们的印记）。否则我们为何要来这里？我们每个投身这个事业的人，都要记住三个"I"：Integrity（正直），Intensity（热情），Intellectual Honesty（学术诚实）和一句谚语：享受一无所有的时候。不要满足于现状，保持好奇心，而且有耐心。

这些都是您个人的动力么？

78

ZR：建筑师已经局限于提供某种特定服务，但我们可以做得更多。我受够了现状。当我第一次见到 Deepak 时，我做了大部分人都不会做的事。我带着盲目的信心说，我们去做吧。这是一个巨大的风险。我所想到的是：如果 Deepak 对了呢？你听过柏拉图的洞穴寓言吗？Deepak 告诉我：我们的现实是我们看不见的火在洞壁上投下的影子。顺便说一句，洞穴外还有一个更强大的太阳。我决定抓住这个机会。你知道吗，我想看看这家伙是不是对的。大多数人都只会说，是的，没错。

也许那些挖掘数据的公司需要雇用有好奇心的人，也就是那些不满足于现状的人。

这种方法的动机是要改变建筑人员和建筑行业么？

ZR：我们想改变建筑的构思、实现和运作的方式。这是一个非常大胆的想法。我们的动机是，我们的行业是割裂的，需要被修复。给我和我的联合创始人以启发的人是斯坦福大学的教授 Paul Teicholz，他绘制了从 1964 年至今的美国非农产业 GDP 的生产力图表。为什么我们的行业生产力没有提高，甚至倒退，而另一些则以 2.5 倍的速度增长？我们应该为我们没有认真对待这件事而感到惭愧（图 2.6）。

我成为联合创始人（成立 Aditazz）的动机是，我厌倦了售卖自己的时间，而非价值。我们一 79
起去会见我们的潜在客户，并告诉他们，我们的公司有多神奇。紧接着，我们再去克服下一个困难：我们必须通过计时工资与工程造价的百分比来证明我们的费用。这个对吗？我感到惊讶的是，有些行业可使繁杂的工作自动化，如在走廊里放置消防柜（我们需要专业人员来做这件事）。

数据在使 Aditazz 公司实现这个大胆的目标上发挥了怎样的作用？

ZR：它是一个媒介，使我们能够在过程中的每个阶段作出决定。帮助我们设计师构思方

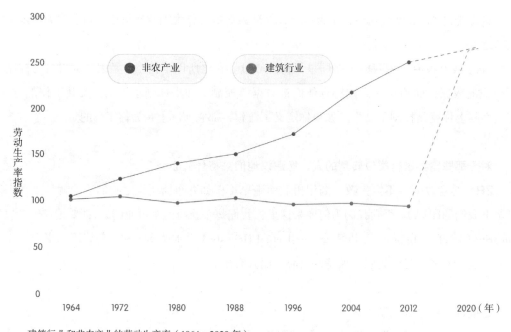

建筑行业和非农产业的劳动生产率（1964—2020 年）
来源：*Paul Teicholz*，*Aditazz Technical Advisory Board*

图 2.6　BIM 本身不会提高建筑行业的劳动生产率。建筑行业经过 50 多年的追赶，仍然落后于其他非农产业 © *Aditazz*

案、验证设计，以确保所建造的建筑符合设计要求。前提是，您应该在设计之前运作您的建筑，将设计基于这些需求，建造基于设计要求的建筑，并根据您的初始业务模式运行您的建筑。如今，业主围绕着我们提供的东西展开工作。

规划、建设、运营这三个阶段，您最感兴趣哪个阶段？

ZR：我最感兴趣的是项目概念阶段。我们的客户希望确保我们正在建设合适的建筑。今天，很多决定都是基于电子表格，它们是以细化水平非常粗略的数据为基础的。我们能够把数据的粒度更为细化，并显示一些原本看不到的细微差别。

一个真实的例子：我们为医疗保健系统做了一个项目，用来观测急诊室的流动情况。他们正计划整修急诊室，以提高接诊量。基于我们的分析，我们向他们说明了在他们计划翻新时，不需要增加空间，而且他们至少可以延迟三年再翻新。他们只需在工作流程上做一些操作上的改变，就可以提高护理服务。这项研究缩减了他们预算的 2000 多万美元，并且推迟了装修的时间。这不是用电子表格能够做到的（图 2.7 至图 2.10）。

是什么使 Aditazz 成为一个数据驱动的公司？

ZR：原因之一是，我们关心数据最重要的一点是，它将使我们更加自信地预测我们的结果。如果所有这些分析告诉我们为什么会提供某种成果，我们将更有信心会取得独特的成果。

01	02	03	04	05
评估和制定方案	数据收集和分析	模型制作和验证	假设情景分析	包含明确改进建议的最终报告

图 2.7　用数据驱动的方法进行设计咨询的五个步骤 © *Aditazz*

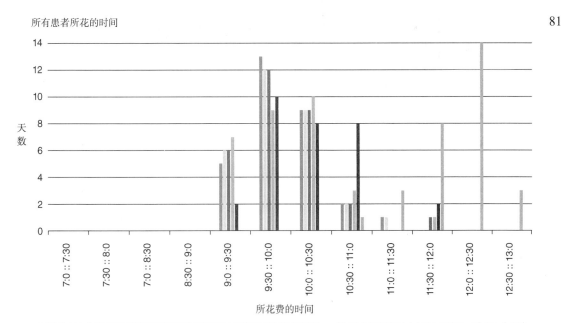

所有患者所花的时间

显示看 100 位患者所花的时间随着诊疗室数量的增加而变化的情况。y 轴显示有多少天（在 30 天中），看 100 个患者需要花 x 轴所示的那么多的时间。在所有这些场景中，对患者进行一次检查需 20 分钟，进行一次手术需 40 分钟，中间有 1 个小时的午休。可以看到，少于 9 间诊疗室将极大地降低效率，而增加诊疗室的数量几乎没有什么作用。注：如果患者检查时间为 15 分钟，诊疗室最优数量增加为 11 间，但是如果检查时间为 25 分钟，则只需 7 间就够了。

图 2.8　增加诊疗室对每日患者数量的影响 © *Aditazz*

诊疗室状态

显示在典型的一天（某月的 4 日）中诊疗室的空闲数量、使用数量和浪费数量（指由于诸如房间中的患者正在等待医生，或在看病之后房间正在等待医疗助理清理等原因，无法使用的房间）。

正如你可以看到的，随着一天中时间的推进，浪费逐渐增多，表明了患者的人数超出了医生所能处理的数量。在午休时间，医生处理完了积压的患者，但牺牲了自己的休息时间。

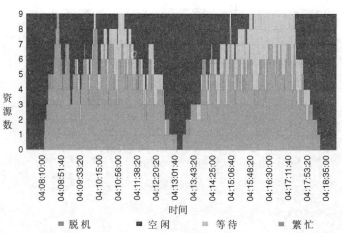

图 2.9 诊疗室状态。数据可视化显示空闲、使用和浪费的诊疗室的数量 © *Aditazz*

82

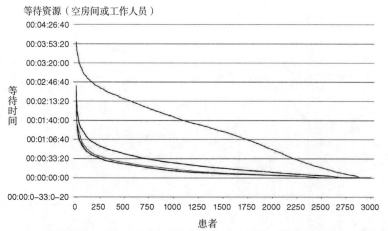

显示所有 3000 名患者等待空闲房间或工作人员的时间。按患者的等待时间统计人数。图中不同的线形代表不同的诊疗室。

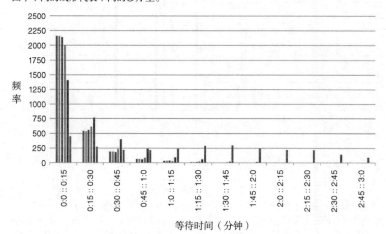

以不同的方式显示相同的信息。对于每个等待的时间量（每 15 分钟），图中显示不得不等待该时间的人数。

图 2.10 数据场景。关于诊疗室等待时间上的两种不同可视化数据方法 © *Aditazz*

如果我们只是希望设计能有用，那我们就是在赌博。不幸的是，这就是许多设计公司在其作品中所做的。

您已经注意到，医疗保健专业人员根据数据做出决定。您认为今天建筑行业人士是这样吗？

ZR：在个别地方是这样的，但不是跨学科共享的。

我的解决方案都是非技术性的：1）我们需要关注最终结果，而不是某一方希望达到的目标；2）我们应该以最终结果为报酬，而不是个别的交付物。如果我提供了施工文件，而项目超过预算，我还应该得到整个项目的报酬吗？如果其他人没有达到他们想要的目标，那你是否贡献了有价值的东西？最后，项目的实际成果必须有利可图。如果你说你要做一个只需消耗很少能源的 LEED 建筑，但它却消耗了大量的能源，你觉得你做得好吗？

所有这些都与数据有关，因为价值决策点都是基于数据的。而且我们不应该注重数据，而应该注重数据的赋值。无论我们是否交换数据，我们不应该拘泥于它。如果我们认为这个电子表格的输出将定义整个项目的特征，那么我们应该关心这个问题。但如果它只是对信息有点支撑作用，那谁真的在乎？

我相信在你的实践中，如果你做设计，承包商问：“我可以得到你的 CAD 背景资料吗？”你可能会让他们签署一个免责声明，但实质上，他或她只是想要数据，以使你的结果与他们的结果相一致。这就是我们需要的那种想法，所以我不担心这个承包商会提取我的 CAD 背景资料并曲解它。他们只是需要数据来完成他们的工作。一个理想的结果和一个愉快的客户，我认为这就是我们都想要的。

Aditazz 模式应该是行业标准吗？

ZR：如果我们想要前进到 21 世纪，就必须这样。

您在几秒钟内处理完一千个变化？

ZR：对，我们使用基于云的计算。这是我们公司生存的基础之一。在 20 世纪 90 年代末之前，只有大公司拥有庞大的计算能力。感谢 Azure、Amazon 等网络服务公司，我们可以随时通知 1000 台计算机运行一些计算。我认为我们的行业还没准备好完全接受这一点。

能够实现这一目标的基础设施已经在那里了吗？

ZR：当然。一个 20 人的公司为了一些他们不常使用的东西，每年要在软件上花费 10 万美元，硬件上花费 5 万美元。如果他们雇用一个软件开发人员为同样的 15 万美元定制一些只在他们需要时运行在云端的软件，那会怎么样？这些都是未来公司必须做出的决定，因为许多技术公司都在使用开源代码。

我在 Aditazz 的经验中学到的一件事是，如果我再回到传统的做法（我觉得有一天我会的），我不会使用现成的 Revit 软件。我会使用 SketchUp——它是免费的——这会让我完成大多数的事情。我将使用 Apache OpenOffice 而不是购买 Microsoft Office。几乎每个建筑师使用的软件，都有一个等效的开源代码。有一个叫 Blender 的软件，相当于 3DS Max。一般来说，开源软件能够做到商业版 90% 的功能。我们盛情支付了那 10% 的部分。所以，如果我们愿意放弃那 10% 的功能，就会有创新。

您曾说："通过计算来实现建筑。"您能详细阐述一下吗？

ZR：BIM 通常是对建筑进行建模（M），从模型中提取信息（I），然后建造建筑物（B）。我称之为 MIB 方法。如果你有了信息（I），根据信息生成了模型（M），然后 [据此模型] 建造建筑物（B）呢？我称之为 IMB 方法（图 2.11 至图 2.13）。

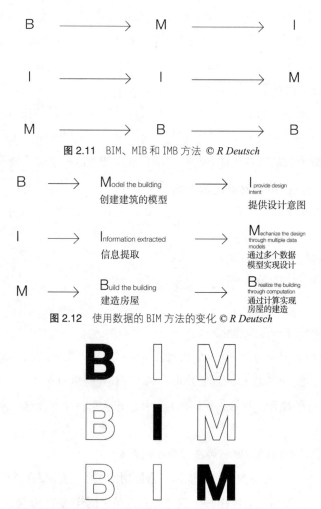

图 2.11　BIM、MIB 和 IMB 方法 © *R Deutsch*

图 2.12　使用数据的 BIM 方法的变化 © *R Deutsch*

84

图 2.13　BIM。你强调的是什么？是建筑，信息（数据），还是模型？ © *R Deutsch**

---

*　经原作者同意，图下内容删除，因其与原书 p.153 倒数第一段内容相同。——译者注

以数据为中心的方法

当我和其他人谈到这本书时，我问他们每个人：从具备基本的数据意识，到数据成为其主要的优先项，沿着这条路径，他们的公司处于哪个位置？这个问题没有任何价值判断。一些从业者选择创建该路径以外的业务类型。这些类型也在随后被识别和阐述。

85 *业务类型*

是否有一种理想的处理数据的公司——我们应该努力成为数据启用型、数据启示型、数据驱动型，还是介于其间的某个类型？——在考虑这个问题之前，我们需要先定义这些术语。

- 数据启用型：利用数据但不一定依赖它。
- 数据启示型：将数据用作决策过程中的一个因素。
- 数据驱动型：数据是你的主要优先项。[2]

数据启用法

一些设计专家拒绝称自己是"数据驱动"的，因为对他们而言，这个词意味着消除或排除了人工的过程。MKThink 的 Evelyn Lee 表达了这样的担心："我们常说自己是'数据驱动'的，但我们并不喜欢这样说。现在我们说自己是'数据启用'的，因为'数据驱动'消除了人工过程。"她继续解释她的公司是如何作出这个决定的：

我们合作的所有客户都是真正依赖于支持人类生产力的设施的机构，无论

是在工作场所还是在学习环境。这就是我们之所以从"数据驱动"转到"数据启用"的原因，因为我们用数据来支持决策过程，而它是情感、组织愿景和价值观的结合，是他们对战略前景的展望。使用数据来了解已知项，再结合那两者一起来作决定。

数据在行业中有值得推荐的最佳位置吗？在哪里？对于某些人来说，数据启用、数据启示和数据驱动之间的选择是视情况而定的。对于 Gehry 技术公司的 Andrew Witt 来说，选择必须基于手头上正在处理的问题，而不是简单地取决于所有的任务或公司。"这些都需要一个问题的初始框架，完全不同于特定的启发式。"Witt 补充说。

这种框架和优先级最终成为设计师的特权——创造性决策的开端。框架包含的问题越复杂，启发式就越有可能出现在刻度表上数据启用的那一端。最终，这可能是应该的——设计作为一个项目来扩展行动、决策和经验的自由，而不是限制它（图 2.14）。

数据驱动法

另一个极端是，本书的标题：数据驱动方法。其中数据占据最高优先级。在那些偏好或倾向于成为数据驱动型企业的公司（如 NBBJ，LMN 和 KieranTimberlake）中，Aditazz 公司自认为属于数据驱动型。

数据驱动型公司超越了现状，大胆地使用和处理数据，在诸多方面得到改善：不仅

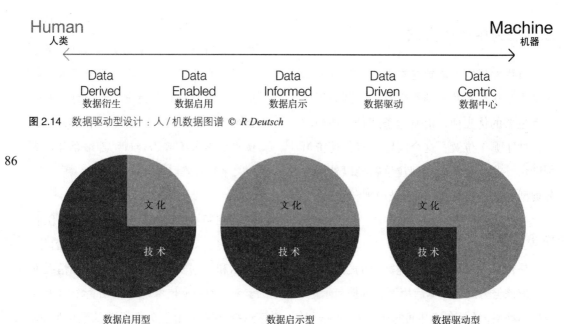

图 2.14　数据驱动型设计：人 / 机数据图谱 © *R Deutsch*

86

图 2.15　为了变成以数据为中心，你努力的核心应集中在企业文化，而不是技术 © *R Deutsch*

是他们自己的竞争优势，也包括他们的客户，而且还有意推进了行业的发展。这些公司利用数据、技术和可用的流程，允许数据以多达 80/20 的基准来驱动决策——其中 80% 是数据决策的，仅剩 20% 凭直觉控制。在很短的时期内，Aditazz 对这种模式的使用已经比其他任何公司都更进一步。问题是，是否需要更多像 Aditazz 这样的数据驱动型组织？另外，Aditazz 愿意看到行业中的其他人变得更加数据驱动吗？——在降低人力投入的同时，为业主、用户和公众提升产品、增加价值，并减少浪费。Aditazz 联合创始人 Zigmund

Rubel 鼓励竞争，"我们希望他人接受我们的愿景，只是因为，没有竞争，就没有比较。"（图 2.15）

其他公司，比如 RTKL，把数据驱动作为他们的目标。"我们的目标是数据驱动，"RTKL 的副总裁 Clayton Starr 说，"我们正致力于寻求某种技术，以更好地理解指标，来帮助我们做出更好的设计，展现更好的建筑性能。每个项目都有不同的目标，我们正在研究标准化方法，为我们的客户和我们自己寻求目标语言。"其他公司是否渴望或努力成为数据驱动型机构，还有待观察。

案例研究　专访 Andrew Heumann

作为 NBBJ 公司设计计算团队的负责人，*Andrew Heumann* 负责决策、开发和实施用于广泛的项目和应用程序的计算工具。他开发了一套用于 NBBJ 的公司和商业实践的数据驱动式设计工具，它有助于管理项目指标、环境和城市分析及门面设计。*Andrew* 受过建筑学和计87 算机科学的教育，曾在康奈尔大学、耶鲁大学、加州艺术学院以及华盛顿大学作过演讲及教

学。他的作品发表在《Wallpaper》* 杂志和《CLOG》杂志，以及 ACADIA、ACE 技术研讨会、 87
Façade+ 和 SIMAUD 等会议上。

哪些人真正需要了解数据驱动型设计的相关信息？

Andrew Heumann（AH）：设计师们最应该了解数据的潜能。不是机构中的每个人都要成为简单的程序员，但是每个人都要知道正确的问题类型。熟悉算法和数据的"思维"至关重要——能够在恰当的时机利用它们，高效地运用它们，重要的是，不要言过其实或高估它们的作用。

数据给我们启示，我们往往利用它来推动我们的设计。如果说算法在驱动这辆车，那我们总是有一只手在方向盘上！

—— Andrew Heumann，NBBJ

您的公司是数据启用型，还是数据启示型，或数据驱动型？

AH：我想说的是，NBBJ 是一家数据驱动型公司，但我不太肯定我清楚数据启示型和数据驱动型的区别。于我们而言，关键在于，算法从不做出决策——它们只是提供信息和选项。除了极少部分的领域，任何数据集都不可能包含做出良好设计决策所需的所有信息。我们转用"数据 + 模拟"的方式，来评估各式各样的决策——结构选型、能源性能、环境影响，甚至人为因素，如音效、视觉感受、热舒适性或途经时间。然而，我们从不让算法来最终决定最优值。所以，数据给我们启示，我们往往利用它来推动我们的设计。如果说算法在驱动这辆车，那我们总是有一只手在方向盘上！

策略 6　走向以数据为中心的四个步骤

公司应如何迈出在实践中运用数据的第一步？你如何建议公司进行改革以使其更加以数据为中心？应该从哪里入手？公司能自己完成这件事情吗？

1. 了解别人在做什么。重建其他人所拥有的功能比从头开始创建全新的应用更容易。

2. 雇用能够编写代码和处理数据的专家。

3. 雇用 / 培养一个宣传者—— 一个"领会要旨"并能在内部和外部传播其价值的人。有时候这与专家是同一个人，但并不总是如此。

4. 在公司内建立"思维习惯"——培养识别能用数据来处理的问题的能力，以及思考这些问题以使其适用于计算分析的方法。

—— Andrew Heumann，NBBJ

鉴于建筑行业产生的数据量很大，这里有一个巨大的机会，但目前争取这个机会的公司还不多。需要什么才能让他们在项目中利用数据？

88　　　　**AH**：他们需要的是一种新的思维方式——数据素养，一种对可以从计算方法中受益的各种情况的认识。但是，更重要的是人员配备问题：为了获得数据丰富的设计模型的全部价值，公司需要雇用懂得以文本或图形的形式来编写代码的全职设计师和专家。

其中技术占多少，思维模式又占多少呢？

AH：我可能要说这是五五开。缺少其中之一，就不会有新的事情发生。关键在于，思维模式必须比技术更直接地在组织中传播，技术本身在短期内可以由一些专家来处理。

策略 7　问有用的问题

为了使用数据，你建议其他人培养什么样的品质、思维模式或态度？

这些问题是适用于各种情况的好问题：

什么可以被测量或量化？

什么可以被自动化？

哪些过程几乎不需要创造性思维但需要大量的时间？

目前情况下的抽象结构与其他情况 / 领域的结构相似吗？也就是说，哪种使用数据的方式可以从其他场景中改编过来？

关于手头的任务，哪些信息是嵌入在数字表达（CAD、3D、BIM、电子表格等）中的？哪些不是？

—— Andrew Heumann，NBBJ

您能描述一个使用数据导致了更好的决策或洞察力的项目吗？

AH：在 NBBJ，我们努力确保没有一个数据集是一个孤岛。这反映了设计的现实：每一个决策都以某种方式影响着每一个决策。一个很好的例子是目前正在建设中的杭州体育场项目。我们的参数化建筑模型产生了大量的数据，但是两种信息被证明对整个设计至关重要。一个是成本：我们使用该模型在保持设计意图的情况下动态地控制了结构的用钢量。与类似的运动场相比，我们节省了 67% 的用钢量。二是人的体验——视野的质量。我们可以测量从体育场的每个座位到比赛场地的距离、角度及其视野中的障碍物。成本和体验在任何项目中都是至关重要的信息——对任何项目都是如此——但是具有对设计进行修改并同时看到对这两个因素的影响的能力则是规则改变者。我们交付的项目成本低效益高，并且每个座位都有极好的视野。如果不从一开始就将模型构建为数据结构（而不仅仅是几何形状），我们就不可能做出完美的设计（图 2.16 至图 2.19）。

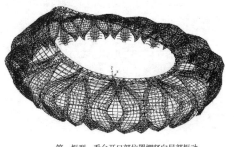

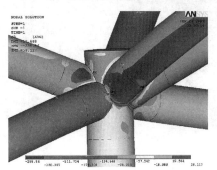

看台开口处钢结构构成图

图 2.16　外部"花瓣形"结构：结构有限元分析模型 © *NBBJ*

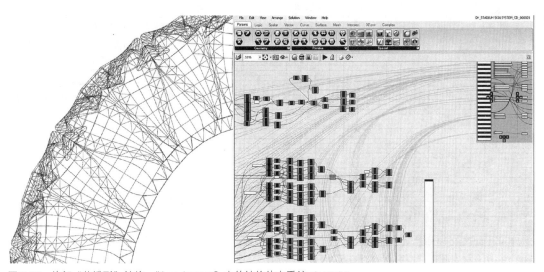

图 2.17　外部"花瓣形"结构："Grasshopper"中的结构外壳系统 © *NBBJ*

您是否有例子说明您的公司如何使用计算机捕获、挖掘、分析或应用某一建筑项目数据的？

AH：在一个设计项目中，我们从客户现有的设施中挖掘他们的钥匙卡数据，以了解员工流动和设施占用率。配合定向现场观察，这让我们对公司员工的行为方式以及他们的设施的哪些部分在什么时间使用最多的情况建立了丰富的画面。这使我们能够在项目设计中做出明智的决策，确保新设施始终满足或超过当前和预计的需求。

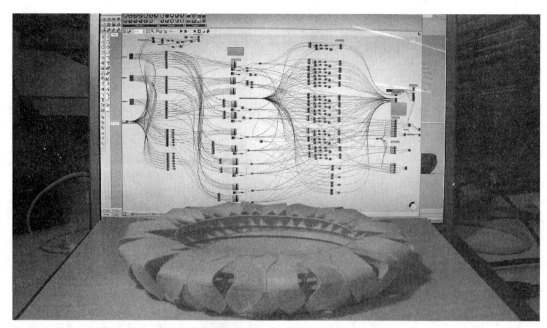

图 2.18   外部"花瓣形"结构：概念设计的 3D 打印和生成它的参数化模型 © *NBBJ*

91

图 2.19   外部"花瓣形"结构：杭州体育场效果图 © *NBBJ*

　　另外，在我们的医疗保健实践中，我们能够利用匿名患者记录和护理日志表来了解设施如何被使用以及医生、护士、患者和专家需要去哪里以及在哪些时间去。同样的数据被用来驱动一个复杂的基于代理的仿真模型，我们可以用它来评估我们为他们设计的新空间——并证明病房和其他关键空间的数量和安排是有效和充分的——极大地改善了他们现有的设施。

贵公司采集数据的一种方式是什么？

AH：我想到的一个例子是我的同事 Nate Holland 为早期场地分析而建立的工具。对于选定的场地，该工具可以利用 GIS 数据、三维模型档案和内部记录，以及来自公共资源的信息，如城市和县级的网站。这样，我们可以将一个场地的几何图形、历史记录、分区界线以及它们的相互关系汇总在一起——只需按一下按钮即可。这个工具极大地加快了我们早期场地分析的过程，让我们更快地进入设计阶段。

您或者贵公司在项目中使用过大数据吗？

AH："大数据"这个词是很难定义的，也容易被滥用。我倾向于将它定义为足够大的数据集，大到需要专业化的计算机基础设施，如云计算，或者是超级计算机才能对其处理。在这个定义下，我不会说我们在使用大数据。然而，稍微宽松一些的定义是，一个拥有数百个 BIM 模型的服务器就是大数据——在这种情况下，我们每天都使用它，不仅仅是个人访问特定项目，而是使用我们的工具来分析和监视公司中所有项目的性能，同时查看所有模型。

数据本身是不会说话、不会唱歌、不会呼吸、不会画画甚至没有任何意思的，直到你对它做些什么——处理它、表现它、解释它——而算法是发生这种情况的手段。

—— Andrew Heumann，NBBJ

如今的设计专业人员在数据前沿的什么位置？

AH：我不能代表整个设计行业（如果我不得不这样做，我可能会把它归类为无动于衷），但是在 NBBJ，我们对数据可以增加设计工作价值的方式具有高度的热情和理解（图 2.20 至图 2.23）。

92

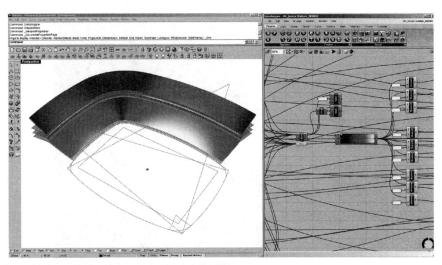

图 2.20　外部"花瓣形"结构：体育场最终设计方案的剖面 © *NBBJ*

图 2.21　外部"花瓣形"结构：连续的几何依赖形体产生细节和复杂性 © *NBBJ*

93

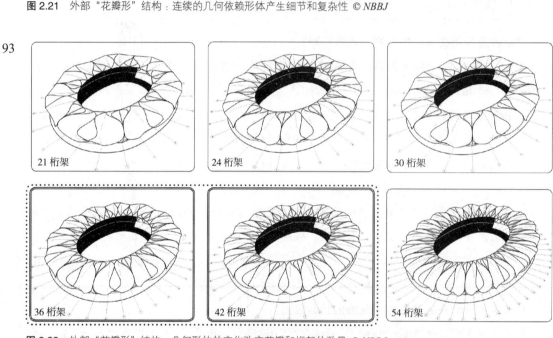

图 2.22　外部"花瓣形"结构：几何形体的变化改变花瓣和桁架的数量 © *NBBJ*

图 2.23　外部"花瓣形"结构：杭州体育场的鸟瞰渲染图 © *NBBJ*

对设计和施工中数据的使用，您还有什么要说的吗？

AH：“数据”本身实际上并不重要。在我看来，重要的是算法——你使用数据做什么以及你如何使用。对数据感到兴奋就像对字母（a，b，c）感兴趣而不是对文学感兴趣。数据显然是不能被抛开的——它是载着一切事物流动的流体，是使一切都成为可能的共同语言——但是，数据本身终归是不会说话、不会唱歌、不会呼吸、不会画画，甚至没有任何意思的，直到你对它做些什么——处理它、表现它、解释它——而算法是发生这种情况的手段。

94　　**中间地带：数据启示型方法**

像 SOM 建筑设计事务所这样一家帮助推出建筑应用程序 AEC-APPs 网站并定期查询 BIM 模型以获取相关数据的公司，把自己看成是数据驱动型的公司吗？“我不能以某种方式来描述整个公司，但我们在 SOM 建筑设计事务所所做的某些方面确实是数据驱动的，”SOM 建筑设计事务所的高级数字设计经理 Robert Yori 说。然后他补充道：“也有些是数据启示型的。”与数据启用型方法一样，选择因情况而定。“有一些信息更适合用于数据驱动，而有一些则不然。所以整体上说，当我们即将进行设计的时候，我们必须用到数据启示型方法，因为我们做的一些事情是难以置信的数据密集型的，而有一些就不那么厉害。”

Yori 权衡了这两种方法，认为行业最理想的方法是数据启示型方法。

……尽管在这个层次上很难概括。有些类型的实践更具数据驱动型。例如，我的好朋友最近去了一家专注于医疗保健的公司工作……做这种密集工作的公司可能更接近数据驱动。如果你作为客户想去找一名更具雕塑风格的建筑师，因为你正在寻找的东西，也许少一些程序化定义或严谨表达的需求，但希望更

具象征性，那么也许你更接近数据使能。了解数据并且理解它能够和应该在实践中发挥的作用是非常非常重要的。

一个人面对数据的立场对教育也有影响。“在学校里，我们的教授经常告诉我们，建筑是关于你选择要解决的问题；我将其扩展一点：‘以及我们如何选择解决它们。’只要你意识到了‘数据因素’，并且明白在你的实践中什么时候使用它是有意义的，以及在何种程度上是有意义的，这是关键。”

Brian Skripac 认为，Astorino 公司落在中间的某个地方：

我们不会对决策进行事后合理化，但我们也不只是使用数据来驱动解决方案。如果数据驱动被认为是设计中数据的最终利用，那么我们会更多地在“验证然后优化”的基础上进行运作。我们试图捕获我们所知道的，然后设计，然后测试，如此反复。我们专注于可持续性以及通过模拟实现细化 / 优化。我们可能会有一定的性能优化成果，我们正在努力实现。我们怎么样才能达到目标呢？这四种策略可行，这三种不行，让我们专注于这个选项然后将它细化。在这个领域，我们开始看到数

据是如何推动设计过程并对其作出反应，而不是依赖于经验法则和企业知识。

Sasaki 建筑事务所的负责人 Gregory Janks 认为，以算法占主导地位的数据驱动方法可能过于极端：

> 我们是数据启示型的。在过去的十年中，我们花费了大量精力思考创建强大的分析功能，以支持规划和设计决策，探索定量和定性的变量。我们发现这种方法的严谨性为我们的客户创造了引人注目的高价值解决方案。同时，我们认识到，并非问题的每个组成部分都适合衡量，而政治、审美、情感和其他考虑因素可能是至关重要的。我们最自豪的是我们能够将分析与设计联系起来，并通过这种炼金术的魔力来解决问题。所以，是的，数据在决策中是一个（非常重要的）因素，但不是唯一的优先考虑因素。

95　　Grimshaw 建筑师事务所是另一家更喜欢看到在数据和个人意见之间的更多平衡的公司，这些提意见的人都经验丰富、极具才华。该公司全球设计技术主管 Peter Liebsch 说他们是数据启示型的：“数据基本上就是决策过程中的一个附件，用以作出更明智的决定。”他最终还是依赖于数据：

> 我们决策的很大一部分仍然是基于个人的经验。越来越多的数据被用来支撑我们的直觉和最初的反应。在性能分析方面尤其明显。一个有多年经验的优秀建筑师

通常可以告诉你，相对于南半球和北半球而言，这个体量的建筑坐落的位置是否正确。但是如果你发现你的地盘被密集的高层建筑包围着，看到它们投下的阴影和受损的视线走廊，你会发现你的直觉虽然没有完全消失，但你的立面表现会与你预期的不同。最终，我们还是依靠数据给我们提供更好的产品。

对于数据启示型公司而言，数据并没有很大的驱动作用，而是使得公司所作的决策符合标准或更加优秀。Solomon Cordwell Buenz 的经营负责人 Mark Frisch 说：“我会说它使得决策更加明智。头脑用来思考，数据用来启示。”他详细说明道：

> 比如说你对一个门洞的详图感兴趣。最终，有人会问你“中空金属框架的规格是什么？”只要你确切地知道去哪里可以容易地找到，你就不需要把这些信息储存在脑子里。你可以专注于最合适的设计解决方案，并在需要时查找适当的规格。两者都很重要，但主导因素是细节，而不是规格。在我看来，在建筑世界和解决技术问题的过程中，你的头脑应该能够思考并驱动决策，信息仓库在那里起到启示的作用。

LMN 建筑师事务所合伙人 Sam Miller 是另一位持有数据中间立场的设计专业人士。他说：“在过去几年中，我们已经改进了我们在这方面的想法。我们处于数据启示和数据驱动之间。我这样说的原因是我们正在努力获取尽可能多

的数据来为我们的决策提供信息。但是我们也不想让数据成为我们设计过程中的唯一驱动力。那里有一个中间地带。"Miller 解释了这一特质——需要一个中间立场——在建筑的数据定义较少的特性方面："数据驱动这一术语往往意味着结果主要由数据驱动。我们正在努力作出我们能作出的最明智的决定，但同时也知道在设计上只有这么多你可以用数据捕获的东西。还有质量、美学和其他背景问题，需要以数据本身无法实现的方式融入解决方案。"（图 2.24）

企业如何选择定义自己并不局限于设计或建筑公司。所有想要生存下去的公司必须应对数据。以美国绿色建筑委员会（USGBC）为例，Chris Pyke 解释说，USGBC 正在转型：

96

> 20 年来，美国绿色建筑委员会（USGBC）一直致力于建立和推动一场运动，以创造对人类和环境有益的建筑和社区。很大程度上是作为这项工作的一个副产品，USGBC 创建了一个关于美国和世界各地建筑业成长方面的独特信息流。今天，USGBC 认识到，这些数据——当有效地与其他数据结合的时候——可以推动市场转型的新时代。总体而言，这些变化表明，一个目前还是"数据启示"的组织正在迅速向"数据驱动"甚至"以数据为中心"的方向发展。

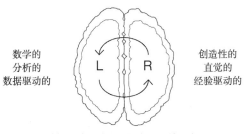

数学的
分析的
数据驱动的

创造性的
直觉的
经验驱动的

图 2.24　数据驱动设计需要整个大脑的思考 © *R Deutsch*

混合方法：由数据准备到数据灵活

某种程度上说，诸如数据启用、数据启示，甚至数据驱动之类的标签都是任意的。还有很多其他类似的术语可以被用来定义个人和企业在设计和施工项目中的使用数据的方法。尽管如此，企业自己接受了这些标签中的一个或另一个，并对其进行回应。例外情况是企业将自己与数据启示型的企业区别开来。以下两个例子说明了这些特征（图 2.25）。

HDR 医疗保健主管、副总裁 Jill Bergman 认为将会有企业采用这些不同的方向，其中一些可能会在全部三个领域蓬勃发展。她认为"最好的方法是做好数据准备。"KieranTimberlake 的研究室主任 Billie Faircloth 在描述公司的数据方法时采取了不同的方式：

> 我们是数据敏捷型的。数据敏捷意味着我们首先意识到数据是我们所有的努力的基础——它隐藏在我们的行动中，是我们在选择、击键和表格之中固有的，它在我们的模拟中或隐或现地存在着。这种意识扩展到实践中去，就表现在能够接受他人产生的数据、质疑或查询数据、扩充和扩展数据。同样，它也延伸到我们的立场：建筑师应该能够创造知识，而不仅仅消费知识。数据敏捷是必不可少的首要原则，因为设计是一种多元化的努力。当一个人设计时，他或她的能力就在于围绕"数据"刻画出边界，分清楚哪些数据将会参与到设计中去，哪些不会。

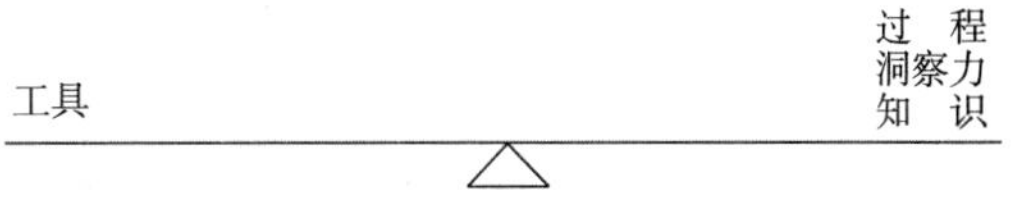

工具

过程
洞察力
知识

图 2.25　要让我们的工具和过程保持平衡，我们还需努力 © *R Deutsch*

案例研究   专访 Jonathon Broughton

Jonathon Broughton 是一位在英国伦敦工作的由建筑师转型的设计数据专家，他强调在设计中数据的使用，同时也分析设计过程的输出。这项工作是在他任职于 Alsop 建筑事务所的时候开始的，在 Allies and Morrison 建筑师事务所工作的时候进行了扩展，他将自己的角色转换成数据管理人和专家建模师。

作为数据管理人，您是怎样和办公室的其他人相互交流的呢？

Jonathon Broughton（JB）：我和建筑信息模型（BIM）团队一起坐在办公室的拐角处。我所做的工作有两个倾向，即以技术为中心、以信息作驱动，两者主要都是关于人们的教育。有的时候我发现，我坐在某人身边他解释如何从他们已有的信息中获得答案，是最有帮助的。看着一个中年男士从超级基本的东西中获取信息之后，眼中流露出孩子般的好奇，这种感受是相当令人满意的。还有些时候，我要做的事情就是倾听、走开、做出某个东西，然后告诉他们，喏，就用这个吧（图 2.26）。

图 2.26 Allies and Morrison 建筑师事务所所使用 Web 应用程序来管理内部团队在工作室和楼层的分布情况。将数据链接到项目资源、技术设备、员工介绍，使管理部门只需通过一个简单的工具就可以进行管理监督，员工也可以使用这个工具查找同事 © *Jonathon Broughton*

请描述一下您的角色和头衔。

JB："设计技术人员"在 Allies and Morrison 建筑师事务所之外最受认可。这就是为什么我要把"管理人"作为我的头衔。我在建筑师事务所里的头衔是数据管理人和建模专家。我受到的教育是建筑学，但是我故意不把自己描述成建筑师。"技术人员"可以意味着你要解决金属圈放在哪里合适、怎样防止水进入大厦之类的问题。在建筑师事务所内部我不用这个词。

大数据有时是需要"倒腾"的，但是它可能会是很别扭的、非结构化的。数据"辨析"是不是一个较为恰当的比喻呢？

JB：是的。大数据在我们这个行业中还没有得到适当的评估。它并不是关于现场的、实时的监控和社交媒体。大数据正在努力应付这样一个困境：不管人们是否知道，人们都在生成信息和生成数据。它之所以"大"，不是因为它数量庞大，而是因为其巨大规模的非结构化。那是因为很多时候，它完全取决于产生数据的人。虽然在技术上我们都有相同的生产方式，但理论上我们都有相同的可交付成果。最终我们事务所里的每一个人，以及我所接触的其他人，包括客户，都会建立临时的、定制的数据模型，使之大致符合目的。不能仅仅因为它们是非结构化的、迥然不同的、定制的，就认为它们都没有意义。辨析的一面是知道去哪里寻找、知道如何过滤和提供见解。以干草堆和针来作比喻：用我们拥有的工具来建立一个真正的、具有非常丰富数据的干草堆，是很容易的，令人难以置信地容易；我们所需要的，也是我们行业内缺少的，是那些凭着本能或预感，知道在干草堆里哪里可能找到针的人们。正是这些人需要使用分析工具进行严格的算法分析，去寻找那些针。我们不需要那些仅仅擅长制造非常好的干草堆的人。

最基本的当务之急——BIM 的当务之急——目前是由不明白他们最终想从中获得什么的人所驱使的。在英国，这是一种非常官僚化的生产或交付方式。他们现在还不真正理解原因——他们粗略地知道为什么，认为这会更有效率、更容易测量——（但是）他们并不明白是什么原理使得它具有变革的能力，或者让人和行业变得更高效。我们所知道的是它可以制作真正巨大的干草堆。在这种环境下，工作不仅要由生产者来完成，而且客户需要比其他任何人受到更多的教育。他们正在为这些信息支付费用。我们因生产信息而得到报酬，而他们为得到信息而支付费用。我可以让设计师制作更好一点的犬用香波，或者帮助人们从他们所获得的付费信息中提取更高的价值。一个拥有适当技能和动力的建筑师应该能够做到这一点。作为一个传统的设计团队负责人和客户的单一联系人，我们应该说我们能做到这一点。

一个有 20 年、25 年、30 年工作经验的建筑师应该可以做到您所描述的那样，有没有什么办法可以让别人更快做到这一点呢？

JB：任何人都能做的最基本的学习，就是尽快学会用非传统方式将信息可视化。不管是学习加工方法还是学习 Tableau、D3 或者 Grasshopper，都要把信息变成体积、形状和图案。可视化数据有一些有趣的东西。除非你接受过训练并且对通过 R 算法运行东西感兴趣（你可以在其中应用算法洞察力），不然，在实验、游戏中有一种美妙的东西，你不知道如果你尝试这个，将会发生什么。一个传统的建筑师在培训中学到的实验的自由，大大有助于培养其借可视化的力量从数据集中直觉信息的能力（图 2.27 至图 2.29）。

99　　我们建立了基于知识管理的项目数据内部网。最近，我研究了两个问题：我们的内部网中最常用的部分是什么？如果我们要更新它，我们应该在哪方面努力？结果是 90% 的员工 100% 的时间是用它来查找内部电话号码的。那里面有用了超过 15 年时间搜集的大量的信息。我们知道他们使用电话列表作为获取所有其他信息的门户。用电话页面作为他们进入内部网的原因——

100　人们喜欢在名单中找人。我建立了一个工具，每次你点击某人，它会记录谁点击了，他们正在

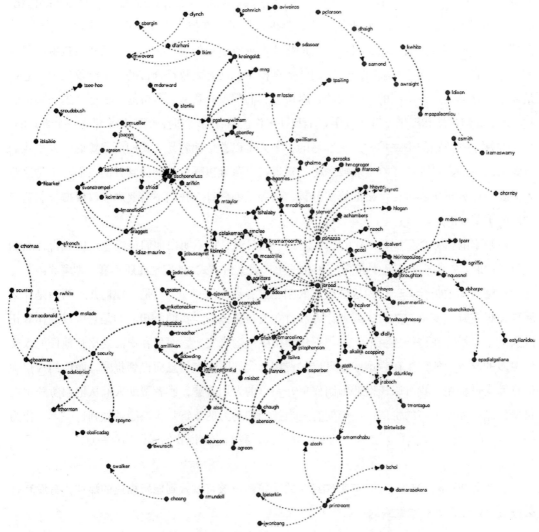

图 2.27 分析典型的一天，在工作室里谁找谁，通过线宽表示频率，通过箭头表示方向 © *Allies and Morrison*

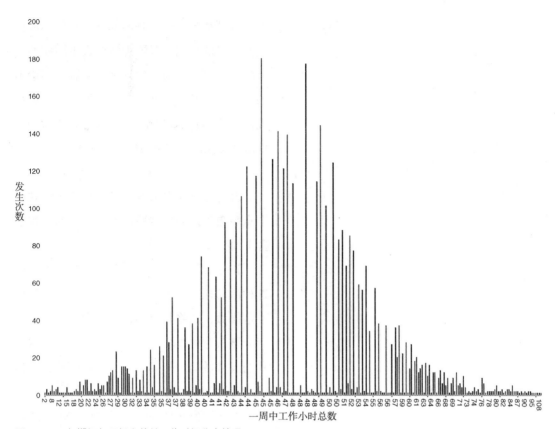

图 2.28　5 年期间每周提交的总工作时间分布情况　© *Allies and Morrison*

寻找谁。我画出一张网络图，绘制出谁查看了谁，如果有人多次看某人，线条就会变粗。我们发现，在这些有趣的视觉模式中，相同的人会每周互相查找对方多次。你会看到这样的例子：有人会打电话给某人获取信息，没有成功，放下电话，然后去寻找其他人。你可以从人们的点击中直观地看到正在进行的思维过程。这是观察人们如何与信息打交道的一种有趣方式。我们也可以通过这个可视化来深入了解我们办公室的社会结构。我们建立这个工具的时候并没有考虑到这个目的。我认为学习这些基本的可视化工具并不需要太多的努力。建筑师的传统教育是鼓励你去玩、尝试、冒险，而不一定知道答案。人们不应该忽略这样一个事实：直觉在设计中扮演着与数据分析一样重要的角色。我看过很多设计扭曲塔楼的设计师们所受的教育，尽管这种教育方法有着巨大的能力，但是死记硬背的学习倾向一直存在，而教育本应该提供无限多变的可能性。如果有什么能使建筑师更自由地做出以前没有做过的决定，那就是激情。

101

您还将自己描述为一名"API 管理人"（API：应用程序接口），您能在这方面谈点什么吗？

JB：我找不到一个合适的词来描述我是做什么的。"数据科学家"是不对的，我没有接受过数据科学家的训练。有些人从大学出来的时候是受过数据科学方面的培训的。数据科学家正在被建筑公司雇用，但我不认为这是机会所在。我能带来的——也许是因为我是一个建筑

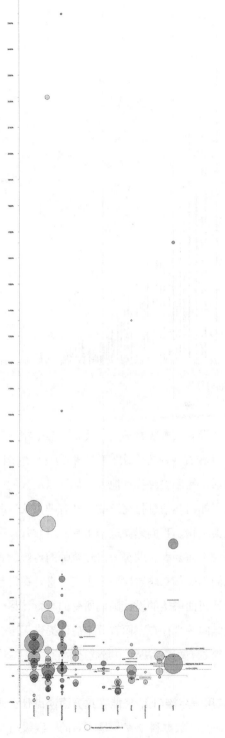

图 2.29　资本回报率：对建筑师按日期分配的工作时间与加班时间的交互分析。提出的信息可以通过个人、部门、项目和主管进行过滤和交叉关联 © *Allies and Morrison*

上受过训练的人——是不同的。我们不应该花费大量的时间在只能为我们提供纯粹的分析的人身上，因为他们只是在回答我们给出的问题。我们需要把重点放在那些能给我们提出正确问题的人身上。我认为我能做的一件事就是凭借直觉帮人提出正确的问题。

您是否认为在数据中工作是一个人在这个竞争激烈的领域中脱颖而出（与别人有差异）的机会？

JB：我不这么认为。我们应该更好地把这种活动描述为附加服务和增值。如果我们不这样做，那将是差异化的因素。我认为我们应该对这件事更加乐观并且说：不。这比我们通常做的工作要多，所以你应该为此付钱给我们。

我不认为这是一艘航行的船。这里还有附加服务，有些东西我们应该合理地描述为增值。你的新生产方式是应该可以让你收取更多费用的东西。你一直承诺你始终在提供协调的建筑是值得怀疑的。在过去的三十年中，我们可能一直在自欺欺人，认为 CAD 一 102 直允许我们协调建筑物。它当然没有。它充其量只是让我们协调一整套图纸。要求更多的钱，却只提供相同的服务，这本身就是很困难的。任何正在走向运用 BIM 过程的人的机会，就是利用这个机会使生产手段变得更加有效。无论是从内部获得收益，使自己获得更多利润或者更加快乐，都能从中得到。

您觉得别人理解您所做的吗？

JB：不是这样的。我尽量不去为自己解释，因为如果我努力解释我做了些什么的话，可能会离大家理解的相差甚远，反而适得其反。因为他们在考虑，他占了一张桌子，我也占据着一张桌子；我费尽全力把这些图纸搞出来，而他却只是在角落里玩得开心。对我来说，最好是去问：你有没有什么事情让你特别困扰？你现在工作中是不是有什么事——即使不知道为什么或者怎么样——可以变得更好？那么，如果我处在你的位置，我会做些什么，这是一个更容易的对话。如果他们有时间去尝试，他们会发现，这会节省他们很多时间。这也许可以让他们在周五晚上早点回家，陪陪孩子。到那时，他们就会理解我所做的是什么了。示范有用，解释无用。[*]

是否有这样的实例：在一个项目中，直觉凌驾于数据之上，起了主导作用？

JB：我们有一个停车场的项目，它看起来像是算法的产物。当停车场被占用，灯光亮着的时候，夜晚的效果是非常有趣的，就像是建筑的空灵光环，看起来是非常深思熟虑的设计。这可能是非常随机的。停车场的项目是有人凭直觉提出来的——他们的任务是提出一个随机分布方案，而那就是他们设法提出来的。如果你客观地分析它，他们是对的。这是靠直觉做的，这恐怕就够了。有人在作计算决策，只要计算过了，那就够了（图 2.30 至图 2.33）。

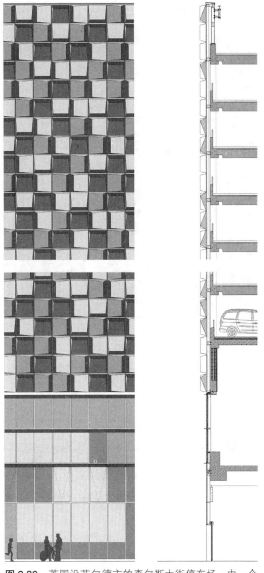

图 2.30 英国设菲尔德市的查尔斯大街停车场：由一个带有"随机"分布的单角度倾斜模块组成的新停车场的幕墙立面。先使图案的所有组成模块随机，然后纠正它使其看起来更随机 © *Allies and Morrison*

人们担心技术和数据将意味着建筑和场所制造的乐趣的终结。数据和喜悦：您认为这两者可以兼容并存吗？

JB：我不知道我是否会说它们是矛盾的，这取决于你的态度。如果你能想象，你可以把世界归结为一套算法，那么工匠的角色可能已经消亡了。如果这不是某个人的立场——不是 103

104

图 2.31　英国设菲尔德市的查尔斯大街停车场 © *Allies and Morrison*

我的——用算法做设计，用数据去分析，是达到最终目的的一种手段。这能让我们的生活更美好，让建筑师实现他们的直觉。

用算法做设计，用数据去分析，是达到最终目的的一种手段。这能让我们的生活更美好，让设计师实现他们的直觉。

——Jonathon Broughton，*数据管理人*

在您的项目中，数据到底能为您做些什么，是工艺、知识、直觉和经验无法完成的？

JB：当我放弃我的整个人生目标时，希望你不介意我犹豫片刻［笑］。数据可以让你做更多的事情，可以让你变得更好，可以更有效率。如果你通过观察自己做某事就可以学到很多东西，让你在下一次做的时候，可以做得更好、更快、更便宜、更有效或更可持续，

那岂不是很好吗？在开发技术之前，我们没法这样做。我们不需要做积极的时间和运动的研究。我们可以把完全相同的动机、思想和应用运用到我们所做的任何事情上，但我们可以完全被动地去做。我们越能被动地做，并且能够解释和洞察它告诉我们的是什么，我们就越容易成为好的设计师。这本身就不是一件能从根本上使人们成为更好的设计师的事情。你不能创建

图 2.32　英国设菲尔德市的查尔斯大街停车场
© *Allies and Morrison*

图 2.33　英国设菲尔德市的查尔斯大街停车场
© *Allies and Morrison*

图 2.34　King's Cross 中心总体规划将 67 英亩的伦敦市中心从一个以前铁路广场改造成一个混合用途综合体，涵盖住宅、商业、文化和零售，通过坚实的街道框架和空间连接起来。自动输出的分析工具（未示出）测量了城市条件达到一个基准度的可见天空的比例 © *Miller Hare Limited 由 King's Cross Central Limited Partnership 提供*

一个工作流程或 API 来让人们有更好的体验。你不能影响你的客户的时尚或弱点。无论你如何努力，世界都不能被归结为一个算法。我们都是人，在某种程度上，人与人的互动比任何数据所能做的都要有趣得多（图 2.34）。

> 无论你如何努力，世界都不能被归结为一个算法。我们都是人，在某种程度上，人与人的互动比任何数据所能做的都要有趣得多。

—— Jonathon Broughton，*数据管理人*

用数据来支持我们的想法——这仍然是人们来找建筑师的原因，以设法想出他们自己没法想出的东西。数据和技术使我们拥有另一种工具，我们可以掌握或用它来实验，以帮助我们描绘、建造或交付那个客户付钱要我们造的东西。从反面来看，没有客户会来找建筑师说我想要的是一个数据驱动的设计。为了每个人的最大利益，我们可以利用我们所能利用的一切工具，使我们的生活更美好和有效，并为我们的客户提供更好的建筑和体验。我们应该利用任何我们可以利用的工具。但它不能取代直觉。

如果有人愿意成为一名数据驱动的设计师，那么他们会获得更多的权力。但这并不是激励人们付钱给他们。可能是因为它产生了一些非常酷和创新的东西。那么很好，一切都有空间。

数据究竟为您和您的项目提供了什么，是标准知识或经验或直觉不能做到的？

JB：夏洛克·福尔摩斯是一个高度直觉的人，但只有在他收集了足够的数据以消除误报之后。

谷歌会怎样做？

人们的数据方法并不总是一种选择，有时候这种方法是由企业的文化驱动的，或者是基于公司所追求的市场部门或项目类型。有些客户拥有数据驱动的文化——比如像谷歌或苹果公司。如果你正在从事设计或施工方面的工作，工作对象是特定领域的某些建筑类型，比如技术总部，你就应该是一个运用数据驱动方法的数据驱动型的公司。

与其合作的公司是数据驱动型的对谷歌公司来说有多重要？在即将设计和建造你的一个数据中心的公司里，你需要寻找什么？"数据驱动是绝对必需的。"谷歌数据中心全球工程团队经理 Peter Pellerzi 证实说。他解释了在选择公司合作时数据扮演的角色：

> 最初的几个面试问题之一是："你们
> 106 为什么要那样做？"错误的回答是："因
> 为我们总是用那种方式来做的"，或者"是
> 客户告诉我那么做的。"在我看来，我们
> 总是这样做，这确实无助于推动创新，
> 而客户告诉你这样做也没有帮助，因为
> 我，就个人而言，在重大项目上已经大
> 错特错了。有一个合作伙伴可以回来对
> 客户说"瞧，我知道这是你想要的，但
> 是让我给你看看这些数据意味着什么，
> 还有其他选项"，绝对是至关重要的。

除了数据中心和技术总部之外，医疗保健项目也很容易采用数据驱动的方式。Aditazz 选择专注于医疗保健项目，因为它们是基于规则的，并且会受益于数据驱动的方

法。是否还有其他的建筑类型或市场部门愿意采用数据驱动的方法？"我们想要追求的客户是自主建设者和自主经营者，"Zigmund Rubel 说，"他们需要获得资本支出和运营开支的权衡，所以我们可以与他们进行对话。我们认识到，我们的方法可以很容易地用于机场、商业综合体、学校和城市规划。"

有些公司是数据驱动的，并认识到在项目中使用捕获、分析和应用数据的价值和好处。许多其他公司要么持观望态度，要么缓慢地接受和适应，这在涉及技术和数据的时候可能会很危险。"在技术行业，我们使用的是相当传统的技术采用曲线。"Sefaira 首席执行官 Mads Jensen 说。

> 市场上总有一部分人喜欢早点尝
> 试，而另一些人则喜欢观望。这种情况
> 多少是由环境驱动的、多少是由生物本
> 能驱动的，一直存在争论。人们可能会
> 想象，这中间的一些特质（例如，首先
> 使用技术可以为你提供竞争优势，而采
> 取观望态度可能风险较小）与进化生物
> 学密切相关——即不同的生存方式。我
> 认为，在世界历史上，有更多的群体面
> 临灭绝，因其比适应得更快的群体适应
> 晚了。

注释

除非特别说明，本书所有引文均来自作者 2014 年 2 月至 7 月所做的采访。
1. 参考 Clayton Christenson，《创新者的困境》，Harper Business，2011 年。
2. 2014 年 7 月 7 日，在作者采访时所提供的定义。

第 3 章

从数据中学习

> 学科不仅仅是你从课程目录中选出的单独的科目。它们涉及由人员、工件和机构组成的基础结构，它们以复杂和相互关联的方式生成、共享和维护特定知识。
>
> —— Lisa Gitelman

你正在阅读本书，这就意味着你正在迈出第一步，以便更好地理解建筑行业中数据工作的范围。把注意力放在数据这一话题上，应该能激发教育工作者在学校里解决这个问题，而这在今天是不常发生的。如今的学生可能会接触到实际操作和计算机模拟技术，通过这些技术来探索设计对建筑性能的影响，而建筑设计解决方案从设计的早期阶段就影响能耗、热舒适度和采光性能。然而，这些学生却常常没有意识到与利用驱动这些模拟的数据有关的问题。这种对数据高级使用的理解不仅取决于如何做好这样做的准备，也取决于何时做好这样做的准备。

确保数据准备就绪的五个要素

对数据准备就绪的主要影响因素是时间和准备。然而，其他的因素，包括人员、指标、行业状况（"雷达"因素）也起着重要作用。

时间因素

设计和施工专业人员感受到时间的压力。在经济、新技术和工作流程所带来的压力之下，他们需要处理的比他们觉得自己能处理的还要多。"我认为没有人会否认，"纽约市立大学的 Fuse 实验室技术协调员 Brian Ringley 说，"这是一个几乎压倒性变化的时代，人们都很忙。"许多公司都在通过寻找外部建筑技术顾问来寻求支持。Ringley 补充道："这就是为什么建筑行业的大数据将会由在创新方面给予真正支持的企业家和顾问，从根本上制度化和预包装的原因。仅这一方面，建筑行业就有足够多的事情被期待着要去做了。"

公司希望跟上竞争的步伐，并且正在面临压力，这种压力或来源于训练现有员工使用数据，或来源于从外部招聘人才，或两者兼而有之。"我相信设计专业人士认为有必要解决这些即将到来的问题，"美国绿色建筑委员会（USGBC）的 Chris Pyke 说，"可能不是今天或明天，但是很快了。"[1]

准备因素

我们对与数据打交道的熟悉程度以及准备

程度，将对建筑行业产生巨大影响，且蕴意深远。这是一个准备程度的问题：你们的组织是如何准备开始处理数据，或者准备把现有的技术工具的使用水平提升到一个新的高度的?

然而，准备程度不仅仅意味着员工培训和人才招揽，它也是一种心态。"我认为他们已经意识到了这一点，但仍然不确定如何利用它，更重要的是，不确定它是如何改进设计的。"RTKL 公司的 Clayton Starr 说，"这将需要新的态度、工作流程以及在与变革斗争的传统中的专长。"Starr 继续说：

> 我个人认为，许多人觉得自己没有足够的能力将数据和相关技术整合到他们的工作中。他们担心对其专业业务的影响，包括成本和责任。在一定程度上，他们对数据的兴趣将取决于：对于具体的建筑业的角色和责任，关于"性能"的信息将被如何理解。

人员因素

拥有合适的人员是至关重要的，尤其是那些倾向于或有动力处理数据并认为这样做有价值的人。Ringley 又说："投资于多学科项目团队和有新兴技术专长的新近毕业生会是管理这种变化的关键。"要对数据产生兴趣，欣赏数据带来的成果，需要自上而下和从下到上的共同努力。站在数据前沿的领导者必须从两端着手，既要热衷于使用数据，又要能够理解数据是怎样为组织和项目工作增添价值的(图 3.1)。

指标因素

在处理数据时，设计专业人员需要从定量的角度来了解结果。他们需要能够回答两个问题：

1. 把数据应用到我们的工作流程中对我们的公司有什么价值?

2. 我们如何以其他人能够立即理解的方式来衡量这一结果?

在建筑行业中，并不是每个人都能认识到在设计中利用数据的重要性。利用数字来描述或者证明一个人的设计，而不是用感觉或情感进行主观判断，仍然使一些设计专家感到不舒服。设计文化底蕴深厚，然而，指出具体指标的能力将大大有助于说服其他人根据项目引发的感觉和情绪，来了解项目的价值和潜在影响。把它看作是在数据的基础上收集数据。

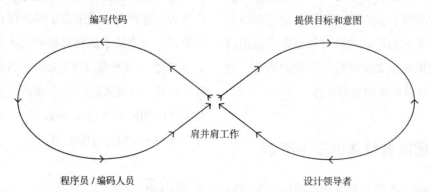

图 3.1 投资于多学科项目团队和有新兴技术专长的新近毕业生是管理这种变化的关键。这张图描绘了肩并肩工作以便共同研究算法怎样才能工作 © R Deutsch

虽然我们的行业仍在追赶，但建筑之外的设计专业人士已经抓住这一点了。"很多设计实践都是数据驱动的，"CASE 公司的 David Fano 说，"因为与市场的联系更为紧密。"他解释道：

> 一个网站正试图驱动一个特定的互动渠道，以便让他们购买这个东西或点击这个东西。如果我的设计不能够使其做到这一点，那就太糟糕了。它不再是定性的了，它是定量的。所以我要量化它。有眼动追踪和点击率。我们建筑不会这么做。

现在是建筑业也这样做的时候了。

雷达因素

公司越来越意识到他们需要减少浪费和提高生产率。他们需要为他们的设计意图提供证明，并且支持他们关于建筑表现的说法。

这种意识促使他们将数据整合到他们的工作流和过程中。Sefaira 的首席执行官 Mads Jensen 赞同道："行业越来越多地需要通过设计过程进行良好的分析。如果没有数据，显然不可能会有分析结果。这个行业得到了比以往任何时候都要多的数据，我们看到在各个阶段纳入分析的趋势越来越强。"

一家公司是否会利用它所能获得的数据，可以根据数据是否显示在其雷达上这样简单的事情来确定。许多公司和组织对数据漠不关心，并对其在建设和规划项目方面可能产生的积极影响无动于衷。Marco Hemmerling 不同意这种说法："专业人士中的大部分都有不安全感，而不是漠不关心，这与缺乏信息以及没有处理大数据的能力有关。"

我们怎样解决这个不安全感问题呢？建筑和施工领域的思想领袖和数据倡导者们正在帮助填补知识空白，并开始消除这些基于对数据的不熟悉而引起的不安全感。我问了伦敦的数据管理人 Jonathon Broughton，他是否认为数据已经成为企业的关注对象了。"在建筑方面，实际上没有我想象的那么多。有很多人强调 BIM 的输出的重要性，大学里有一些专门的设计工作室，将很强的智力投入到开发'为我设计一栋楼'的按钮上面。"Broughton 将这些公司的数据使用描述为一个增值的建议，而不是简单的达到目的的手段："但是，目前在建筑部门的系统和流程中已经做了很好的工作，而且是在英国强制实行 BIM 之前。纽约市的 CASE 公司、伦敦的 Arup 以及 Klashka 工作室都已站出来提出倡议，他们不是孤立的。像 Alinea 一样的新的造价咨询公司正在兴起，在人力和智力方面投资，使自己成为数据流畅的、以 BIM 为中心的公司。"他补充说：

> Knight Frank 作为房地产经纪人，提供行业领先的研究，既有一般的 USP 知识，也有定制的咨询服务。在全球范围内覆盖底特律、俄罗斯和中东的再生项目中，Happold 咨询公司利用数据分析作为他们所推荐的策略背后的驱动力，同时也倾向于公众的参与，这种参与是通过他们所从事的研究与他们所得出的结论之间的可视化和互动来实现的。当然像 Argent 和 Stanhope 这样的客户会很认

真地将与信息的接触作为一种资产，并认真地对待他们可以从自己所建造的资本中学到的东西。

Astorino 是一个拥有 100 多个员工、来源单一的建筑公司，在美国宾夕法尼亚州的匹兹堡、阿拉伯联合酋长国的阿布扎比以及意大利的巴勒莫均设有办公室。Astorino 公司的 Brian Skripac 也引用 CASE 作为这些努力的领跑者："你看到思想领袖例如 CASE 的团队与数据打交道，他们能够进入到建筑信息模型（BIM）里并深入事物，非常细致和完善。他们从建筑信息模型里挖掘所有相关的信息，以备将来所需。这会让你思考他们到底是怎么做到的？怎样才能捕获到这些信息呢？"（图 3.2）

数据的使用未能完全渗透进建筑行业，如 Skripac 所说："对很多人和公司来说，还只停留在理论的高度。我认为，想要了解如今大数据在建筑行业中的应用，可以更多地了解像 SOM 和 HOK 这样的大设计事务所是如何利用通常用于生成性和表现性设计的数据的。"他补充道，"从主流设计的角度来看，这似乎有点偏离未来，因为还有许多公司仍在试图实施 BIM。我不得不承认，这真的让我思考，并试图了解如何将其应用到我公司的日常业务中去，因为它可以如此强大。"

所以，像 Brian Skripac 这样的设计专家是如何找到入口的？—— 一个他自己的、同时也是公司的入口？"对我个人而言，"Skripac 说，"我从分析和模拟的角度来看，数据变得容易获得，而且是有形的，但是真正深入接触数据，如何进行数据的沟通，使其信息化和易于管理，还有很长的路要走。"

用数据训练、学习和工作

有关学习使用数据的问题数不胜数：如何学习使用数据？学习使用数据的最佳时间是什么？是在学校里就学还是等到工作后在实践中再学？谁将教建筑师利用数据来深化他们的设计？谁将确保承包商能够快速掌握数据在工地上的多种表现方式？

我为撰写这本书所采访的专家们都很乐

图 3.2　通过分析与项目相关的 BIM 模型，项目概览显示项目的当前状态，突出模型中的存在的问题，同时提供模型中最近活动的数据 © CASE

111

于使用数据。他们怎么会这样的？这些能力是他们与生俱来的，还是在后天的学习中慢慢培养的？在他们的教育、培训或背景中，有什么特别的东西让他们能够胜任数据导向的实践？在他们的教育中，是什么，如果有的话，让他们得以从事数据工作并对他们所做的工作采取某种算法？他们什么时候开始意识到自己在处理数据之时乐此不疲？他们什么时候意识到处理数据的重要性或潜在影响？你父母之一是位工程师，可以带一台电脑回家供你拆解吗？在本章的稍后部分，我们将探讨在这些设计专业人员的教育中，是什么促使他们能够从事建筑行业中的数据处理工作，而且在他们的工作中采用算法的。

坦白地讲，这个职业需要在这个过程中受过培训的人。我认为高等教育应该发展这种专业技能。

—— Mark Frisch，SCB

MKThink 最近发布广告，拟招聘一位环境技术专家加入其创新工作室。在新员工的职责中，他们罗列了这些内容："研究、实施和监督建筑技术，以测量和验证建筑性能。探索建筑信息模型和其他参数数据在预测建筑性能中的潜在应用，包括但不限于能源的使用和产生、特定区域的日光模型、声学水平和材料影响。支持项目团队的技术分析，包括对概念的验证计算支持。"

能够胜任这个职位的候选人将从哪里来呢？学校的设计专业的毕业生有这种能力吗？公司是否应该培训在职人员？学校可以做些什么来更好地培养未来的专业人士，使其能胜任像 MKThink 那样的职位？现在这样的人才太少了，所以一旦有了合适的人选，你会想着去克隆他们，去重复这个让他们达到这个水平的过程。

掌握工具，掌握数据

学习技术和工具很重要，但有一个信息很明显：学习现有的工具已经不够了。设计和施工专业人员需要做到，无论是修整现有的工具以满足自己的需要还是创建自己的工具，都不会感到任何不适。大多数人都认为数字原住民——Y 世代或千禧一代——非常乐于采用新的工具和工作流程，包括那些涉及建筑数据的工具或流程，尤其是与前几代人相比的时候。

根据 CASE 公司的 David Fano，在学生层面发生了一些草根化的努力，他们觉得自己有能力制作自己的工具。"看到建筑行业升级换代，我真的感觉很高兴。对于我们与我们所掌握的知识、技能和工具的关系，有了一个代际间的理解。我们投入了很长的一段时间去建立我们与一项技术的关系，无论是物理的还是数字的。新的思维方式是抓住光明，工具只是在它们被需要的时候才会参与进来。驱动力是目标，而不是工具。"（图 3.3）

学习一种现有的工具价值不大，而有自信和能力去为手头上的任务拿起新的工具才有大的价值。对工具的熟练掌握已经不够了。[2]"工具每年都会改变，"Fano 说，"他们并不担心必须学习一个新的界面。在我这个年龄——我已经三十四五岁了——我不想要一个安卓系统，因为我不想去学习新的界面。年轻一点的孩子们就不是这样了，他们不会

112

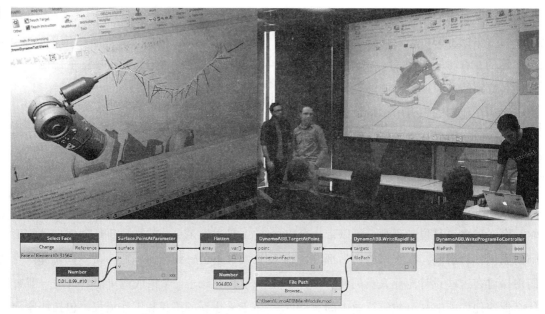

图 3.3　使用 BIM 数据进行从模型直接到制造的概念验证。DynaRobo 可视化编程环境，用于 Revit Dynamo 和机器人学。
照片（从左到右）：Brian Ringley, Colin McCrone, Ian Keough © *Brian Ringley*, *Colin McCrone*, *Ian Keough*

害怕他们会把它弄坏。我这一代以及更老一些的人感觉他们会把它弄坏的。而年轻的一代感觉如果他们把它弄坏了，他们就能够得到一个新的，或者他们会把它修好。对此我十分兴奋。"

　　要归纳概括一代人，说好听的是不明智的，说难听的是不可能的，就像大多数事情一样，要看具体情况而定。对于一个大学教授的学生们来说，应用新的工具及技术会不会不适应？"这就要取决于学生自己以及他们的学术环境，"Brian Ringley 说，"我曾在三种不同的建筑课程中讲授过类似的课程，并且看到了截然不同的态度和能力。有一些学生很善于运用工具，而有一些则不然。我认为大范围的人群也是这样。"Ringley 强调说熟练掌握任何一种工具已经不够了，相反，人们必须能够舒适地将所学的运用到各种各样的场景和问题中去：

　　很多教授都非常擅长怎样去学习，而这也是最难传授给学生的。我不需要在 Rhino（一款软件）中教你每一个按键、命令和宏的作用。我所需要教你的就是 NURBS 建模的基本概念以及工作流程。然后你就可以广泛地运用这个知识了。一旦你掌握了几个组件，就不再是学习软件的问题了，而是在工作中需要用什么工具的问题了。那时这个过程就变得很简单了。

　　为了使下一代能够处理数据，我们怎样才能在国家建筑学认证委员会（NAAB）已经将我们的课程塞得超过负荷的情况下，再加入有关数据处理的课程呢？这些年来我们一直推荐设计专业人员学习定性市场营销和商业课程，我们现在是否要求在此基础上再增加一门定量统计或经济学课程？对于未来的

113

建筑师来说，确保水远离建筑物是不是比知道如何处理数据更重要？

目前这一代人很喜欢使用新的工具和数据。前几代（X 世代和婴儿潮一代）呢？在引言中，我们描述了在处理数据方面的许多挑战，其中之一，尤其是对建筑师来说，就是数据过于抽象。我问 Zig Rubel，他从 Anshen+Allen 转到 Aditazz 公司时，是不是担心运用数据太过抽象。对于有些受过建筑学教育以及训练的人来说，数据是不是太遥远了？Rubel 说他并不担心，但是"我很多同事最初确实是这样的。"他接着说：

> 我不害怕的原因是因为我觉得我控制了要查找什么数据。其他人觉得他们被数据控制着。如果你创建了工具以及

工具的工作方式，那么实际上你就控制了结果。就像谚语中说的，授人以鱼，不如授人以渔。如果你是在定义这个过程，它就会为你工作。

Rubel 从他的电工背景来解释为什么他能够与数据和新的工具轻松打交道。"如果你家里的电灯坏了，你会尝试着发现到底是哪里出了问题，是灯泡，还是开关，还是电线。解决这个问题是有一个过程的。想象有一个复杂得多的设备需要你去寻找故障。我就是在我还是一个电工的时候学会这个过程的。所以我感到很自在，因为我知道如果控制了创建机器的过程，那么它会创造我想要的东西，我就不用去担心我会被那个机器控制。"

案例研究　专访 Brian Ringley

*Brian Ringley 在 Woods Bagot 的*全球设计技术团队*工作，他领导有关 Rhino、Grasshopper、装配以及分析流程的工作，管理并开发自定义数字工具箱，同时对全球性的重大的、高度复杂的项目提供密集的帮助，他在城市技术学院（CUNY）和 Pratt 学院的建筑与城市设计研究生班（GAUD）教学，主要研究数据中心方法在用于直接驱动建筑生产以使建筑生产自动化的参数化建筑模型中的应用。在去 Woods Bagot 之前，他是城市技术学院的 Fuse 实验室技术协调员，并曾在一些建筑设计事务所里工作，其中包括在纽约和伦敦的 KPF、墨西哥城的 Dellekamp Arquitectos，以及巴黎的 R&Sie（n）。*

您的注意力集中在技术和工具上。是否有特定的工具 / 技术能更好地处理项目数据？这是否是您考虑使用这些工具的一个因素？ 114

Brian Ringley（BR）：是的，有些软件能够更好地管理数据；是的，这一直都是当我们在研究将新软件应用到城市技术学院的 Fuse 实验室的时候要考虑的一部分。

具有 Grasshopper、Maya、SolidWorks 等软（插）件特点的 CAD 软件包，可以更好地理解和利用几何数据，相对于运用无 Grasshopper 插件的 Rhino 或低级别的 CAD 建模软件如 SketchUp，更加受欢迎，尽管值得一提的是几乎所有的 CAD 软件包都在积极地朝着具有这样

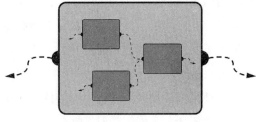

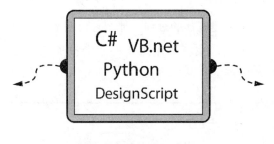

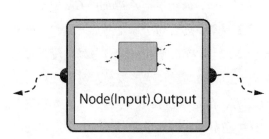

图 3.4　一切的节点化：可视化编程对于那些有兴趣在建模过程中利用计算的设计师来说已经成为必需 © *Brian Ringley*

的能力发展（图 3.4）。

在这里，能够管理数据并不是唯一的考虑因素，因为数据互操作性问题在建筑软件工作流程中始终存在。除了全能的 Excel，拥有现成的具有互操作能力的工具很重要，如 Chameleon、Geometry Gym 套件和年费制的 CASE Pro Apps。这是一个随时变化的领域，我们能够看到设计技术专家开发定制的内部解决方案，例如由 Thornton Tomasetti 的 CORE 工作室 /ACM 团队开发的 TTX，由 LMN 建筑师事务所的技术工作室 "LMNts" 和 Robert McNeel 建筑师事务所的开发人员 Dan Belcher 合作开发的 Lyrebird。

您认为有必要探索人类行为的影响，以进一步提高我们在设计和施工方面的能力和表现吗？

BR：是的。是的，建筑环境对人类行为和舒适感的影响当然是这个话题的核心，也是整个建筑业的核心，所以，为这些东西建模的能力应该位于数据话题的最前沿。然而，在企业认真研究将社会学和心理学结合的数据纳入建成环境中去之前，我们可能会继续看到以形式和图像为中心的方法，而不是数据（数据如何形成体块、形成空间或定义建筑构件的制造）以及以数据作为经济学理由（伪彩色图表作为高性能的、省钱的、环保适销建筑的指标）的方法。

115

对于许多设计专业的学生和专业人士来说，数据这个主题并不像有趣的形状那么具有吸引力。您认为这是建筑行业中数据使用的障碍吗？

BR：是的。在预算允许的情况下，建筑行业是以形体为中心的，不然则会全神贯注于满足经济约束，因此这不仅是对建筑中数据使用的障碍，而且（或许也相应地）是该行业本身的未来的威胁。

取决于你如何看待它，建筑的感知价值几十年来一直在遭受侵蚀，而新技术（计算、

BIM、数据等），如果使用"得当"，就会提供一个后衰退时期的机会来扭转这种局面。这将会带来很大的风险，我认为总体而言，建筑行业历来是规避风险的，特别是那些受过恶劣经济打击仍然刺痛在心的企业和个人。所以我认为，相对于对形体的关注，对缓解风险的关注更将阻碍建筑行业内的数据整合。

无论如何，我真的相信，现在是企业投资新兴技术、研发和人力资源战略的时候了，该战略不再惩罚年轻和缺乏经验的候选人，而是专注于我们最新一代建筑行业专业人士所具有的独特的技能和创新能力，免得让更敏锐的行业得到它们（图 3.5 和图 3.6）。

谁真的需要听到有利于在建筑行业利用大数据的信息？

BR：学生和教育工作者们——就让这个成为草根运动吧。学生最有精力，也最不会反对改变（如果新的范式是他们所知道的全部，那么他们并不需要改变什么）。我也认为，建筑行业的技术和 BIM 顾问们，他们专注于通过技术来创造价值，他们可以帮助传播数据这个福音，因为他们通过最近的 BIM、性能、计算和制造技术增加了价值。

看来"上滴"效应在这里将是最好的方法—— 一个懂得怎样做的新员工对项目负责人证明自己的价值，或者一个懂得怎样做的顾问向公司证明价值，每个人都一起工作，向客户证明价值。这并不是要排除积极进取的公司、客户和运营商，但从历史上看，他们是少数。他们有太多的经验，太多的东西要丢失。

116

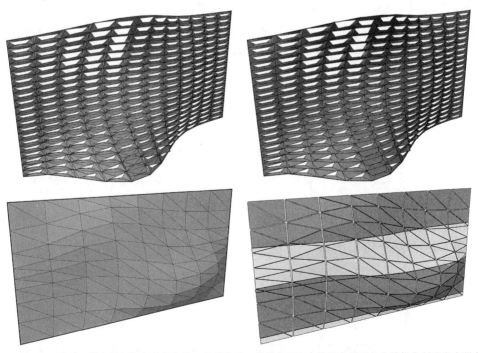

图 3.5　使用代理模型用单个数据集来满足各种可交付结果。参数化平台允许用户基于共享数据集创建多个版本的模型 © *Brian Ringley*

117

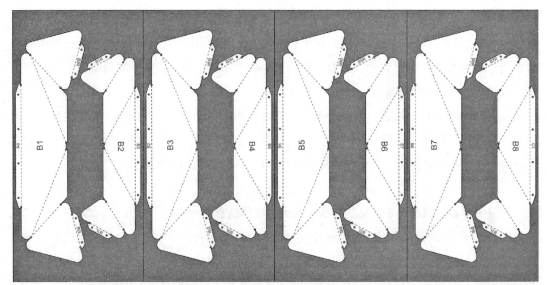

图 3.6　使用代理模型的参数化定义，可以从相同的数据集中获得用于生产的薄板展开图，使其成为虚拟设计和建造（VDC）工作流的有效策略 © *Brian Ringley*

如何让建筑行业的企业在他们自己的项目中利用数据?

BR：事实上，我认为采购或挖掘数据比将数据集成到设计中更具挑战性。我认为，建立共同和可靠的建筑业数据源以及相应地改进建筑软件，使其具有直接利用这些数据源的能力，是获得业界认可的关键。

你不能指望一家公司能从互联网远距离地对海量的、杂乱无章的数据进行搜集和整理——它需要在可访问性和可靠性方面更具用户友好性。

另外，要形成对数据的一种挑剔的态度——数据越容易获得，专业人士就越容易盲目地相信它。

您能说出一个利用数据改善决策、洞察力或者结果的项目吗?

BR：一个简单的例子就是日照辐射的例子——人们可以使用经验法则、常识和经验来确定建筑物的立面遮光板方案，从而最大限度地提高能效和采光。但是如果前端具有计算设计的自由形状几何体，而在后端，一系列数据可以顺着流程最终生成生产数据，用于生产前面设计的遮光板，这样你就有了充分利用数据的理由。

您使用什么工具来处理数据? 说到处理数据的工具，您有什么建议呢?

BR：我还是认为数据采集是最大的障碍。对于我来说，在 Rhino/Grasshopper 的工作流程下，使用 DIVA 或者 Ladybug 直接引用环境数据中的某些元素，使用 Elk 或 Meerkat 获取 GIS 数据，是没有任何问题的。但是，如果我想要在给定路口的声学数据，或者步行交通数据，以确定选址或出口，或者其他实际的东西呢？

因此，至少有两个问题涉及数据工具。第一个问题是，我是否拥有熟悉现有工具的人，可以根据每个项目的个人数据需求为项目团队提供这些工具？第二个问题是，数据可以是从平凡的几何性质到过去一个世纪以来所收集的社会学数据集中的任何东西，所以如何驾驭和系统化如此庞大且几乎不可知的（没有综合处理和可视化）东西，使它被我们有效利用呢？

而且我们甚至还没有提到设计师们收集自己的数据的相对较新的能力，比如通过微处理器和其他物理计算硬件，例如可用于 Arduino 板的多种输入 / 传感设备（这个装置可以通过像 Firefly 这样的工具直接与 CAD 软件连接），或者通过与三维扫描设备和其他末端传感器连接的工业机械臂和无人机。这些可能性真的非常惊人，而且基本上尚未开发（图 3.7）。

您能否举个例子，说说您是怎么样在建筑项目中运用技术来捕获、挖掘、分析和应用数据的呢？

BR：我们已经深入研究了 DIVA 中关于高性能立面的工作流程，以及下游的互操作性，以便初始数据可以自动生成相应的 BIM 数据，用于施工文档以及相应的建筑部件制造的刀具路径、折弯和切割数据。我们还获得了一些 AR Drone（一种可以用 iPad iPod 和 iPhone 遥控的　118

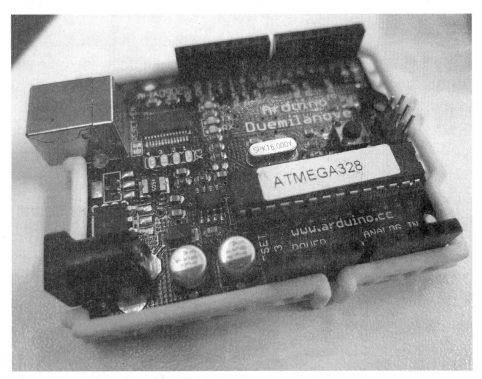

图 3.7　Arduino 微处理器。2013 年罗马创造者大会 © *Arduino LLC*

4 轴飞行器——译者注），用于收集音频、视频和影像数据，以帮助增加现有的 GIS 数据以便于现场分析。

　　未来，Fuse 实验室可能会开发一种发明家 / 黑客课程，在这里，学生能够提出自己的建筑行业的黑客方法或理论，然后提出并实现从数据收集 / 集成一直到设计、制造的工作流程。产品可以是任何东西，从软件到创新的制造工艺再到响应式外立面板，但是它们都将通过数据生成并驱动。

　　对于学生来说，关键是要在毕业之前了解或是熟悉什么，才能使得毕业之后成功地跻身于数据使能 / 数据驱动的职业？您现在教给他们哪些相关的知识呢？

119　　BR：嗯，这是相当具体的，但我们在详细讨论"重新映射"数据，因为它被用于帮助生

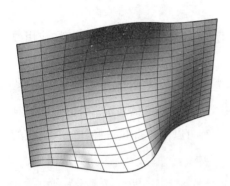

成建筑设计。比如说，一个学生不能直接得到布鲁克林区海滩 20 世纪的潮汐变化，但是他很想要参数化地把这个数据加入他们的设计中。如果他们对这个数据的最小和最大范围进行了研究推测，比方说用高于海平面多少英尺来表示，然后，他们可以重新映射此数据，使其对应于相当于一个建筑面板 0 至 100% 大小的一个孔或开口，或一个 0 至 10 英尺的地块收缩，或海滨场地升高了的距离（图 3.8）。

　　对于如何重新映射一组数字（无论是通过 Excel 公式、Grasshopper 节点还是其他方式）、一个数据范围，到另一组数字、另一个影响范围的基本理解，是一个非常重要的概念，甚至比学习如何收集、整理和整合大数据到他们的项目中去还要重要。

　　那些最善于运用算法和数据科学的人来自我们行业之外。建筑学的学生没有学习如何处理数据。或者说，即使有的话，那也不被称为处理数据。

　　BR：是的。他们可能会偶然接触到数据。我们很难从外界吸引拥有这些技能的人才，从人力资源层面来说，这几乎是灾难性的。我们应该更加努力，去吸引来自纽约大学 Tisch 艺术学院或其他非传统建筑教育课程的人才，他们拥有很好的视觉能力。问题是，即使我们能够把它们整合到课程中去，也可能没有足

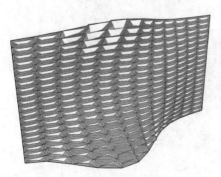

图 3.8　重新映射数据允许任何数据集用给定的几何变换在一定数值范围内按比例缩放 ©
Brian Ringley

够的时间。就像新科技一样，总是在我们已经做的所有事情之上的。它并不一定总是取代旧的技术，但有时却是这样的。

我们的时间不多了。这些人将要与数据打交道，利用这个事实是有好处的。我们知道如何应用可视化——因为我们是视觉动物。让我们使懂得使用数据的人进入我们的办公室，把数据的语言翻译成一种我们能够理解的实际可用的语言。有计算设计专家能够获得数据集，并用其驱动设计的几何形状。这是拼图游戏的一部分。要让每个人都看到价值——客户、整个企业、社会和行业——需要能够提供激动人心的、可消化的、可理解的可视化描述。我看到一些像"数据综合处理"之类的词语。问题是如此之大之乱。这到底是什么？

您提到了企业选择使用数据来帮助作出更有保证的决策而不是事后证明合理化的风险。

BR：在"数据作为理由"的早期阶段，我们在考虑"数据作为设计生成器"，也是作为对客户、公众或团队的说明——我们已经知道某个东西是有道理的。我们经常和学生们看到这样的情景：每年的这个时候，太阳总是在同一个地方。好吧，我们知道了。有一次，在教授 DIVA 时，我意识到我们需要建立一个物理模型，并且我需要给他们一支蜡笔，让他们在发生日晒的地方着色。因为好像一旦有数据出现，常识就被抛在一边了。我们需要了解太阳相对于建筑物的位置，在我们进入正题之前，最好去一趟天文馆。在他们的教育阶段过早地引入软件的危险是，他们所做的所有步骤都是对的——工作流程、Grasshopper 的结节被插入到应该插入的地方——但是他们颠倒了逻辑。结果这座建筑在没有阳光的地方遮阳、在有太多阳光的地方却开着窗户。可是他们做的所有的步骤都是正确的。这是数据的一个巨大危险：对数据的信任消除了我们的批判性思维。我在这里讲的不仅仅是学生，还有整个公司。我们需要对此谨慎，并且要有办法来验证我们已经知道的经验法则。

我们也有新的类型的数据和有细微差别的数据。例如，如果我们想交叉检查多个数据集。太阳在这个位置。让我们引入一些地理信息系统（GIS）数据，特别是在城市环境中，看看太阳被建筑物遮挡的地方。此外，我们也可能在做采光，但是如果我没有在每次程序运行、每个任务中查看采光，则交叉参考采光并不意味着什么。当你提到健康和幸福的自我量化时，你也提到了一些类型的数据。健康追踪器与我们如何运行我们的建筑系统控制是否有某种联系？在大楼与电网通信时，所有这些疯狂的联系都会突然间发生。有一位业主已投资于如何在建筑物内以自动方式明智地使用能源。这是交叉引用的规划、个人健康和行为。突然之间，我的身体上可以有几个 IP 地址，正在与温控器和遮阳板连接。所有这些都是数据集的交叉引用。我们尚未实现到这一步。

我们的工作是实施数据，但我认为我们需要一些来自建筑行业的企业家和教育工作者，来激发好奇心，谈论可能性，以及一些建筑师、工程师和承包商来整合这项技术。

学校文化对学习数据的影响

是否应该由学校来实施数据，让未来的设计和施工专业人员开始使用数据？学校是发生这种事情的合适场所吗？这样做会不会有什么损失？"当我在学校时，是 Michael Mcinturf 在教 Maya 课程。他与 Peter Eisenman 一起工作了一段时间，然后有了他自己的办公室。"Ringley 解释说，"他的课程是非常受欢迎的。课程一公布人们就开始报名。上课时计算机实验室会挤满学生，还会有两排学生拿着笔记本在后面。因为这种知识是如此珍贵、稀有和令人兴奋。"

121　他比较当时和现在的情况说："现在，我觉得人们将会有这样的简历清单：'我懂 3D 打印，我懂 CNC（数控机床），我懂 Grasshopper（Rhino 环境下运行的采用程序算法生成模型的插件——译者注）。'那并不是说那些软件有多惊人，而是，'我最好在简历里列出来，好让我有资格得到我想要的工作。'"

建筑学院里有多少工作室是建立在以前的工作室之上的？几乎没有。你要从零开始。

—— David Fano，CASE

"我们已经建立了技术使这一切变得更容易，"Fano 解释说，"但是它真的只是一种心态。你去一些公司会看到一个坐在角落的人，他用电子表格的形式把他们做过的每个项目的信息保存起来。这真的只是一种思维方式。Excel 很好，一个记事本也很好。这更多的是把信息看作是你可以回去参考的资源。我们的心态就像是：下一个项目，下一个项目以及下一个项目。"

教育是怎样导致这种行为的？"学校鼓励这一点，"Fano 继续说，"在设计工作室里，你什么时候会看到一个评论家在第一周后告诉一个学生，你已经把它搞定了，你完成了。这与我们整个想法背道而驰。我得告诉这孩子做些不同的事。这在我们的思想中根深蒂固。总是要做得更好，总是挑战你所做的。我们的思想要认识到我们所做的是一种资源，我们得以据此而做得更好。建筑学院里有多少工作室是建立在以前的工作室之上的？几乎没有。你要从零开始。这真的只是一种思维的转变。无论是什么工具或技术，总有一些会帮助你比别人做得更好。"

作为教育工作者，我们的工作不仅是传递信息，而且是鼓励、激发好奇心、谈论各种可能性。使用数据并不妨碍后者的发生，无论是否学习在工作中运用机器人、虚拟现实以及 / 或者增强现实技术。"作为教育工作者，我们只需很好地展示如何做到那些事情，以保持人们对其兴奋不已，"Ringley 说道，"那才是我们的责任所在。培训一个人是否真的取决于我们，你是否真的可以在公司标准之外做到这一点？恐怕不能。"

Grimshaw 建筑师事务所的全球设计技术总监 Peter Liebsch 同意道："学校是否应该教授软件的使用？学生大学毕业的时候是否应该了解 Revit 或者 AutoCAD？我认为不用，因为这会极大地限制他们。他们会走上完全错误的道路。"Liebsch 解释道：

如果你考虑到这一点，你最终会得到非常优秀的设计师，他们有很好的方法来直观地表达他们的想法，无论是手绘草图、

Rhino 模型、渲染图或实体模型。你需要的是分析概括和提出一个如何从 A 到 B 解决方案的能力。这就是我所追求的。那些将要从事计算设计工作的人，他们会很快进入这一领域——他们可能已经在大学的一两个工作室里使用过。我们仍然要让他们适应 Grimshaw 的工作流程、标准、模板等。大部分的求职者都没有在学校里学习过这些软件工具，他们都是自学的。

部分问题可以归因于学生允许软件决定他们的结果。Ringley 提到这一点："在一间顶尖的工作室……他们可能会采用类似 IFC 的参数化的立面数据，将其作为自适应组件，并给出施工详图。那是一件很好的事情，并且完全合理。我们的软件应该能够发挥这些能力。但作为一个大二学生在工作室制作一个盒子，因为这是工具所建议的就那么做？那就可能有点问题了。我认为，如果它们有不受控制的出自 Maya 的自相交的 NURBS 面或模型，那是一堆飘浮在空中的垃圾——这同样是有问题的。"（图 3.9）

与实施技术工具（如 BIM）一样，数据也是如此。这将需要学术界和从业人员的共同努力，以确保下一代善于在项目中利用数据。"我们的工作是实施数据，但我认为我们需要一些来自建筑行业的企业家，"Ringley 总结道，"以及教育工作者，来激发好奇心，谈论可能性，我们还需要建筑师、工程师和承包商来整合这项技术。"

数据可视化是我们使用数据的一个切入点

对于那些对学习使用数据感兴趣的人来说，学会怎么可视化现有的数据是很好的开始。数据管理人 Jonathon Broughton 提供了一个很好的例子，在现有的一个大型的项目中，团队里面那些非设计专业的人是怎么学习使用数据的：

在 King's Cross 项目中，我和他们一起工作的一件事情就是把他们的一个内部流程迁移到所有项目经理（PMs）、设计经理——包括他们业务层级上的每一个

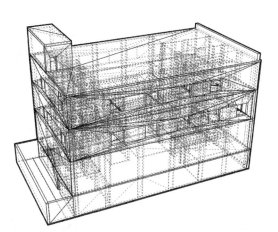
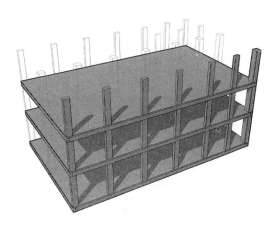

图 3.9 互操作性的挑战并不纯粹涉及从一个平台到另一个平台的几何保真度。右边的模型是左边模型的直接参考，各自同时存在于不同的平台中 © *Brian Ringley*

123

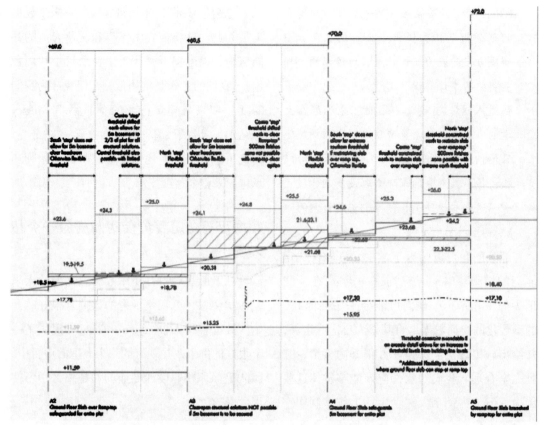

图 3.10 King's Cross 中心重建项目总体规划：参数化分析来优化零售分区、层高以及主要入口 © *Allies and Morrison*

人——的共同参考点，用一个 GIS 门户为他们提供所有的与特定项目有关的知识。现在一切都被标记和空间定位。他们正在学习如何对自己的项目进行空间查询。这是一个很棒的过程。那些不是建筑师的人，他们不是设计师，他们是商人。我一直在教他们如何使用空间分析工具来更好地了解他们自己的商业产品：我们把租赁、历史数据、考古学、公共事业绘制出来，所有的东西都在一个空间里面（图 3.10）。

策略 8　与数据打交道

摆弄数据是建筑实习生和新兴专业人士

的工作习惯。

那些晚上把软件带回家、"仅仅是为了摆弄它"的人们，在公司里应用新的工具和流程将会比别人感到更舒服。"可视化数据有一些有趣的东西，"Broughton 说，"除非你接受过训练并且对通过 R 算法运行东西感兴趣（你可以在其中应用算法洞察力），不然，在实验、游戏中有一种美妙的东西，你不知道如果你尝试这个，将会发生什么。一个传统实习建筑师的实验的自由，大大有助于培养其借可视化的力量从数据集中直觉信息的能力。"

"我一直是一个摆弄数据的家伙，"Space Command 的校长 Michael Kilkelly 解释说："刚刚研究生毕业的时候，我为一家初创公司工

124

作。我开始摆弄数据库，处理那种格式的原始数据我感到很舒服。我一直没有回避。当我在为 Gehry 技术公司工作时，我为他们建立数据库。对于施工观测，有很多东西需要你会做房间数据。我们必须为一些非常大的项目做房间数据表，这样的事情在数据库中，比在像 Excel 中，更容易做。有了那方面的经历，我再也不害怕那种规模的大数据了。"

背景问题

一些建筑师、工程师、承包商和建筑行业内的其他人似乎有一种处理数据的诀窍。他们对数据和新技术的舒适感的一种解释可能是他们的教育——他们在成长过程中接触到什么，以及家庭中对技术的态度。他们具有数据才能和态度的原因可以通过询问以下问题来理解：一个人的背景中是否有某种东西使人容易在建筑行业中从事数据工作？在他们的教育、培训或背景中，什么使他们能够在数据实践中工作？我把这称为背景问题，你必须先回顾一下再向前迈进。

对于一些人来说，他们第一次接触数据是在家里，所以问题变得更有针对性：在他们的童年或者在被人监护的时候，是否发生了一些重要事件？例如，他们是否在 8 岁时拆开了他们圣诞节收到的 Commodore 电脑，并立即知道他们将来想做什么？他们第一次接触数据是在哪里？在他们的教育中，是什么让他们得以从事数据工作并对他们所做的工作采用算法？他们什么时候开始意识到自己在处理数据之时乐此不疲？他们什么时候开始意识到处理数据的重要性或潜在影响？

数据管理人 Jonathon Broughton 的回答是众多在建筑行业中走数据道路的人们当中的一个典型。"在我 8 岁时，我的父亲买了一台家用电脑，"Broughton 说，"我是在农场长大的，推销员说服他说电脑可以解决农场的账目。从 8 岁开始我就对 ViziCalc 着迷，这不是一种典型的童年爱好。我会花大量的时间帮助我父亲制作电子表格，以确定投资哪种鸭子以及我们如何测量牛奶产量。种子早已被种下了。"Broughton 通过学会提出优秀的问题，进入数据的职业生涯：

> 我上学的时候，我从没有专注于计算机科学、信息技术或任何类似的东西。这始终是一种爱好。我参与了我的高中教学，教授横向思维和 Edward DeBono 的著作。这让我摆脱了麻烦，让其他孩子对学习更感兴趣，而不像传统的学习那样。从此教学教上了瘾，并开始教授其他我感兴趣的东西。我教了一门计算机编程的课。当时，如果你在学校上信息技术课，你就会学 Word、文字处理以及数据录入。我真正感兴趣的是如何让人们思考并询问——与横向思维类似——自己如何使用这个工具来回答一个问题，在还不知道问题是什么、更不用说答案是什么的时候？这是我现在感兴趣的，也是我当时感兴趣的。

Gehry 技术公司研究部主任 Andrew Witt 也有一位早期采用者的家长。"我总是对计算着迷，"Witt 解释说，"我爸爸是一名工程师。他会把电脑配件带回家。我的兄弟和我在很小的时候就开始装配电脑。我们总是对Pascal语言和编程着迷。那时候我10岁或11岁。从那时开始，我们开始对分形几何感兴趣，编写分形生成器的程序。"

有时你不必把电脑拆开再重新组装起来，因为它会对你未来的职业生涯产生巨大的影响。"你的意思是，就像，你有的那些伟大想法的公式是什么？"Toru Hasegawa说道。Toru任职于哥伦比亚大学GSAPP云实验室、Proxy设计工作室和Morpholio公司。当问到他背景中有什么能解释他对数据的兴趣，Toru说："我的父母不一定很懂技术，但我的爸爸买了第一个IBM个人电脑，他是个早期采用者。虽然我很久以后才接触电脑，但有人可能会说，家里有它就会产生不同的影响。我不是从8岁就开始编程的。毫不夸张地说，我是在哥伦比亚大学三年级时才学习编程的。那个时候我已经20岁了。"

并非每一位使用数据的设计专业人员都能轻松地谈论是什么激发了他们或者他们的背景。当我问SOM建筑设计事务所高级数字设计经理Robert Yori怎么样解释他对数据的兴趣，他用数据可以做什么来回答。"我对数据的兴趣源于它作为一个有用的工具来帮助设计决策。计算有极大地提高效率的潜力。这只是一部分。更令人鼓舞的是，数据可以被用作设计思想的起源，这也许是不可量化的。"然后，当被问得更加深入的时候，Yori谈道：

我来这里是因为对系统感兴趣。我的父亲是一名工程师。我长大后，我们总是拆东西，又把东西组装到一起，学习东西的机械原理和工作机制。我们的第一台电脑是台TRS-80，我开始用它

来学习编写程序。那是非常有趣的，在学校我也继续学习。越来越多的机械爱好，包括在汽车上工作，占据了我的思想。我是一个狂热的音乐家，对驱动音乐理论的系统——音乐结构非常着迷。

这导致了一个突破，这部分解释了Yori在SOM建筑设计事务所这样的知名企业中的成功：

和很多人一样，我去上建筑学校，我的第一个工作室是一个图形工作室。我们学会了解不同的介质。当你在聚酯薄膜上用墨水或在水彩纸上用彩色粉笔，这意味着什么，或者你能让它意味什么。热压和冷压水彩纸之间有什么差异，或新闻纸能做什么。我装备着我的工具箱，使我能够传达我想要传达的东西，最有效地描述我的思想和想法。

这种对介质的兴趣逐渐导致了更加复杂的工具。"随着我在学校的进步，然后进入工作，我的工具也越来越具有计算能力。我想了解这些工具是如何运作的——从理智的角度来看，也从实用的角度来看。因为我是图腾柱上的低级人物，除了其他事情之外，我是负责打印所有图纸的人。我不想为了找出为什么图纸没有按照我们想要的方式打印，而一直在那里待到凌晨3点。自然，因为这就是我，我开始研究我的工具箱。我把事情分开，尝试去了解为什么事情是以这种方式存在，因此我可以更好理解它，更好地使用我可以用的工具。"

案例研究　专访 Toru Hasegawa

Toru Hasegawa 将他的兴趣集中在编程对设计过程的影响上。他目前是 Proxy 设计工作室的副主任，哥伦比亚大学建筑、规划和保护研究生院（GSAPP）云实验室的副主任，同时也是 Morpholio 项目的联合创始人。从这些独特的角度出发，他探讨了计算的多面性。Proxy 设计工作室在为一系列客户服务的案例中探索计算模式的潜能，为设计和实现提供专业的指导。Toru 和 Mark Collins 一起在哥伦比亚大学建筑、规划和保护研究生院建立了云实验室。云实验室研究设备文化的扩散途径、云的发展方式以及无处不在的社交网络，它们共同塑造了创新过程。Toru 是 Morpholio 项目的联合创始人，该项目旨在为演示，对话和协作创造一个新的平台。

您有很多的职位，请帮助我了解我在和哪一个谈话。

Toru Hasegawa（TH）：我目前有三个职位。我在哥伦比亚大学任教，我是那里的云实验室的联合创始人兼主任。我也有我自己的设计实践——Proxy 设计工作室。我还有自己的公司，叫作 Morpholio。尽管三者都是相对独立的，所有的研究都是在哥伦比亚大学做的，算法和计算的设计实现则是在 Proxy 工作室，Morpholio 专注于移动平台（如 iPhone 和 iPad）上的软件开发以及怎样改变创意专业。

您是被作为一个建筑师来培养的吗？

TH：我百分之百是被作为一个建筑师来培养的。当我 2006 年从哥伦比亚大学建筑、规划和保护研究生院（GSAPP）毕业的时候，从画草图、用丁字尺和橡皮擦彻底转到电脑计算平台。当我开始玩电脑的时候，AutoCAD 并不是我软件库的一员，我更多的是操作一个叫 Shade 3D 的软件，是早期的 NURBS 建模。

互联网的推出为软件打开了闸门。这是哥伦比亚大学无纸化工作室文化的尾声。那就是我自己编程的开始。由于无纸工作室正在消亡，因为每个人都开始使用计算机，它不再是什么新奇的东西了。使用自己的软件来处理自己的设计查询或工具集的想法一直存在到今天。一方面，你只是买了这个商业软件，只是使用它？或者你把电脑当作一台通用机器，在技术上可以做任何事情？我是自学的，没有受过任何训练。

在 Proxy 住宅设计项目上，例如东京的 N Maeda Atelier 的 Sangenjaya 住宅，我们的角色就是寻找这个场地上独特的私人太阳能情况。对于一个四面都被相邻的阁楼所包围的场地来说，我们写下这个算法过程来得到最好的办法，使太阳能从上面照射进来：一个垂直开放的窗户对着天空。其中一张图表描述了从屋顶到底层的光的传播，我们被要求使用自定义软件来确定。

对于 Marble Fairbanks 建筑师事务所设计的 Stabile 中心，我们被要求设计这种云雾状的穿孔图案。这是一个现在被称为多目标优化的一个例子。我们的任务是声学优化，所以我们对穿孔前的空间几何进行了声学模拟。我们分析了空间条件，看它回响最多的地方。这个空间有一个有趣的功能，要作为一个学生中心，就像一个阅览室一样，可以作为演讲厅。人们希望它是一个演讲厅，也希望它是个阅览室。在演讲厅里，你不希望听到声音的回声或缓冲。我们所面临的挑战是设计一些我们喜欢的美观的东西，但同时也要确保不损害其性能。

我们开发了软件来设计穿孔图案。软件所写出的穿孔图案数据直接发送给了数控机床。我们先模拟图案，然后用算法绘制图形，最终的算法是在每一行上绘制一系列的点。我们所打交道的数控机床加工商会给我们详细的反馈，比如：我们实在不喜欢多义线，因为那会多花时间；我们喜欢像椭圆一样的几何体，而不是圆形。他们告诉我们所有这些关于他们想要什么样几何形状的细节。

在 Proxy 网站上，您把设计说成是搜索。

TH：对于设计师来说，文化上的认可是设计师一旦有了创意，它就立刻蹦出来了。现实从来就不是那样的。你在寻找什么。这是一个核心原则，我们不知道我们在寻找什么。这个过程不构成一种方法。

比如说搜索两个参数，为了探索二维平面，你需要依赖于搜索的算法。它所产生的新的形式就是 Proxy 早期运用的方法。这是一个开端。

处理得越来越多、日复一日，你会发现人类的评估是极其复杂的、强有力的手段。一个人可以看一眼图像，马上知道它是关于什么的。其成分、品质，等等。而算法可以占用大量的计算资源，但仍然不知道该图像是关于什么的。这就是云实验室开始探索生物智能的原因。

现在我来聊聊我们在哥伦比亚大学云实验室所做的研究。如果你使用计算手段来查看数据并找出最佳解决方案，或者更好的估价方法，那么你就将工程设计这方面的好处，都带入到建筑设计中来了。建筑物侧面的最佳日光照射量是多少？或者建筑物中最有效的梁的结构布局是什么？它们都导致了工程问题的不幸而又最优的解决方案，所有这些问题都是数学问题。结构上最理想的形状是什么？是球体。球体在所有点上受压时都非常坚固。时间已经证明，它是地球上最理想的形状。因此，通过计算手段，在数值意义上，一个最优的或性能驱动的解决方案并不一定会带来新的发现。

实际提示的是大脑。大脑把我们的经历重新组合成梦想和思想。它几乎就像自然的随机数发生器。我们偶然发现了一位生物医学工程师 Paul Sajda 的研究，Paul 在哥伦比亚大学从事神经计算建模和神经工程研究。当时他正在进行一项被称为快速序列视觉呈现（RSVP）的眨眼评估。他有一个大数据问题，因为他有大量的数据，以数年的录像片段的形式存在。他用这个来做什么呢？一个懒人是不会去看多年的录像的，电脑视觉软件也不能做出评论说这些数据是很有用的。在电脑方面，他们会快速地显示 5—10 个图像给佩戴读取脑电波数据装置的人看。他们同步这个数据来寻找一个被称为 P300 的清晰的脑电波模式——表示一个人有"顿悟时刻"。因为他们如此迅速地显示图片，人类根本无法思考解决问题。他们让这个受试者寻找某个东西：比如手表或者车辆轨道。受试者所要做的就是看，如果其中的某张图片激起了他的 P300，他们很清楚地知道是哪一张。他们可以在一个非常高的水平上关联。与此同时，机器也在研究这个人的 P300，换句话说，在捕获这个人的关注点这方面，机器会做得越来越好。

我们采用这个系统，开了一个称为"大脑黑客"的工作室。我们让学生提出一些没有数值定义的问题。比如什么让人感觉舒适？什么是爱？试图用数字来解决这些复杂的问题几乎是不可能的。我们的想法是我们可以直接从大脑获取数据，而不是依靠公式和数学方程，在几何或结构环境中运行成团的数据来获取。我们脑洞大开的那一刻是我们意识到我们可以直接那么去做。我们知道这是一组数据分析，但是作为设计师我们感兴趣的是这以外的东西。

一方面，是否需要编写程序来生成很多选项？因此，我们采用了学生选择做的图像，然后让他们问一个感兴趣的问题。一名学生制作了一个盒子景观，有位教授问，你可以穿过它吗？结果是非常有趣的。我们发现在某些情况下，我们可以使用这种技术来解决设计查询。这就是我们在云计算实验室所做的研究导致的在搜索方面的成果。

我们收集关于"我们是如何感知和处理空间的"这样的认知数据，用于更直接地认知我们的建筑生产。您能围绕着认知数据收集的问题说些什么吗？

TH：认知数据的收集，目前用的脑电图（EEG，是通过放置在头皮上的传感器记录大脑的电活动）是人们在神经科学领域收集数据的管道。我们也有磁共振（MRI）。我们有两种类型数据收集方式。EEG 几乎就是实时数据收集，你当场就可以发现这个数据流。MRI 更像是给你的大脑照相。在过去三年里我一直保持联系的一位日本科学家，Yukiyasu Kamitani，他通过从 MRI 收集的数据研究你所看到的内容。比方说，他给你看一幅由加号、圆圈或三角形组成的黑白图像。MRI 扫描你的大脑，根据所得到的数据，他们可以确定你所看到的图像。你看到的就是我们得到的。如果我们能够获取你的 MRI 数据，从技术上来说，我们就能知道你在做什么梦。

这和建筑又有什么关联呢？他将大脑模式与完全不同的数据集关联起来。MRI 更微观，你可以精确定位某些东西，而 EEG 是从你的大脑泄漏出来的电流所组成的数据，它们是非常微弱的信号。所以，首先，你要挖掘很难捕获到的数据，除此之外，你还要试图弄明白它意味着什么。这比捕获你确切知道你在看什么的数据要困难得多。

他正在研究与空间有关的东西。大量的 EEG 实验是在无静电的房间里进行的，以避免捕获到噪声或者不良数据。如果你的环境如此结构化，你真的不能对建筑进行研究。可能很快就会有更新的发现，可能会有从神经科学角度更好理解的空间体验。

128

在学校里学会处理数据

那么，是否应该由高等教育的人来确保学生毕业后能够有效地在他们的建筑项目中处理数据呢？CASE 公司是一家建筑技术咨询公司，其建设方案总监 Tyler Goss 认为应该这样。"以数据为中心的设计方法没有在教育中受到足够的重视，" Goss 说，

> 我们仍然认为教育是基于对象的。基于对象的添加，而不是基于规则的。理解基于规则的设计过程可能是你能从建筑学教育中获得的最有价值的东西。如果你能找到的话。很多学校并不教授这些，我在学校就没有得到这样的教育。我在 SHoP 建筑师事务所工作的时候，在性能驱动设计方面受到了很好的教育，无论是在经济方面还是在设计方面。对我来说，那使我远离了历史的、学术的建筑设计方法。

"我认识到，我们面临的很多问题都有信息驱动的解决方案，能够访问信息提高了解决方案的速度和质量，" 美国建筑师学会资深会员（FAIA）、Solomon Cordwell Buenz 公司的管理负责人 Mark Frisch 谈到自己对数据和信息的兴趣，"这导致了对知识共享过程的兴趣。坦率地说，这个职业需要在这个过程中受过培训的人。高等教育应发展这个专业技能。"

教授数据驱动设计所面临的挑战

> 正如前几代的建筑师们以掌握铅笔、描摹、钢笔和牛皮纸感到自豪一样，今

> 天的建筑师必须以掌握数据而自豪。
>
> —— Andrew Heumann, NBBJ

前面提到的关于数据的挑战之一是，在传统意义上来说，数据并没有被所有的教职员工当作传统意义上的建筑主题。举例来说，让学生接触到在建筑设计中利用数据的多种方式，并不一定需要一门专门针对建筑设计和施工中数据主题的课程。在学校学习技术可以被看作是了解如何使用数据的大门。能够让更多的学生在建筑设计和施工中根据数据思考，学会使用计算工具和数字技术工作，可以是高等教育第一步要做的。"在我的学习过程中，我很早就学会了 Grasshopper 中的参数化建模，" NBBJ 设计计算团队的负责人 Andrew Heumann 说，"这造就了我对计算和所有数据的兴趣和能力。我非常高兴有机会选择编程类的课程，从此就一直对它充满激情。" Heumann 劝告说要小心对几何数据的过分强调，不要忽视其他类型的数据，如性能数据：

> 建筑学的教育课程需要停止将数据和计算作为一种手段来产生新颖形式或追求特定设计风格。今天的所有设计都在某种程度上使用计算机，因此无论你是否意识到，数据都是过程的一部分。学习代码——数据的语言——对于在数字平台上进行创造性和技术性工作至关重要。正如前几代的建筑师们以掌握铅笔、描摹、钢笔和牛皮纸感到自豪一样，今天的建筑师必须以掌握数据而自豪。掌握数据是一种新的表现方式，它以这样或那样的方式，成为今天所有工作的基础（图 3.11）。

一般来说，一个人在教育上错过的机会就是学习 BIM，特别是 Revit。而 Revit 已被降级为一个文档工具，而非数据丰富的设计工具。NBBJ 数字实践的领导人 Sean D. Burke 同意这一观点。"我认为这是对工具性质的误解，"他解释道，

　　一旦这样的观念形成了，就需要很长时间才能够打破。它也存在于专业社区。这是人们的一种舒适程度，他们接触到什么以及什么时候接触，也都是这样的。如果有人在 6 年前第一次学习使用 Revit，是的，概念工具是可怕的。现在它已经有了很大的发展。你想给人们一个机会来重温这个假设或表现，并给他们展示一些很酷的东西。在你可以让他们接受它，并开始使用它之前，他们会回到他们知道的工具。

　　在学校里教授数据的另一个挑战是数据并不像产生有趣的形式那样有吸引力。我们认为这是建筑行业数据使用的障碍，而这种习惯和误解始于学术界。这对学生和教育工作者来说都是一个相关的问题，他们通常都只注重形式。但有迹象表明，当前这一代人正在摆脱形式主义方法对建筑设计的束缚——他们更关心性能和对地球的影响——这为设计中的数据实施敞开了大门。如果在学校里学习数据有一个不利的方面，那就是毕业生对其他行业、部门、市场和领域有吸引力。"最有希望的结果是他们成为公司未来的领导者，"Ringley 提醒道，"我担心这些新近的毕业生会去谷歌这样的地方工作。和建筑设计最密切相关的是为 Autodesk 工作。目前，进入建筑业并没有太多动力。你必须在学校学习很长时间，很辛苦，也很贵。你能勉强得到一份工作，但是工作很无趣，薪水也不高，还没有空闲时间。这其中的哪一部分是值得的？"（图 3.12 至图 3.15）。

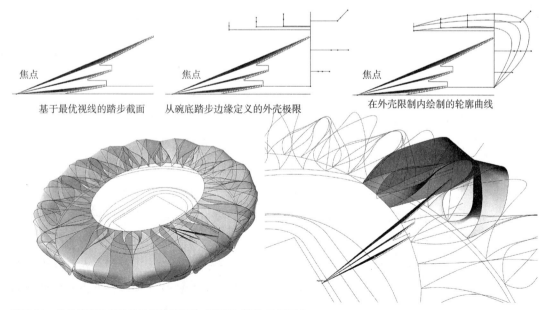

焦点　基于最优视线的踏步截面　　焦点　从碗底踏步边缘定义的外壳极限　　焦点　在外壳限制内绘制的轮廓曲线

图 3.11　杭州体育场台阶的几何构造和外"花瓣"结构 © *NBBJ*

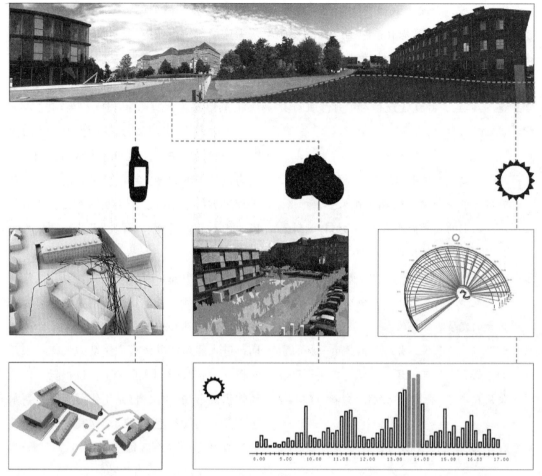

图 3.12 Marco Hemmerling 以前的学生 Jens Böke 将他大学的项目建立在一个数据驱动的过程上，调查学生在校园的运动，以定义设计夏季凉亭 SunSys 的最佳位置 © *Marco Hemmerling MA，JensBöke*

在建筑专业外学习

在传统建筑学课程中学习数据的一种替代方法是接触另一个专业或研究领域。越来越多的建筑学专业学生在学校攻读双专业，以有机会在第二个专业中学习如何使用数据——例如在 MBA 课程中或施工管理课程中。Gehry 技术公司研究部主任 Andrew Witt 攻读的是建筑学和数学。"围绕数据 / 噪声问题，拥有数学背景为你提供了结构合理、有条不紊的方法，将噪声转化为数据并最终形成信息，"Witt 说。

它给你提供一些具体的方法来处理信号。许多人所理解的数据挖掘实际上是信号处理的进化，这是第二次世界大战中军事战术的产物。对通过数据记录的特定类型的系统行为作出响应的最有效方法是什么？如果没有数学背景，就很难理解数据反映信息的方式，或者底层行为可以被不同解释的方式。在我数学背景的众多方法中，我在建筑中用到的是一些统计学方法，它们是了解哪些数据和数据集是实际相关的并讲述故事

132 的方法。它有助于分类哪些类型的数据是相关的，哪些是分散的。我们开发的形状优化技术其实是用于解释信号的。特别是当产生大量或无差别的数据时，可能需要这种统计或信号处理专业知识来创建数据的含义。这可能会发生于单个项目或多个项目中。可能有更多的机会从几十个或数百个项目，甚至是行业规模的行为中推断信息。对于单个项目，可能没有足够的数据归纳、推断这些数据意味着什么。在统计学中你有样本，但你必须采取各种样本，然后这些推论才会显著而准确。有一个称为创始人效应的问题，如果你只在一群非常有限的人口中抽样，那么你对总人口的推论将是超级扭曲的。也许有人呼吁进行深层次的分析工作，但可能更多的是在行业层面上，而不是在项目层面上。

133

图 3.13　结构本身对太阳辐射产生反应，使建筑物的方向随着由天气数据确定的太阳路径改变 © *Marco Hemmerling MA*，*JensBöke*

图 3.14　SunSys 凉亭由计算设计方法驱动，目的是早期整合相关的数据，以建立一个健壮和灵活的设计模型 © *Marco Hemmerling MA*，*JensBöke*

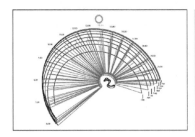

图 3.15　SunSys 凉亭项目的太阳梯度 © *Marco Hemmerling MA*，*JensBöke*

案例研究　专访 Aimee Buccellato

134

Aimee Buccellato 是圣母大学（Notre Dame University）建筑学院的助理教授，是圣母大学可持续数据社区的联合创始人之一。

您在数据前沿作了很多努力，现在的情况怎样？

Aimee Buccellato（AB）：我仍然非常努力。我只是团队的一员。我们与圣母大学的工程师、计算科学家、结构与信息系统专家、决策理论家和社会学家一起合作，试图解决我的领域——建筑、工程和施工——方面的一个大问题。随着大量数据和信息的涌入，现在许多领域和行业都面临着一个挑战。这并不意味着我们可以很好地获取这些信息，但它正在激增。我们都在平行的路径上工作；我们的工作是识别并找到一些例子，并连接建筑行业中不同利益相关者所拥有的信息。看看我们如何使用诸如机器学习和决策理论之类的东西来帮助我们查看和连接那些数据，而不需要密集的人工介入。这存在着很多不确定性，对吧？有大量的数据，你可以通过书本或谷歌搜索你想要的一切。但你没有确切的办法知道数据质量。在使用我们的模拟和分析工具时，在某些方面，我们也受到了这个问题的困扰。我们对我们使用的工具以及对基于模拟数据的分析而作出的设计和操作决策充满了的信心。还有一个责任问题。我们已经确定了问题所在。我们已经确定了核心人物，他们目睹并经历了跨领域研究和实践中的问题。现在我们已经从探索这个问题转向如何解决这个问题。我们现在花费的很多努力是为了创造一种材料转化模式——一个本体或机器可理解的词汇——可以帮助绘制比如建筑材料通往施工工地的一般方式的生命周期图 / 模式。通过与网络专家和空间本体论专家合作，了解我们如何创建一种模式，使我们能够将异构数据连接在一起，然后处理这些数据。这些数据当前处于多个不同位置，有多种格式，有时以不同的方式定义。因此，我们正在与全美各地的人合作，他们是空间本体领域和语义网的领导者。

为什么没有一个供应商中立的、与平台无关的、易于访问的交换中心来捕获、收集和传播可持续建筑数据？

AB：要成立这样的交换中心是非常昂贵的。它是基于订阅的吗？参与的动机是什么？我们希望的是这是开源的，是我们正在努力获得资金去搭建的，类似于你在科学研究中看到的那样。有很多机构在掌管这些信息。它们都是很好的站点，但是它们的数据是本地化的。很多地方是数据仓库。数据"住"在那里，被发布到这些数据库和网站上，某人或某个组织负责更新它们，输入信息并对其进行验证。所有这些都是非常耗时和昂贵的。[我们想要] 更进一步，将结构添加到我们的建筑数据中，并形成使数据相关和关联的方式，而不损害这些数据库存在的事实。它们只是在很多其他地方。这项工作中很多部分实际上是专家们的领域，这些专家为数据创建设计模式。目前的工作中，我们已经把很多注意力转移到了这个方向。

135　　我过去几年一直在开发的工具，GreenScale 工具，将是建筑师在设计过程中一个更好、更有用的工具。它还没有完成。开发它有很多原因。我们已经开发到了一定的阶段，并意识到在设计过程的某一段时间内，它一定会把关键信息汇总起来，这比当今任何可用的工具都要好。然而，对这一问题——或者坦率地说，对任何工具——一个最大的挑战就是数据，以及数据的可靠性。在某些方面，我们必须自己解决，然后说，我们可以使用目前所有人都能获得的数据来开发这个工具。我们可以努力提高收集和分析数据的效率。但最终，我们真正需要的是获得更好、更准确和可靠的数据，以及可以应付巨大规模数据的工具，这些数据来自建筑师、工程师和他们设计的建筑，日复一日。数据确实是最主要的问题，而且不会消失。

在我们的建筑设计中，我们每个人，在我们的桌面、在我们的电脑里、在 BIM 中，都在创造大量的数据。它在内部是可用的。分享它是有风险的。另一方面，我们不断重复做很多工作。技术在改变，材料在改变，他们的来源在变化，生产它们的能源也在改变并且变得更加高效。这是一个大问题。但是，这个问题却使我们都将受益于更先进的思维，也就是我们如何在设计过程中处理数据。不可避免地，这包括我们的建筑将会产生并可望反馈到模型中的数据。因此，无论是在内部还是通过共享，我们都可以从正在建设和使用中的建筑物中学习。

我们不能仅仅说我们知道存在这个问题。数据和利益相关者都在不同的地方。在某些方面，我们的工作比以往任何时候都更加协作。但我们仍然还没有找到一种方法来使访问可用数据更容易。

那些有兴趣收集和分享建筑行业数据的人似乎是由学术界和从业人员中不同的独立人士组成的。是什么使您认识到这些志同道合的专家需要一个社区？

AB：基于我所受的教育，我有一定的人生哲学和实践方法。我对某些设计原理以及材料和方法有一种本能的信念，在某种程度上，也是一种经验性信念。我最初想要做的是在当前关于可持续设计和施工的争论中添一把火，用数字和文章，而不是用通常的基本论点。因此，我开始教授如何实现建筑师自诩的只做一件事情，即完成高度可持续的、高性能的、在很多方面是非凡的、卓越的建筑，并通过剖析提出这样的问题：确切地说，你是如何达到你所声称的那些卓越性能的？比如，如果是一个 70% 玻璃的建筑，并且完全暴露在阳光下。这迫使我查找我们可以掌握的工具来做这种高水平的分析。我发现要真正理解我们的建筑表现如何，我们的工具和数据还存在差距。不只是照明用的能耗，如果我们要把所有这些材料决策和运行能源的决策结合起来，那么更大的图景是什么呢？底线是什么？我发现没有一种工具可以用来进行我所做的研究，我想：肯定有人可以为我开发这个小东西的，对吧？我真的只是想要一些东西来帮助我更快、更准确地进行研究。那时我开始意识到这是一个更大的问题。我们怎么还没有解决呢？建筑是可以进行的规模最大的实验，而且只能做一次。在科学上，仅仅进行两次重复实验是不够的。如果你只做了两件事，你甚至不能发表科学论文。你需要做三次——三次是最少的。我仍然觉得，作为一名建筑师，我对任何我从地球上获取的东西以及我放在地球上的新东西都感到责任重大，特别是因为我们（还）没有找到一种更好的资源，以产生更好的工具和方法来评估我们所作所为带来的广泛的影响。作为一名从业者、教师和研究人员，我认识到存在非常多的声音。我需要找到一些研究房屋入住之后使用情况的人，去找出他们的数据缺口在哪里。生活在南本德这样的城市，我们知道我们必须努力使我们的物理设备更有效地运行，在没有资金的情况下改进我们的基础设施。正是这种想法导致我认定我有一个特定的观点，我认为这是一个有力的、可靠的观点。但我当然不想忽视这样一个事实，即有很多人，基于他们在数据中观察到的差距以及模拟与实际建筑性能之间的差距，可能正在对许多同样的事情感到疑惑。那是我的工作过渡到超出我所想要在我自己的实验室里做的时候。我开始思考：我们要考虑得更大，应该像科学家一样思考。我们应该把数据——构建的数据和构建的信息——作为一种资产。我们真正需要分享的那些数据，将会对环境和人产生冲击和影响。

这种将数据空间中的人们连接起来的需求是从哪里来的？

AB：我想，把它叫作管理吧。我会把其中一部分归功于我作为建筑师的基础教育，需要对所设计建筑的各个部分组合得非常严谨和周到。这使我在方法上相当有条理。

为什么数据重点和应用是建筑性能而不是建筑几何？

AB：建筑物不是机器。它们是为了帮助、支持和促进人类居住、协作和幸福、美好生活而创建的结构。耐用性和可持续性比它们的组成更为重要。如果我们把建筑物只看成是操作设备，是可以找到最佳解决方案的。如果它们在文化、社会和人性方面的表现不如人意，那么没有人会关心它们。这些建筑物将无法维持，它们将无法生存。所以无论它们外表装饰着什么，采用被动的还是主动的系统保证室内舒适度，它们都将不会是持久的或可持续的。

我们称它为可持续性数据，因为我希望这些技术能做的是在整个行业，对建筑的生产方式产生更大的改进。很多都还只是意识。从一开始我就想，如果我能把一些数字拼凑在一起，曝光一下那些声称是非常可持续的建筑，我认为这会提高人们的认识：人们不能忽视数字。但是，如果你的桌面上有一个工具，在你设计建筑的时候就将你所做事情产生的广泛影响累加起来呢？你不能不盯着那个数字，惊叹道：哇，我必须改变我在这里所做的事情。我们面前没有能够真正影响我们的设计决策的工具。我们的决策当然不是数据启用的。如果我们是，通常为时已晚。我们真的需要降低门槛，以便将可用数据提供给包括学生的更大范围的专业社区。

您是一位学者和研究人员，也是一名从业者。如果有，您是如何在自己的实践中应用数据的？

AB：坦率诚实地说，我们没有。我们现在有一个与大学有关的项目，打算使用这种工具技术。对于一个小公司，我会将它与狩猎和啄食等同起来。作为一名从业者，你只能尽可能在自己的工具箱里找合适的工具来用，以产生效率。即使你是一个不在乎可持续性的公司，仅就效率水平而言，这已是一个很大的问题。这关乎你如何将它存入数据库，关乎你如何在内部管理进入你的建筑的信息。我们仍然将图纸作为存储库进行运作。因为我们还小，还不能够资本化，也没有工具可以做我知道我需要做的事情。

我们都将受益于更广泛地访问有用的和可验证的数据，其中数据的不确定性可以让用户明显看出。我们还不能在我们小规模的实践中这样做。但那就是我看到有潜力的地方。

过渡中的数据：从学校到实践

学习使用数据，相对于在校学习，另一种方法是离开学校后在实践中学习。在这里，公司有责任确保适当的培训，或者，例如聘请员工从绩效角度解决计算设计工具问题；不然，员工就得在办公时间以外进行自我培训。同样，熟悉数字工具和技术可以作为一个职业的继续，在这个职业中的人们主要从事数据工作。"我从大学毕业的时候，经济状况非常糟糕，"Sean D. Burke 解释道，"当时并没有许多的工作机会。最后我接到一个电话——有人想起我擅长 AutoCAD。工作后不久，我就成了 CAD 的经理，修补并编写 AutoLISP 程序。今天，有了 Dynamo，以及更多的现代编程语言，如 Python，它使人们开始更容易地采用新的方式来使用现有工具，而不必从头开始重新创建一切。"

非补偿性学习

当没有一个可以学习如何在设计和施工中使用数据的课程时，你能到哪里去学习呢？Brian Ringley 谈到了一种他称之为非补偿性学习的自主学习形式，"对于一些人和我的一些学生来说，这是一个相当陌生的概念。"他解释说：

> 这个想法是，如果你想学某样东西，你就去学。不一定会有一门课程让你去上或让你交费以获取这种知识。结果就是你会用自己的方式来做事，这可能不一定是正确的。当你把你的自我学习和更正式的学习方式结合起来时，你最终会对某个主题相当了解。DIVA 就是一个很好的例子，这绝对是一个很好的软件，将日照分析集成到设计过程中。那就是我本人和城市技术学院的一些其他教授们，比如创立

了制造实验室并担任实验室主任的 Anne Leonhardt，我们就是有这种心态：走进去、弄明白。这真的并不难，这是一种重要的心态。同时，我们能够以足够的能力教授它，开始在学生身上获得我们想要的结果。后来，CASE 开了一个研讨会，我想知道向 Nathan Miller 学习会是什么样子。（能够）交叉检查自己的理解是令人惊奇的。几乎每件事情我都会这样做。

在工作场所学习使用数据

那些最善于运用算法和数据科学的人来自建筑行业之外，企业足够幸运才能吸引并留住他们。我们很难从外界吸引拥有这些技能的人才。建筑学的学生，总的来说，并没有被教导如何处理数据，即使有，那也不被称为处理数据。Brian Ringley 对此表示赞同："他们可能会偶然接触到数据。"他继续说："从人力资源层面来说，这几乎是灾难性的。我们应该更加努 力，去吸引来自纽约大学 Tisch 艺术学院或其他受过非传统建筑教育的人才。他们拥有很好的视觉能力。问题是，即使我们能够把它们整合到课程中去，也可能没有足够的时间。就像新科技一样，总是在我们已经做的所有事情之上的。"这是本书引言中讨论的应用数据所面临的时间和资源挑战的实例。

为了实现用数据来工作，Ringley 设想了一个工作场合——设计师和数据可视化专家一起工作：

> 这些人将要与数据打交道，利用这个事实是有好处的。我们知道如何应用可视化——因为我们是视觉动物。让我们使懂得使用数据的人进入我们的办公室，把数

据的语言翻译成以一种我们能够理解的实际可用的语言。有计算设计专家能够获得数据集，并用其驱动设计的几何形状。这是拼图游戏的一部分。要让每个人都看到价值——客户、整个企业、社会和行业——需要能够提供激动人心的、可消化的、可理解的可视化描述。

"你在学校学到的东西你不会在别处学到的。" Robert Yori 说。

　　而你在实践中学到的东西，你可以在实践中得到。你在学校里已经有足够的东西要学了。你不可能在 4—5 年时间里学习所有的东西。如果你要学习所有的东西，那你就要一个 10 年制的学位了。再加上，一些"实践"信息会失效的，就像药品一样。这就是为什么我们有继续教育。通常情况下，实践是根据执行和生产要求学习技术的好地方。但是如果你认为技术是一种方法，一种达到目的的手段，如果你把它作为解决设计问题技巧的一部分，那么这是学术经验中非常重要的组成部分。

Yori 继续说道：

　　当我在学校的时候，没有人想看任何由电脑生成的东西。也许我的评论家和教授们认为这没有足够的吸引力，或许他们觉得他们无法像对待手工作品一样对它作出反应。但把它理解为一种工具和达到目的的手段对我来说非常重要。它把技术置于设计思想的开始——连同许多其他的想法、经验，等等。如果你有动力以这种方式接近技术，你自然会

学会当前正在使用的任何工具。工作之后，你也会学习新的工具。

这就是为什么精通任何一种工具都不足以在一个理想的公司获得令人垂涎的职位或在一个组织中发挥作用。"仅仅对任何一款软件的深入了解可能是行不通的。"Yori 说。

　　软件变化如此之快，公司换手也是如此。有多少人仍然有 10 年前使用过的渲染工具？这不关乎程序，而是程序在做什么。我经常用语言来比喻：英语是我的主要语言，但是在小学我就开始学习西班牙语。相比我在学习英语的时候，我对语言结构的理解更深刻了，因为我有两个参考框架。我开始理解语言工作的框架。这个可以用到技术上，也可以用到工具上。对使用某一特定工具达到一定熟练程度意味着你不仅仅知道该工具，而且理解该工具运行的框架以及该工具的运作方式。那是它进入你的大脑的时候，那是你可以把它作为一个起点，并将其作为思考过程的一个组成部分的时候。那就是能够用一种语言思考和做梦与仅仅知道如何将一个短语从一种语言翻译成另一种语言之间的区别。

139

注释

除非特别说明，本书所有引文均来自作者 2014 年 2 月至 7 月所做的采访。

1. 参考 C. R. Pyke，"工程前沿学术研讨会：使用信息技术改造绿色建筑市场。The Bridge 42(1)，33-40(华盛顿特区，国家工程学院，2012)。
   https : //www.nae.edu/Publications/Bridge/57865/58569
2. Randy Deutsch，"为什么精通是不够的"，BIM 与整合设计，2013 年 11 月 27 日；http : //bimandintegrateddesign. com/2013/11/27/why-being-proficient-is-not-sufficient/

第二部分

捕获、分析和应用数据

数据可用一种亲密熟悉的方式"收集"、"输入"、"编辑"、"存储"、"处理"、"挖掘"和"解释"。

—— Lisa Gitelman

哪里可以找到数据，怎样、何时使用数据以及谁使用数据

正如设计人员拥有将设计变成建筑模型和平面图的工具一样，他们还拥有一个可以以一种说服和劝说的方式来证明和解释决策的工具。我们捕获、分析和应用数据，以备在我们为一个特定的做法辩护时所需。设计专业人员可能对歧义和不确定性感到舒适，但他们的决定的接受者可能并不会这样。

为了证明，我们询问为什么。为什么你的建筑是圆形的？为什么它的朝向是东西向的，而不是南北向的？为什么你要造在这里而不是靠近配有便利设施和基础设施的市中心？

然而"为什么"这个问题看起来像一种奢侈品——一种不相干的东西——暗指学术好奇心而非必要性。问题"为什么"不是以行动为导向的。要提出问题需要停止动作。要回应它需要回溯，回到旧的地方。

人们期望设计人员的行动是有目的的，即使它们不是或不能向公众解释。特别是在被认定有罪前一个人是无罪的国家，通常不需要辩护，直到有事情出错。一个人的决定不需要不断地辩护。相反，对他们的挑战却是需要有足够理由的。

出于这个原因，设计人员在回应"为什么"这个问题时往往很随意。他们的证明既主观又客观，既艺术又科学，直观并且真实。当被问到"为什么"时，他们用"如何"来回答。

第 4 章

采集和挖掘项目数据

> 我们相信上帝，其他任何人都必须
> 以数据说话。
>
> —— W. Edwards Deming

首先，在数据挖掘之前，必须要有可以挖掘的数据来源。数据来源可以是公共数据，例如开源数据；也可以是私人的数据，例如客户提供的数据。其次，还要确定数据挖掘的方法，可以使用传感器、磁卡、移动设备或者其他很多方法。MKThink 的策略师 Evelyn Lee 使用了各式各样的数据："通过进出大楼的刷卡，可以了解学生的活动范围，进而了解校区内有多少不同的学院，有多少常用的主要办公室，或者学生们是否需要独立的办公室。这些数据都是不同的。"她继续说道，"在确立数据源以及有效获取数据这方面，我们所做的另一件事情就是从公共数据里面挖掘；我们会从我们的客户那里得到数据，并且在很多情况下，我们会到现场采集数据。"在这一章节，我们将会探讨公共数据源和私人数据源，以及建筑行业中采集数据的多元化手段。

公共数据源

理想中的公共数据源具有这样一些特性：不受供应商以及平台的限制，易于访问和交流，其提供的数据易于捕获、收集和传播。但是这样理想的数据源真的存在吗？答案是否定的。不过值得庆幸的是，美国政府在这些方面确确实实做了充足的工作。例如关于可持续建筑方面的数据样本，就可以参考下面的链接[1]：

www.eia.gov/consumption/commercial/

www.eia.gov/consumption/residential/

www.energystar.gov/

http：//eere.buildinggreen.com/

http：//energy.gov/

除了这些之外，Chris Pyke 所处的 USGBC（美国绿色建筑委员会）也提供了一些可用的链接。USGBC 是一个小组织，但在 IT 方面涉足甚广。

LEEDOnline.com

GBIG.org（green building information gateway，绿色建筑信息门户）

LEED Dynamic Plaque，http：//www.leedon.io

"LEEDOnline 是一项经过了十多年持续发展的成熟的信息技术，"Pyke 说道，"它每年都会处理超过 150 万平方英尺的房地产的认证。同时，LEEDOnline 也是一个随时可操作的资源库，来自超过 150 个国家的数千名专业人员在使用它。此外，这个基于 SAP 的企业系统管理着建筑专业人员和项目评审人员之间的工作流程。"他继续说道：

> GBIG.org 是基于 Ruby on Rails 网络框架（社区网站开发工具）的一个综合信息平台，它整合了多种来源的信息，包括 LEEDOnline、the U.S. EPA 在内的数百种子类信息资源。GBIG.org 通过一个复杂的过程来逐步组合、组织和整合这些数据，以提供有关项目、建筑物和世界各地的丰富的、多方位的信息。截至 2013 年底，我们已有超过 100 万个绿色建筑的项目，而且这个数量还在迅速增加。需要注意的是，这些项目中只有 2 万个获得了完整的 LEED 认证。在 GBIG，每一个 LEED 认证项目都有单独的主控面板，所有建筑物都有时间表，所有的建筑场地都可以实时生成报表。另外，大部分数据库元素都是可以通过应用程序接口（API）访问的。

关于更多的一般的公共资源数据库，Tom Mulhern 提及：

> 在 Gensler，我们开始在设计阶段工作场所规划时使用经济市场的数据，通过查看一些场所员工进出的数据来了解建筑的用途。数据采集一直是城市规划的重要环节。我们会通过经济数据库中的一些微观数据，与物业税记录和财产所有权记录对比，试图得到城市真正的需求和公共住宅区域规划的解决途径。

他继续说道："就拿选址来说吧，他们能够得到的数据就是房地产相关的数据。他们会研究行业分析报告、分枝数据，以及二手房售价。他们的业务基础不仅是对这些数据的掌握程度，还有他们为客户处理这些数据的能力。"

在跟客户、建筑师、工程师以及其他顾问一同研究有效策略时，使用特定的、本地的数据，而不是一般化的公共数据来源，有多么重要呢？这取决于很多因素，例如气候，以及当地气候变化极少与变化显著等不同情况（图 4.1）。

> 许多人所理解的数据挖掘实际上是信号处理的进化，这是第二次世界大战中军事战术的产物。
>
> —— Andrew Witt，Gehry 技术公司

另一个数据来源是建筑文档。这些文档从哪里来呢？文档中的数据是如何编制的？怎么收集这些数据？一些方法或技术，例如网络爬虫，可以用来收集信息吗？"我们 Reed 建筑数据公司有一个研究团队，这个团队主要负责与建筑师、业主、承包商和工程师们交谈，并从他们那里获得图纸和规格说明书。"产品开发高级总监 Jennifer Johnson 说道。

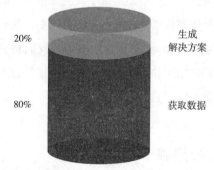

图 4.1　从获取的数据中产生解决方案的 80/20 法则
© R Deutsch

145

"一旦我们知道那些图纸和规格说明书在网上发布的时候（像大多数政府机构一样），我们就用相应的技术去搜索这些网站并下载它们。一些建筑师、工程师，甚至总承包商有时会给我们发邮件提供相关的图纸和规格说明书，或者给我们提供一些纸质的文件副本。因此，我们可从行业中得到这些信息。"

Johnson 继续说道："我们会通过我们在建筑行业的人脉关系获得图纸和规格说明书。因为我们和美国建筑师学会的战略合作关系，建筑师对我们十分友好，我们也给他们一些非常棒的好处。工程师、总承包商以及业主们作为我们的信息来源，而我们可以为他们宣传他们的项目。"她补充说，"任何地方，只要有意义，我们绝对会使用技术。对我们来说，这样做，在公共部门内对我们所知道的那些公开提供的文件是有意义的。我们使用技术去追踪特定网站上的特定信息。我们不会仅仅说，嘿，这里有个网站，我们来找一些有趣的东西吧。对于我们来说，一个非常好的网站是 DOT。[2] 我们已经创立了从那里提取数据的流程。"

开放数据

数学家、统计学家、计算机科学家、营销人员以及黑客们正在使用传感器、软件、信息采集设备和应用程序组成的全球网络，来更加详细地揭示我们持之以恒的改革对我们周围世界的影响。

—— Patrick Tucker[3]

"*开放数据* "[4]是可由任何人自由使用、重复使用和重新分发的数据，只有标明数据出处和共享的要求。特别要说明的是，数据开放运动一直对城市政策以及数据对城市生活的改变具有影响力。"令我十分高兴的是，现在各地都要求公开共享能耗数据，因为这就是市场转型的一个真正的关键，人们需要了解自己所处的建筑的能耗情况。"Transsolar 公司的 Erik Olsen 说道。

如果有一个完美的数据库，设计专业人员会用吗？"绝对会的，"Thornton Tomasetti 公司 CORE 工作室总监 Jonatan Schumacher 说道，"我们开始使用纽约开放数据倡议所提供的数据。在 cQ 项目[5]中，我们可以使用开放数据来帮助我们作出明智的决定，例如在安排下一次的地方法第 11 条规定的建筑物外立面调查时通知哪一位业主。"

案例研究 专访 Ryan Mullenix

Ryan Mullenix 是 NBBJ 公司的设计合伙人，是使用自定义算法将几何图形与数据链接起来，以增强人和建筑的性能的数据驱动设计的有力倡导者。Ryan 主持了众多国内和国际获奖项目的设计，包括谷歌公司在加利福尼亚州芒廷维尤的湾景新园区的设计。他的工作专长已经被华尔街日报、Fast Company（美国最具商业影响力的杂志之一）、San Jose 水星报、新闻周刊、Quartz、彭博新闻社（世界上最大的财经资讯公司）、CNBC 和全美公共广播电台等媒体平台进行报道。

Scott Wyatt 是 NBBJ 董事会主席、美国建筑师学会资深会员，他参与了一次数据讨论会，公司负责人 Duncan Griffin 则参加了另一个会议。NBBJ 设计计算的领导人 Andrew Heumann 曾在关于数据驱动设计的会议上发表讲话。也就是说，在这方面，你们公司拥有很多领军人物，但是其他一些公司并不了解自己公司的数据应用能力，例如人才、技术、数据应用过程以及工作流程——而这些都是你们比较熟悉的。那么，NBBJ公司的哪些事情让你们有了这样的意识呢？

146　　Ryan Mullenix（RM）：我在设计计算部门工作已经很长一段时间了，一开始的工作是参数化建模和构件建模。很多年前，我们就在想技术怎样可以帮助我们来解决建筑行业中的问题。也正是我完成了中国台湾一个项目之后，我就开始全身心地投入设计计算之中。那时我们在考虑计算流体力学模型如何帮助我们设计一种可以使人们自发聚集在一起的公共空间。我们试图让医生从封闭的工作环境中解放出来，让他们可以互相看见彼此，可以互相交流。这也是我第一次认识到这些工具的强大所在（图 4.2 和图 4.3）。

在我过去职业生涯两年半的时间里，我一直担任谷歌公司在加利福尼亚州芒廷维尤的湾景新园区的首席设计师。在这个项目里，我们已经把设计计算提升到了一个新的水平。也因此，我们使设计计算不仅可以应用于建筑性能，也可以应用于人的行为。

你可以想象，像谷歌这样的公司需要大量的资源和数据——他们是以数据为基础的公司，所以数据是第一位的。我们首要的工作就是证明我们最初提出的概念是正确的，也就是说我们的初始方案和他们的工作要求是合拍的。我们想要用正确的方法来告诉他们，我们为建筑性能和人类行为的改善创造了合适的协同工作环境。我们利用谷歌项目完成了很多项研究，通过这

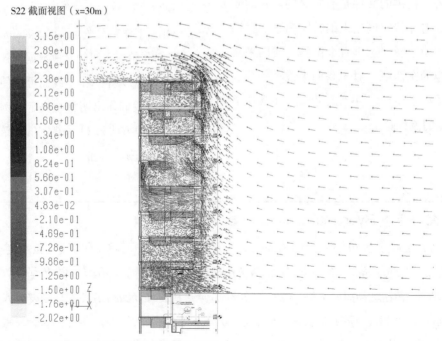

图 4.2 室内示意图：建筑截面的计算流体力学分析 © *NBBJ*

L03 平面视图（z=1m，相对于地面的高度）

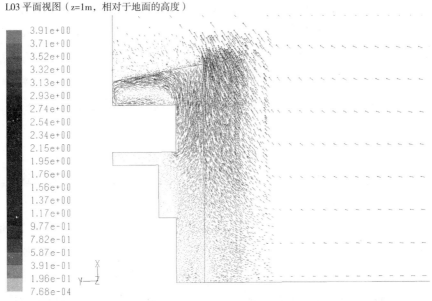

图 4.3 建筑平面的计算流体力学分析 © *NBBJ*

图 4.4 谷歌湾景园区，加利福尼亚州芒廷维尤 © *NBBJ*

些研究我们找到了刺激员工工作的核心——鼓励他们的创新能力、合作能力和工作能力。

我们正把这种方法应用于商业领域。我们正在观察城市化发展以及城市演变的方式，尝试更好地理解人类积累的经验。也就是说，我们正在把从企业领域中所学到的东西运用到城市设计领域（图 4.4）。

因为谷歌是首屈一指的以数据为基础的公司，您和 NBBJ 的员工是否会觉得在有关建筑性能和人类行为方面的设计方法和设计决策中不得不使用数据？

RM：这整个过程都是协同工作的。通过这个过程，我们向谷歌公司学习到了很多。在合作之前，我们曾经向他们提议我们可以运用设计计算的方法来提高设计的创造力。我曾写过一篇关于我自己和公司理念的博客，也与这个提议不谋而合。设计计算方法提高设计创造力的体现之一就在于其快速的迭代和建模。因此，当你发现更好的设计时，你会有更多的时间与客户交流设计的创意。

当然那个项目是以谷歌的理念为主导的，但是让我们感兴趣的是我们因此拓宽了设计计算方法在合理条件下能够应用的范围。

当您的项目团队里的人员通过计算设计方法给您一个最优结果时，您会相信这个工具吗？您会凭直觉和常识推翻它吗？

RM：我肯定会给予一定的信任。首先，他们是一群与你一起工作的人，你知道他们知识
148 的掌握程度和经验积累的多少。其次我们会反复验证结果的准确性，我们会在各种工况下检测我们的运算结果，甚至直接在我们的办公室里进行测试。最后当然离不开自己的直觉，我甚至可以说直觉也很重要。比如说在采光分析中，直觉会告诉你这个结果与你所看到的是一致的。如果不一致，那么你就面临着一个更加有趣的问题：是相信自己的直觉，还是相信科学计算的结果？

相对于谷歌项目，团队——无论是我们还是客户——都在定量数据上得到了磨练，那一刻是非常吸引人的。正是在那个时候，我们开始理解定性的重要性。我不想把它称为规定性的，但肯定在一定程度上却如此：我们从数据驱动开始的讨论，发展成为关于园区体验的重要性以及定性成功的重要性的大讨论。

NBBJ 一度在谷歌的园区设计中增加了 5 个室外房间，您可以解释下在这些房间的设计过程中数据是怎样应用的吗？

RM：我们进行了一系列的分析：我们通过对日照一年的观察，确保我们的设计能够实现冬暖夏凉的性能；我们对庭院里的风向进行了考察，确保我们的设计能够保证每个房间的舒适程度。这些指标都是我们对环境的一个度量。我们会有不同的视图和图表，你可以通过这个知道用户的需求。例如我们有一个房间叫作 Quad，它的定位是具有活力的、开放的、可见的学术环境。你希望人们能够看见它，并能被它吸引。同样的，我们也对世界各地成功的学术环境设计进行了分析。我们分析了它们的高度，高度是影响你对建筑印象的重要因素；我们分析了它们的宽度，包括它们开始和结束的地方；我们分析了人流的路径，通过计算找出这些路径的交点，并不断讨论这些交点的重要性以及可能导致的意外情况。当然，你也可以在这些项目和设施的基础上建立园区路网，从而找到刺激这些交点更加频繁互动的方法。

数据不是问题的解答。数据只是信息。它的重要性体现在你对数据的利用，也就是你如 149
何利用数据来解决你面临的问题。

—— Ryan Mullenix，NBBJ

在这个项目上，您的经验是如何影响您使用数据的呢？

RM：这个项目需要很多的数据，所以我们需要更聪明的方式来解读这些信息，而所谓更
聪明的方式就是对技术的理解和我们使用工具的方式。我们总是把我们编写的程序当作一种
计算的工具，因此我们怎么编写或者怎么制作这样的工具是相当重要的，"垃圾进，垃圾出"，
这一古老谚语在此仍然有效。最近我听到的最有趣的评论之一，来自旧金山的未来学家，认
为数据不是问题的解答。数据只是信息。它的重要性体现在你对数据的利用，也就是你如何
利用数据来解决你面临的问题。这正是我们关注的焦点。

我们把它称为数据驱动设计的原因是因为现在我们知道怎么管理数据，而不是和之前一
样。但是冰冻三尺非一日之寒，它需要时间来反馈给我们结果。

因此在中国台湾，我们一直和卡内基·梅隆大学合作开发设计合作空间的计算流体动力
学建模，我们花费了一定的时间，并且还需要时间来完善计算流体动力学建模。但是现在我
们拥有了更多的数据资源，让我们能在建模和测试中更加明智、更加主动（图 4.5）。

图 4.5 辜公亮基金会的外部渲染图 © *NBBJ*

您说过："建筑数据本身是无法为未来用户提供个性化服务的。"[6] 那么在那些具有灵活性、自适应性的项目中，数据扮演着怎样的角色呢？

150　　　RM：这里就涉及一个更深层次的建筑学习理念[7]：根据用户的需要，建筑物要具有可以随着时间自己适应、进化或变得更加个性的能力。我们建立了一个建筑物，设计使用年限是一百年，这时我们面临的挑战是我们获得的数据往往都是特例。当我们谈论建筑物的学习和演变时，我们需要更加通用的数据，不仅需要许多关于使用和用户的数据，还需要能够对你没能预测到的趋势做出反应。

我们现在正在观察单租户和多租户的一个效率问题以及怎么灵活地解决这些问题，比如日光、地板的反射和地板到顶棚的高度等对光的一个影响。很多时候我们都能直观地得到这些属性，而现在我们要做的就是将其变成一个复合变量体系，制定一个评价公式来评估其在短期或长期给业主和住户带来的效益。对我来说这就是设计长寿建筑的数据应用的正确方法。

NBBJ 宣称下一个技术变革的趋势就是利用设计计算（design computation）或软件程序，实现在几何和数据的基础上解决特定的问题。那么，NBBJ 公司将如何利用这些工具呢？是用来创建几何模型，或用来提升建筑性能，还是两者都有？

RM：这两者密不可分。在设计计算的演变过程中，经历了一些关键的时刻。计算实质上起源于建筑几何，一方面，它可以作为很好的工具，使我们得到一些有趣的结果；另一方面，它让我们找到一些创新的手段或工具，从而提高我们的行业效率。于是我们便尝试开始利用这样的方法来研究建筑的性能，通过分析来更好地理解建筑与环境之间的相互作用。几何学和建筑物是紧密联系的。现在我们能够理解人类行为，人类经验以及将数据与研究结合的方法。因此，我们现在拥有一个三位一体的系统，每一部分都是紧密联系、不可分割的。除此之外，我们也十分注重结果的质量，我们努力得到能够平衡建筑性能和人类行为这二者之间关系的结果。我们认为，一个性能优良的设计不仅可以满足所有的业主和租户的需求，也能符合人类对美的追求。

我第一次使用设计计算是在一个哈萨克斯坦的项目中。在那次经历中，我们努力尝试用最好的方法得到客户要求的与周边地形相仿的形式。我们提出了很多问题，其中有一个就是关于如何将这种复杂的形式变成现实，如何去完成复杂地形的建模。因此我们开发了很多工具来查看玻璃平面度，查看竖框和周围的布置关系，查看隔热和热绝缘层的布置。这些只是最初工作的一小部分，我们之后观察平板边缘和将外墙联系成一体的结构体系，将其细化成一个完全集成的方法（图 4.6 至图 4.9）。

许多公司的负责人和合伙人都会将这些技术分配给自己的员工去完成，包括算法、计算设计工具和分析方法。您为什么要选择坚持自己亲力亲为呢？您为什么不把这些任务交给刚刚毕业的新人去完成？

RM：我认为掌握一门新技术不能只是说说而已。我希望我能够自己去编写代码，就像我希望我自己的事业能够取得突破那样，但不幸的是我越来越没有时间。然而，我还是喜欢亲自参与设计过程。抛弃年龄和个人经验上的差异，能够与大家一起编写代码，共同合作探讨算法的工作模式，我认为这对任何人来说都是美好的、令人振奋的。对我来说，它将我的左脑和右脑连在一起：一边是依靠数学去分析问题，一边是基于经验和创造力。这样定性和定量的探索算法，正是我认为最成功的算法。

151

图 4.6　三星：三星庭院渲染图 © *NBBJ*

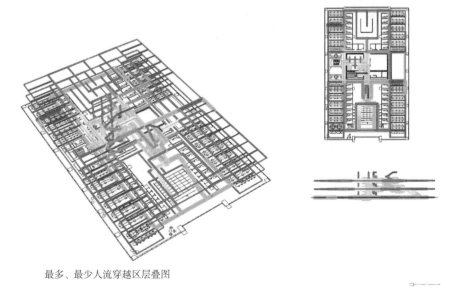

最多、最少人流穿越区层叠图

图 4.7　三星：行走距离 + 卡路里 © *NBBJ*

152

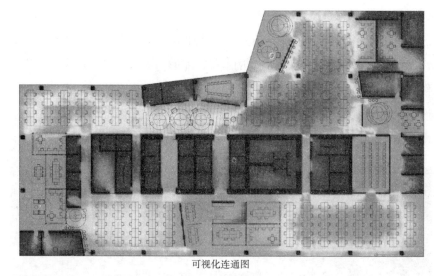

可视化连通图

图 4.8　三星：行走的距离＋卡路里 © *NBBJ*

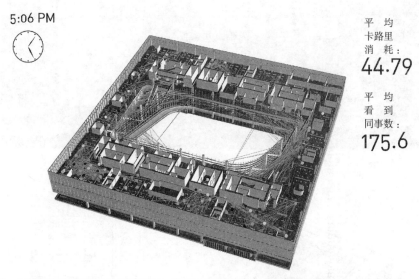

图 4.9　三星：用基于代理模型分析卡路里消耗、行走距离以及跨层可见度的屏幕截图 © *NBBJ*

153　　　我一开始为谷歌项目开发的计算程序之一就是用图形程序来工作。我如何将图形上的点连接起来呢？建筑物的高度、大小、比例、方向、间距……所有这些都是一片空白的记录。于是我和一个非常出色的计算设计师一起讨论，我们会讨论这样的做法是否是可取的、有价值的？如果有价值，我们怎么做到更好？对我来说，这样的合作有很多，你要知道这样的合作可以让你更加理解你所需要的信息，以及你应该用这些信息来做什么。除此之外，在这样的合作中，每个人都有机会发挥他的价值。

私人数据源

你可以从很多资源那里来收集私人数据，包括客户、现场、既往的 BIM 记录以及其他专有的行业资源和数据库。但是，你必须保证数据来源的可靠性。

客户数据

公司通常会利用多种来源来收集数据，包括网上的公共资源，有些情况下也会利用专有数据库，特别是关于人口统计的数据。通常这种数据源都是建筑客户本身，Tom Mulhern 解释说："首先是收集数据，收集你周围的与项目相关的客观数据,把它们利用起来。"他继续说道："关于客户所在机构的数据，你要知道他们有多少人，有哪些部门，他们怎么彼此联系？ Alex 'Sandy' Pentland 教授[8] 的公司是测量社会关系的。[9] 在人们工作时，他们把追踪器放在接受调查的工作者的身上。他们用这些数据来监测当前状态下人员流动情况。"他接着说：

> 并不是像你认为的那样，先有一个模型，然后围绕模型来设计。而是先有一个预设的模型，然后去理解它，找到它与你想要创造的模型的区别。也就是制造一个在通信理论中所称的边界对象。对于一个建筑师来说，这是一个建筑物的模型：站得住脚，美观，而且能够满足所需功能。客户则可以置身其中，想象自己从建筑物里面走过，这是非常具

体的东西。建筑师和客户不会用相同方式去评估它的。这个边界对象是沟通的桥梁，大家可以谈论它，建筑师和客户都可以从交谈中获取知识并了解对方意图。在建筑师和客户之间，数据可以帮助我们创造很多有趣的边界对象。

Aditazz 是一个以数据为基础的公司，它可以通过各种办法来使用数据，从而去检验和创造解决问题的办法。那么 Aditazz 公司是从哪里得到这些私人数据的呢？ "我们从客户、行业资源、建筑规范、制造商的规格说明书等处，甚至从石头下面，获取我们的数据。"Zig Rubel 说，"数据讨论的最重要的方面是人类最终作出决定。如果我们利用了错误的数据，我们最后得到的结果就会和我们的预期相悖，这也展现了这部分数据的价值。这里的要点是，我们可以使用以数据为中心的方法快速做出决策。"（图 4.10）

采集现场数据

设计专业人员也会直接从现场采集数据，包括用传感器、扫描设备等采集数据。"我们会使用各式各样的数据。通过进出大楼的刷卡，可以了解学生的活动范围，进而了解校区内有多少不同的学院，有多少常用的主要办公室，或者学生们是否需要独立的办公室。这些数据都是不同的。"Evelyn Lee 这样说道。

Brian Ringley 认为，数据的挖掘和收集都具有挑战。"对于数据工具，你至少需要关注两个

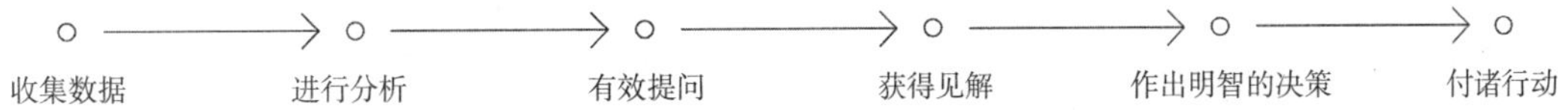

收集数据　进行分析　有效提问　获得见解　作出明智的决策　付诸行动

图 4.10 在数据主导行为和决策的过程中，收集数据只是第一步 © *R Deutsch*

问题：首先是我的团队里有没有这样一个人，他对已有的数据工具非常了解，可以根据每个项目单独的数据要求来合理分配和利用这些工具。"Ringley继续说道，"第二就是数据集可以追溯到20世纪，跨越几何学和社会学等多个领域，我们怎样才可以掌握并系统化地利用这样庞大的、无法管理的、不能可视化的数据。"

我们都还没有提到设计师收集数据的一些新手段，例如可用于Arduino板卡的多种输入/感应设备（可以通过Firefly等工具直接接入CAD），或通过工业机器人手臂和无人机连接3D扫描设备和其他感官终端执行器。这些工具虽然在很大程度上还未开发完善，但是效果十分惊人（图4.11）。

图 4.11　意大利语版的Arduino入门套件 © *Arduino LLC*

传感器和移动设备

传感器监测所处的环境，获取关于空气质量、声学、噪声和气候等方面的数据。一个叫 Heat Seek 的公司甚至用温度传感器来跟踪纽约的市民抱怨和供暖违章。[10] 传感器也被用来获取现场的大量数据。

像 RTKL 这样有经验的公司知道如何使用传感器数据工作，他们一直在处理现有条件下的 3D 扫描和摄影测试数据。Clayton Starr 说道："我们已经开始用公共数据充实内部性能数据库。"

"关于我们的数据来源以及如何更轻松地获得数据这方面，我们所做的另一件事情就是挖掘公共数据。我们从我们的客户那里得到数据，更多时候我们会在现场收集数据。"Evelyn Lee 这样说道。MKThink 的创新团队创立了一个新的技术公司叫作 Roundhouse One，是以他们目前所处的建筑来命名的。在 MKThink 战略团队数年研究的基础上，他们正在开发一个被称为 4Adaptive 的专有软件平台。"Roundhouse One 所做的其他事情就是让技术人员进入现场，安装传感器。"Lee 解释说。"传感器可以追踪任何东西，从环境条件到空气质量和声学指标——各种系统在一天里声音有多大。我们还有一种称为'wi-fi 嗅探器'的追踪技术，比站在那里数有多少人从某一空间经过的传统办法更加准确。我们可以通过某个人的电话，来追踪他的活动以及他对某一地点的重复访问次数。我们从客户那里收集数据，从公共资源库中挖掘数据，当有需要的时候我们会到现场去采集数据。"（图 4.12a—d）

自我量化

对于量化自我运动，CASE 的 David Fano 指出："人们喜欢设立标准是因为他们喜欢利用一些指标，人们对自己进行度量的原因是因为他们想知道他们曾经的样子。自我量化给了人们这个机会。在可持续性方面，大多数人并不是主动想破坏环境，他们只是不知道他们的行为会对环境产生怎样的影响。如果我们在建筑方面也能这么做，即让人们直接了解一些数据，这可以产生更好的效果，比任何的这些可

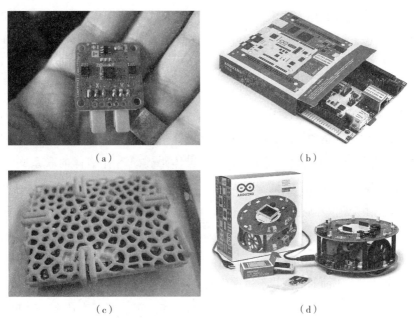

(a)　　　　　　　　　　　　(b)

(c)　　　　　　　　　　　　(d)

图 4.12　（a）Arduino e la luce 传感器虽然很小，但是它可以测量并对一些变化作出响应。它可模仿 5 种人类的感觉；（b）Arduino 微处理器，可以作为传感器附着于各种生活用品和内部空间，我们可以通过它们感知它们周围的环境；（c）带盖的 Arduino 微处理器（Faire Rome 2013 年制造）：传感器可以长久续航，可以关注到人类思想的变化；（d）刚打开盒子的 Arduino 机器人：传感器能知道你在哪栋大楼里。不久的将来，你的移动设备也会知道你所在的楼层、你所处的房间以及你移动的方向（Robert Scoble and Shel Israe，《背景时代：移动、传感器、数据和隐私的未来》，Patrick Brewster 出版社，2014 年出版）© *Arduino LLC*

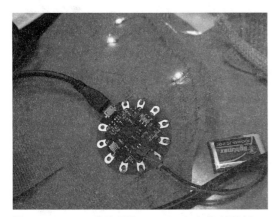

图 4.13　Arduino 微处理器。Arduino 与穿戴式研讨会 © *Arduino LLC*

持续发展和节能运动都影响更大。比如我们可以告诉人们，如果你每一次离开都不关灯，这意味着你要多花 5 美元。"（图 4.13）

"我的妻子 Kim Erwin 一直在伊利诺伊理工大学设计学院处理大量的个人数据，"Tom Mulhern 解释道，"使用耐克公司的 Fuel 手环或其他设备，人们可以通过数字记录观察自己的行为。哪些今天做得好？哪些明天做得好？我们看看数据分析就知道了。我们可以在良好的工作组中看到一种社会模式。"

难道那些掌握大量数据的公司没有意识到这一点吗？David Fano 觉得他们是错失了良机。"是的。任何使用 BIM 的公司都可以通过其内部的企业资源计划（ERP）系统更好地了解自己是怎么工作的。但是，许多数据，包括其网站上的流量、考勤表、日历上会见客户的日程安排表等等，没有被利用或者没有被当作有用的信息。"

磁卡阅读器

磁卡阅读器通常能与其他方法结合在一起

进行数据挖掘，并能捕获其他方法无法捕获的数据。"可能我们最近做的最有趣的事情就是我们在芝加哥大学的这所宿舍做调查，"Erik Olsen 说："我们正在尝试着更好地理解这所宿舍的使用方式，因为它实在太奇怪了——我们很好奇学生们什么时间在宿舍，什么时间不在。芝加哥大学给了我们学生在宿舍的磁卡数据，这样我们就能够以此为数据源去尝试着理解他们对宿舍楼的使用情况。"尽管如此，Olsen 还是发现过度信赖磁卡数据有一个缺点就是："他们只是在进去的时候刷卡，出来的时候不刷卡，所以我只能得到其中一方面的数据。不过这比没有数据要好。"

"在一个设计工程项目里，我们从客户现有各部门那里取得电子开门卡数据，从而更好地了解员工的工作流程以及出勤率。"NBBJ 的 Andrea Heumann 这样说道，他经常会将磁卡数据与其他方法得到的数据结合起来进行数据挖掘，包括肉眼观察得到的数据。"与现场观察相结合，能让我们还原公司员工的行为举止，并知道在生产过程中哪个部门在哪

个时间段的效率最高。这样我们就能对我们的工程作出更加明智的决策，并使得新的设施能够满足当前或者预期的需要。"（图 4.14）

社会媒体

对于建筑师和规划师来说，社会媒体是另外一个可以挖掘的信息来源。那么，社会媒体跟建筑有什么样的联系呢？"从 FitBit 到 FourSquare 再到 Instagram，这些都是地理定位的。"David Fano 说。"如果我是一位建筑师，要在市中心建一幢建筑，那么我需要了解市中心的人们在做什么——他们都去哪里吃饭？他们平时都吃什么？他们在社交网站，如推特上都发表什么？我知道一天的数据看起来并不重要，但是如果我能掌握一年的数据就显得很有分量了。比如 Citi Bike 会公开自行车的使用数据，这就是一个很好的社会媒体的来源。"从社会上得到的数据实际上能让设计者更加便捷地运用，尤其是和更加传统的人口统计的方式收集到的数据相比。"人口统计十年进行一次，但是结果出来的时候早就没有时效性了。"Fano 说。

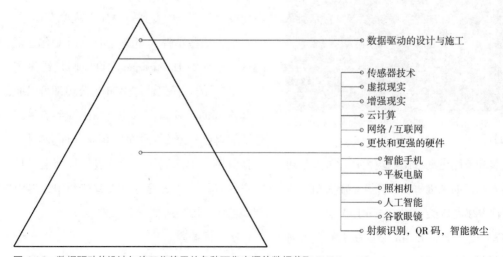

图 4.14 数据驱动的设计与施工依赖于从各种可靠来源的数据获取 © *R Deutsch*

案例研究　专访 Sam Miller

Sam Miller 是 LMN 建筑师事务所的合伙人，他的工作包括城市居民、教育以及文化的多样性研究。公司的很多杰出的项目都是他领导完成的，包括西雅图中心图书馆，西雅图艺术博物馆分馆，历史和企业博物馆，以及艾奥瓦大学的新音乐学院等。除了职责之内的工作，他还带领 LMN 的环保团体（Green Group）推进更先进的可持续设计知识、资源和方法的研究。他还带领 LMN 的技术工作室（LMts）研究设计方法，包括仿真、参数化建模、数据化制造和人机互动。

您曾经提到 LMN 技术工作室对您的基于研究的数据驱动设计方法进行了改善，并应用到具体的项目中。那么您能不能给我们描述一下您心中的"数据驱动的设计方法"呢？

Sam Miller（SM）：在过去的几年里，我们在这一方面进行了改善。我们正处在数据应用和数据驱动的过渡阶段，我这么说是因为我们正处于数据捕获的阶段，我们希望我们能获得尽可能多的数据，使得我们的决策更加明智。但是我们也不想数据在我们的设计过程中成为唯一的依据，这需要找到一个平衡点。

LMNts（LMN 技术工作室）的一个重要之处就是不仅让设计技术能够用于日常工作，而且定制设计技术以配合我们的设计流程。使其工具适应我们正在努力实现的目标和我们试图实现它的方式，而不是相反（图 4.15）。

术语"数据驱动"往往意味着结果主要是由数据驱动的。我们正在努力作出最明智的决定，但也知道在设计中只有有限的内容可以用数据去捕获。还有质量、美学以及其他相关问题需要被编织到解决方案中去，而仅靠数据是没法实现的。

数据驱动的方法是否意味着直觉被低估了呢？

SM：坦白说，是的。如果有数据的支持当然会更好，因为我们在得到数据的过程中，会通过模拟和建模来不断学习。我们会知道哪些因素对结果的影响是最大的。这样我们会在下一次设计时懂得更多，我们会更加见多识广。可以说，我们是在不断发展和提高自我的。

> 算法能够做到的事情十分有限，我们最终得到的结果还是要满足人性化的要求。
>
> —— Sam Miller，LMN

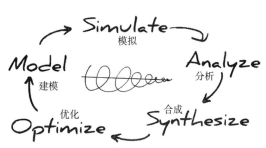

图 4.15 LMN 对技术的应用使得一个高度迭代的设计过程成为可能，这个设计过程受益于对关键项目参数的模拟和分析 © *LMN Architects*

158

您提到自己从木工到工程设计再到建筑施工行业的转型，您能否谈谈 LMN 在成为数据驱动的道路上所经历的转型，以及数据在转型过程中扮演了什么样的角色？

SM：我们一直认为自己是一家研究型公司，每个项目都是探索新的解决方案的难得的机会。在过去的七八年里，改变最大的就是数据在其中的作用。比如，我们过去经常会进行很多的物理建模，完成日照实验、阳光研究和采光特性等分析。但是现在我们会采用更加复杂的方法来完成，这样的方法允许我们快速地进行不同方案的测试，这其中最大的不同就是迭代。因为掌握数据，我们可以测试不同的想法，并从中学习以便于完成更好的设计（图 4.16 至图 4.18）。

作为一家公司，我们认同它在设计这方面所带来的价值，同时我们也认识到它的力量。我们抓住了科技带来的机会，并正在积极努力地利用它。

您是否发现迭代周期已经从几天减少到几个小时，甚至是实时的了吗？

160　　SM：那当然，这是因为信息的流通使得我们的工作流程变得更完善。不仅是整个行业正努力朝这个方向靠拢，我们的技术工作室也在努力建设平台之间的互通性，并且我们已经能够实现平台之间的模型共享。有了参数模型和其他的处理工具，迭代周期变得越来越短，已经开始以小时来计算，而不是天数了。

同时，LMNts 也专注于设计技术方面的研究。那么您觉得处理数据时，技术和思想分别占有多大的比重呢？

SM：这就要回到我们所说的寻找平衡点的问题。我们希望能够在数据的帮助下完善决策，而不是仅仅依靠算法输出来完成设计。我们想要研究多种不同的选择，但最终我们希望能通过我们的设计美学和设计方法来确保结果的准确性，而不是单纯地依靠算法来解决。

坦白说，算法能够做的实在是有限。如果需要我们的解决方案满足我们提出的不同标准，我们很难能量化这样的解决方案，因此最终的结果还是需要依靠人性化的设计。

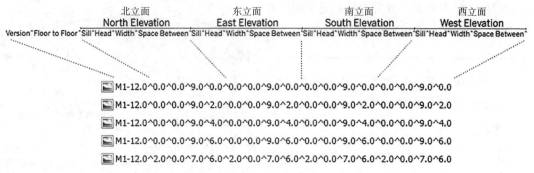

图 4.16　根据控制参数来命名设计迭代的可视化，这允许以后重新生成特定的迭代　© *LMN Architects*

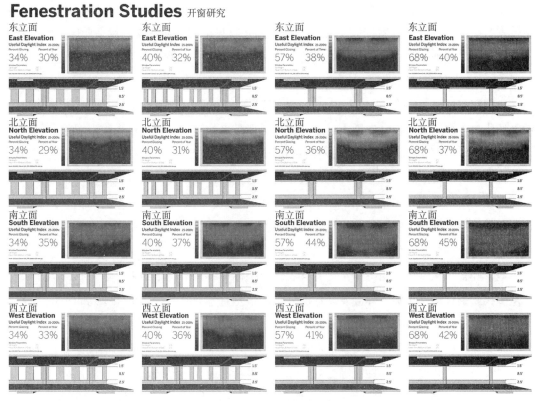

图 4.17 迭代矩阵比较了增加玻璃百分比以增加日光覆盖的有效性 © *LMN Architects*

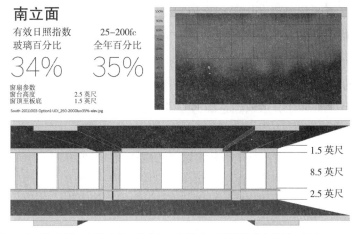

图 4.18 典型的空间日光研究实例，比较玻璃百分比与一年中实现所需照明水平的百分比 © *LMN Architects*

在处理数据时你们会使用哪些工具呢？关于这些工具，您是否可以给我们一些建议？

SM：我们做了很多关于 SQL 数据库的接口。比如说，我们会将能耗跟踪装置安装在办公室的电表上跟踪室内的能耗情况，并将得到的数据导入 SQL 数据库，之后便可以将数据进行可视化处理。LMNts 正在使用软件进行项目中的分析和采光研究。

161   这使得我们办公室最近的翻新提前了。我们之前希望能够得到我们办公室性能的一些基本数据，所以在几年之前就安装了能耗跟踪装置并收集了相关的数据，包括照明的负荷量、电路负载等。这项工作未来也会继续进行。很快我们就会将结果公之于众，比如照明负荷降低了 60% 这样的事情让我们十分开心。

    如果我们的办公室有 IBM 的 Watson（人工智能程序），可能我们会倾向于研究算法主导的设计成果。算法主导设计发展十分迅速，算法能带来的影响真的是让人难以置信。但是在目前的技术水平下，设计师在设计过程发挥作用仍然非常重要。

    我们面对的挑战之一就是迭代设计过程，在迭代的过程中会伴随着参数化的过程，产生数以百计的解决方案。这个挑战不在于解决方案的生成，而在于解决方案的评估。你如何跟踪和评估你得到的结果呢？如何优化这个结果？也就是说，这本身就是一个重大的挑战。因为这里有太多的信息，你需要开始评估它们：这个信息对楼板的采光重要吗？有哪些可以改进的地方呢？该从哪里开始下手？更有甚者，如果你有一百个输出结果，你怎么样才能快速地从中找到最优的结果呢？你会发现你能评估的信息量十分有限，如果你找到的不是优秀的解决方案，很有可能你就错过了最好的那个。

    你能够给所有的项目都定义一个衡量标准吗？在一个小型的空间研究中，你想要优化采光、视线、眩光和玻璃的热性能等参数，你可以很精确地找到定义这些数据的标准。但是如果你需要考虑整栋楼与周围环境的适应性，你会发现你不仅需要考虑设计，还要考虑施工等其他因素，同时你也会发现你根本没有办法定义所有的参数来完成一个用于优化你的解决方案的算法。而将来你可能会接触到更加大型的、复杂的、更具挑战性的建筑项目，如果你能定义其中的所有参数，那么利用算法来解决问题当然不在话下，但是谁能做到这一点呢？

    建筑的设计过程也是一个探索的过程。你经常不知道自己一开始在寻找什么，直到研究了很多不同的选择之后你才会意识到正确的方向在哪里。在探索结果和编写算法的过程中，我们面临的挑战就在于一开始我们并不知道我们优化的终点在哪里。只有通过设计过程中的不断学习，我们才能找到机会。我并不是说这不可能完成，我的意思是从目前项目的复杂程度和技术的发展程度来看，我们正在逐渐向这个目标靠拢。当然了，有些同行们会认为这完全不可能，但我想说我们有一些工具可以帮助我们来完成。比如像 Galopogos 和其他高级软件这样的一些参数化软件，并且它们正在往机器学习软件的方向发展。但是作为设计师，我们要保持不断学习的状态。LMN 作为一个研究型公司，我们一直都非常坚信设计探索能带来的价值，在探索中不断迭代可以找到解决问题的机会。

    我们的团队正在进行一项关于数据可视化的非常有趣的研究，我们尝试能通过一种方式可视化数据结果，使得我们能够快速评估性能和确定下一步的探索方向。甚至可以通过相关的文件命名协议，使你不需要打开文件就可以知道文件所要展示的性能。比如说经过一个晚上的运行，你会在第二天早上得到大量的文件，这样的文件命名可以帮助你对文件进行分类，并确定哪些文件是最具研究价值的。

我开始看到企业对数据在设计中的作用的兴趣在上升……对于这个行业来说，这是一个潜在的问题，那就是有一种"有"和"没有"的情况正在发展。

—— Sam Miller，LMN

162

您是建筑行业最先提倡数据主导设计和施工的人之一，那么您觉得我们这个行业目前对数据的接受程度是怎样的呢？

SM：我开始看到企业对数据在设计中的作用的兴趣在上升。技术正朝着在设计过程中更广泛地采用分析方法的方向发展。对于这个行业来说，这是一个潜在的问题，那就是有一种"有"和"没有"的情况正在发展。要采取这一措施需要有一些资源。一些小企业将会有困难。他们采用 Revit 的时候就很纠结，更不用说我们一直在谈论的和正在使用的所有其他东西了。以一种有意义的方式进入这一领域是一个挑战，对小公司来说尤其如此。而较大的公司通常拥有资源并有可以进行探索的研发部门。大的公司面临的挑战是在公司范围内更广泛地采取这一措施，因为他们可能在公司的某个角落还有一个高级开发团队。但是如果他们在全美有数十个办事处，你如何鼓励更广泛地采用所有这一切呢？ LMN 拥有的、对我们有好处的一个事情是：我们是一个足够大的公司，拥有资源进行这种探索；但我们又是一个足够小的公司，能够灵活地在公司相当广泛地采用这一切（图 4.19）。

整个行业开始对处理数据的重要性有了一个更加清晰的认识，这归功于很多因素。其中，人们对高性能建筑的追求是一个重要因素，因为它需要模拟和分析。当然也有其他很多因素一起促成了这样的改变。

163

LMN 或者 LMN 技术工作室有没有曾在你们的项目中采用大数据呢？

SM：如果你说的大数据是指更大的数据库，那么我们主要使用的大数据是 GIS 信息。这对我们来说如虎添翼，因为很多领域的 GIS 信息都是公开的。几乎对于每一个项目，我们都会利用它们的 GIS 信息。LMN 设有城市设计团队，可以帮助我们更好地熟悉这些信息呈现的含义，以及在 GIS 信息的利用方面带我们入门。

图 4.19 LMN 正在用一种参数化建模和迭代模拟比较桥梁线形和结构配置以优化成本和设计 © *LMN Architects*

您曾经写过，"基于数据的设计已经把迭代循环转变成模型、模拟、分析、合成、优化的重复过程"。那么与之前那种"提出 – 推翻 – 解决"的设计方法相比，这个过程在那些方面有所改善？

SM：这个过程可以看作从迭代循环阶段的预数值化设计开始。这是一个探索的过程，同时也是学习的过程。你无法在最初的时候就确定设计结果，只有通过设计的过程你才能有机会找到最好的设计方案，而且你需要全身心地投入到设计的过程中。我认为它们是相关的。在之前，你需要在推翻它的过程中分析它，在解决的过程中需要将你推翻的结论再进行整合——这之间实际上是紧密联系的。在循环设计阶段，预数据化、预数值化是更好的一种形式。数据并没有改变设计的实质，只是让设计方法有所改进。

关于数据运用方面，您能不能够举个例子描述一下 LMN 在所做的模拟中取得的惊人成果？

SM：最近我们在为艾奥瓦州一座音乐厅设计一个声波反射器（图 4.20）。一开始我们的声学顾问有些紧张，因为他从来没有这样的设计经验。因为没有人知道最终的设计形式应该是什么样子的，因此我们会进行反复的研究。到最后，我们的顾问感到十分兴奋，因为他以前从来没有这样做过——这使他可以将声学观点直接带进设计。

为了能够实现信息共享，我们从我们的顾问那里得到了一份声学分析软件的拷贝，否则我们会没有操作软件的权限。这样可以方便我们用软件的原生格式输出相应的几何模型，顾问便可以直接处理这些文件，省去了文件转换的过程使得工作变得更加容易和高效。因此，顾问也很乐意分析更多的结果，因为他并不需要生成而只需要处理这些文件。

我们分析得到的几何形状出乎我们的意料。尽管我们的声学顾问经验丰富，但是他还是从这个项目中学到了很多东西。从业这么多年，他从来没有分析过几何，也没有能力去进行几何设计。通过这次的经历，他学到了很多，特别是在判断结果有效性这方面。因为这个项目还没有开始施工，所以它不能算是一个成果，但是根据它的模型，我们可以说这是一个很棒的设计。

164

图 4.20 艾奥瓦大学音乐学院的声反射器的形式和模式是基于声学要求，视听设备的位置，照明灯光要求和施工工艺等迭代开发的 © *LMN Architects*

数据驱动的方法似乎提高了速度。这种方法对项目质量有什么影响？

SM：这是一个很久之前的问题，比"你什么时候会脱离手工绘图"这样的技术问题还早。我们为自己曾经做过十分有意义的设计以及高性能建筑而感到自豪，不论这个"高性能"是表现在能耗方面还是声学方面。我们坚信我们需要运用这些工具来提高我们现在的工作质量。我们希望我们能够因此在市场上显得不同，不是因为高效和廉价，而是因为我们完成了真正的高性能建筑的设计。这会使我们从客户那儿得到更多的项目，特别是对这些感兴趣的客户。

> 我觉得这并不是老一套的那些东西，我十分坚信我们正在开启新世界的大门。
>
> —— Sam Miller，LMN

建筑行业是否有可能是在盲目迷信数据？特别是那些与数据并不相关的东西？

SM：坦白地说，我认为我们正处于一个变革的阶段，我并不认为我们在盲目地迷信数据。因为数据并不是新颖的东西，只不过是我们现在会使用一些新的工具去分析数据。这些工具正在彻底改变我们的工作方式，更重要的是改变我们工作的结果。现在我们在应对气候变化、解决能耗问题和其他重要问题上刻不容缓，比如：对于城市中心的人，我们怎样创造一个自适应的、舒适的居住环境？在解决方法和工具这方面，我们的任务也是十分紧迫的，怎样从根本上改变设计方法以及数字化建设等问题都是变革需要涉及的东西。所以，我觉得这并不是老一套的那些东西，我十分坚信我们正在开启新世界的大门。我们必须做出改变，否则我们就会错过这个机会，成为被淘汰的那些人。

而真正的问题在于，我们怎么样才能改变呢？我们怎样权衡人机之间的合作呢？或者，我们怎样能让承包商在建造之前，考虑到这些因素呢？对于我们来说，这意味着把握好这些工具，并且利用好它们，展示它们的价值。

在 BIM 中挖掘数据

BIM（建筑信息模型）通常被认为是一个处理文件的工具，但是认同这个定义的人并不知道 BIM 其实也是一个丰富的数据源。在 BIM 中，平面图、立面图、剖面图和有关报表不仅仅是模型的视图，也是底层数据库的视图。

前面已经提及，BIM 数据库可以作为项目数据被查询和挖掘。这不仅能帮助项目团队查询模型，以作出更好的决策；更能帮助管理层和领导层通过挖掘已有 BIM 模型，获得以往业务发展和市场营销经验。

这里举一个 BIM 数据挖掘的例子，CASE 曾帮助一些公司确定什么样的信息适合放入信息库。"你可以去研究我们做过的 50 个 BIM 项目，然后提取所有的数据，然后挖掘这些数据从而知道哪类门是在公司项目里采用最多的。"David Fano 建议（图 4.21）。

对于一个在该领域还未涉足的公司，以往项目的数据可以说是十分宝贵的资源。"我们至少会与两种数据打交道，即建筑项目数据和办公数据。我认为，我们对于所谓的办公数据，也就是我们常说的商业上的业务流程，会有更加成熟的认识。"美国建筑师学会资深会员、Solomon Cordwell Buenz 公司的执行负责人 Mark Frisch 说，"有趣的是，相比于建筑项目方面，我们这个职业知道更多关于业务方面的东西，而办公数据相对来说比较复杂。那么建筑数据会不会也变得更加复杂呢？我的经验告诉我不会。我们对这两者之间关系的认识还处在初步阶段，在我看来我们还需要进行更深入的研究。"（图 4.22）

数据中心的规划、设计、施工和运营就是一个很好的例子，可以说明过去项目中的数据起着非常大的作用，甚至可以说是至关重要的作用。"任何大型建筑的业主或运营商都应收集（或开始收集）在过往的施工和运营中获得的有关可靠、有效、成本、可持续和经验教训的历史数据。"谷歌全球工程团队数据中心的经理 Perter Pellerzi 说，"使用这些数据并参考任何新的信息，例如目前的市场条件，将使他们在下一个项目中获得优势。如果有数据显示某屋面系统表现不佳，你为什么还要使用相同的屋面系统呢？"

其他数据资源

其他来源的数据，例如医疗保健项目和建筑外观性能数据等，可以通过像日志或者跟踪员工一样的常见方式获取，也可以通过像无人机一样远距离获取。"在我们的医疗保健的项目中，我们已经能够利用匿名病人的病历和护理日志表来得到相关的设施的使用情况，以及医生、护士、病人和专家们什么时候在什么地方。"NBBJ 的 Andrew Hewmann 说，"我们利用相同的数据构造了一个复杂的代理仿真模型，这些模型可以用于新空间的设计，并能让我们了解到病房的数量是否满足，其他重要空间是否能被有效利用，且

在很大程度上能改善他们现有设施的布置情况。"（图 4.23 至图 4.25）

另外一个例子是由 Brendon Levitt 提供的，他说："我们深入研究了 DIVA 的工作流程中建筑外观的高性能以及信息的流通，以便初始数据可以自动生成相应的 BIM 数据以用于创建施工文档和加工建筑构件。"Levitt 也使用无人机

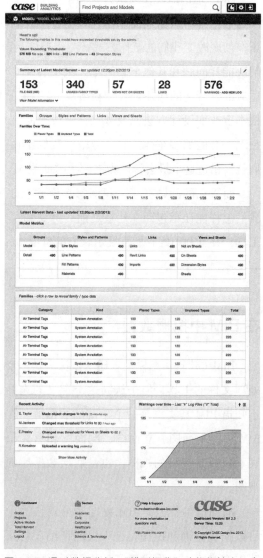

图 4.21　通过数据分析，"模型概览"功能能够在一个模型中追踪物体以及能够知道它们随着时间的变化是如何改变的，可让管理人员知道模型是如何发展的以及出问题的区域在哪里 © CASE

来收集项目数据，"我们购买了几架 AR 无人机，用于收集音频、视频和摄影等数据，可以帮助我们增强现有的 GIS 数据以用于场地分析。"

"我们的医疗工作室曾经主要负责一项对空间使用的评估，我们在工作人员、病人和医疗设备上安装了追踪器，进行了 6 个月的追踪后得到了相应的数据。"RTKL 的 Clayton Star 说。一个国内的分析专家团队将这些数据给客户做了可视化的展示。那么结论是什么呢？结论就是：增加使用空间并不是提高现有资源利用效率的必需选项。

拥有一个数据收集策略

要深入地剖析数据，而不仅仅是收集数据。从开始收集数据的时候就要制定一个策

167

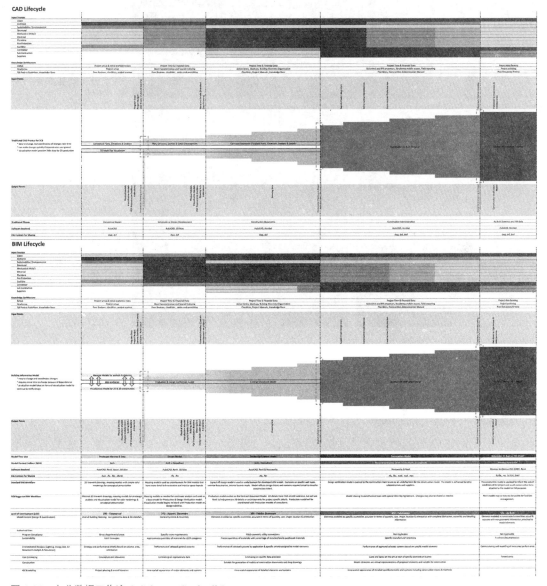

图 4.22　办公数据工作流 © *Solomon Cordwell Buenz*

168

图 4.23　辜公亮基金会 © *NBBJ*

图 4.24　室内渲染：辜公亮基金会内部小厨房的渲染 © *NBBJ*（左）
图 4.25　室内渲染：辜公亮基金会礼堂内部渲染 © *NBBJ*（右）

略。首先要从这些问题开始：数据从哪里来呢？我们将如何汇编我们的数据呢？你会使用哪些方法，如传感器或磁卡机，来收集信息呢？鉴于你想收集的数据的类别和数量，这些技术是必要的吗？你必须得问自己：你收集的这些数据有意义吗？"任何地方，只要有意义，我们绝对会使用技术，"数据研发部门的高级总监 Jennifer Johnson 说，"对我们来说，这样做，在公共部门内对我们所知道的那些公开提供的文件是有意义的。

我们使用技术去追踪特定网站上的特定信息。"Johnson 继续说道：

> 我们不会仅仅说，嘿，这里有一个网站，我们来找一些有趣的东西吧。对于我们来说，一个非常好的网站是 DOT（Department of Transportation，运输部），我们已经创立了从那里提取数据的流程。让人打电话从我们自己的资源获取信息是没有道理的。既然政府部门告诉我们'所

有的信息都已经放在那里了，请过来拿吧'，我们就去取了。我们这么做是有道理的。当我们需要私人项目的信息时，我们有一个我们自己的研究人员网络，也就是我们在建筑行业的人脉关系。他们通过电话、邮件、会见我们的各种资源，来得到那些图纸、规格说明书和项目细节。

策略 9　制定一个数据收集策略

不要盲目地开始收集数据，要制定一个策略。

你可以从这些问题开始：

数据从哪里来的？

我们将如何汇编我们的数据？

鉴于你想收集的数据的类别和数量，这些技术是必要的吗？

你收集的这些数据有意义吗？

我们的经验告诉我们，成功的数据分析通常都是从一个清晰的蓝图、系统的方法和过程开始的，你需要从一开始就制定好数据收集、编码和管理的策略。但是很遗憾，目前的数据分析中很难看到这几个因素被综合考虑。实际上，我们行业中大部分企业数据的收集还是依靠传统的人工方法（例如 CoStar）。

——Chris Pyke，美国绿色建筑委员会

"我们的经验告诉我们，成功的数据分析通常都是从一个清晰的蓝图、系统的方法和过程开始的，你需要从一开始就制定好数据收集、编码和管理的策略。"美国绿色建筑委员会的 Chris Pyke 这样说道，"但是很遗憾，目前的数据分析中很难看到这几个因素被综合考虑。我们行业中大部分企业数据的收集还是依靠传统的人工方法（例如 CoStar）。"

有哪些具体的方法可以用于项目数据的收集呢？以下是美国绿色建筑委员会正在使用的一些方法。"展望未来，我们认为室内传感器和定位分析方法十分有前景，这些方法可以改变关于用户体验和空间利用的信息的收集和分析方式。"Pyke 说，"这是定位分析方法中最具挑战性的方法之一。"定位分析用来收集用户位置的信息，其收集到的数据可以分为两种类型：静态数据和动态数据（即移动数据）。"静态数据包括人口普查相关的数据，卫星摄影和地图，业务列表等；动态数据包括发生的事件和与用户日常生活相关的一些数据。目前最重要的动态数据来源于移动设备产生的数据。"[11]

170

Brian Ringley 给出了一个收集相关项目数据的一种方案。"随着摄影技术的发展，我们目前得到的很多扫描数据是通过平板电脑和手机收集的数据，而不是通过基于三坐标测量机臂的数字化或激光扫描这些更复杂的技术。"Ringley 说，"我们也在考虑低成本的手持 3D 扫描设备，如 Fuel3D，或者与其有竞争关系的 Artec Eva。相对来说，后者成本更高，争议性更大，对少数用户不太友好（至少就软件工作流程而言）。"

收集属于你自己的数据的好处

收集属于你自己的工程数据有非常多的好处。在这里，我们通过对一个案例的研究来说明。这个案例为了实现客户的预期目标，

在设计初期对设计方向进行了现实性检验。

通过我们这本书中一个又一个的访谈，我们知道设计专家通常都会告诉我们：我们收集到的项目数据，不仅可以对客户的目标和假设进行现实性检验，更能在一些情况下带来意料之外的结果。"我们现在正在进行一个学校校区的规划，这个学校是大家都想进入学习的地方，"Evelyn Lee 说，"预计在未来五年内，学校将会增加 1200—2000 名学生，因此学校希望能在附近进行校区的扩建。"Lee 继续说道：

> 学校说他们现在的校区已经无法再容纳更多的学生，校区的扩建势在必行。于是，他们找到了我们。我们本来可以不用对学校进行走访，直接开始我们的项目，但是我们仍然坚持进行了一项关于校园使用率的可视化研究。研究表明，在白天上课的时候每个老师都需要到一间教室进行教学，这些教室有 80% 被超额使用，但是有 40% 的教室却是空的。

因此通过数据分析，我们知道了为什么校方会觉得学校资源不够，而我们认为如果学校能在管理模式上做一些改变，那么学校就会提高对学校资源的利用率。我们咨询过教师协会的老师和行政人员，他们都表示已经处于超负荷的状态；但是我们的数据却告诉我们他们没有。

Lee 还提供了另外一个案例，是关于在设计之前，如何利用数据与客户进行沟通的一个例子。"大自然保护协会的员工经常叫嚣着'我们需要自己的独立办公室'。办公室的大小只是其中的一个数据，"Lee 说，"我们还收集并观察了很多其他的数据。例如，我们发现每周有 3 天，你们中 30% 的人会不来办公室，但是租金是一直在涨。如果能通过合理的规划来共享办公空间，你们不仅会打破交流的隔阂，对开展研究工作也是有利的。"那么，最后的结果如何呢？"现在没有人拥有自己的独立办公室。"Lee 说道。

案例研究   专访 Gregory Janks

Gregory Janks 是 Sasaki 事务所的负责人，他负责领导公司的战略规划项目。他将学术、财务和物理等方面的因素综合考虑，通过严格的数据分析和优化设计从整体的角度解决问题。他的专长包括校园总体规划、战略规划、财务规划和资源分配模型、数据挖掘和数据管理、学术规划、空间使用分析和规划、医学研究中心、学生和居民生活、高科技互动图形决策支持系统开发等。他拥有数学博士学位。

171   **您能不能说说 Sasaki 处理数据的方法的呢？**

Gregory Janks（GJ）：我们是研究数据的。在过去的十年中，我们已经花了大量的精力去思考如何创建强大的分析工具，通过定量和定性的分析为我们的规划和设计决策提供帮助。我们发现方法的严谨性是确保为客户创建高价值的设计方案所必需的。同时，我们认识到，对于一些难以制定衡量标准的问题，如政治、审美、情感和其他的考虑因素可能至关重要。最值得我们骄傲的是我们能够把分析和设计联系在一起，并凭此解决问题。所以，数据在决策中是一个非常重要的因素，但不是唯一要优先考虑的。

在 Sasaki，数据是怎样与决策互相协调的呢？

GJ：基于数据的方法，其核心就是分析和理解决策的背景和客户的要求；并通过深入挖掘，得到一些可变的和不变的因素。这样想的话，约束条件并不是解决方案的拦路虎，反而是引路人。没有制约条件的话，我们很难去控制解决方案涉及的范围。这些制约条件就像天空的明亮的星星，指引我们去寻找真正的答案，因此我们的创新才能朝着正确的方向发展。如果可能的话，我们会模拟一些变化，看看之后会发生什么，给目前的决策提供动态的反馈信息，使得决策更加合理。

我们进行设计的目标就是让建筑与其周围环境相互协调。我们相信好的方案背后一定有好的设计思想。因此我们把使命、组织、财务和物理等方面的因素考虑进去，形成惊人的城市设计和建筑理念——我们不仅仅只关注静态的因素，如计划的发展或设计存在过时的风险，我们更关注建筑对周围的环境变化作出及时响应的过程。实际上，这意味着我们要在基本原则的基础上有长远的战略目光，确保未来我们不会故步自封，使我们的每一步都在朝着更大的目标迈进；也意味着要学会辨识能使让我们以现实、可行方法实现长远目光的项目；意味着必须要在基本原则的基础上以数据为主导，使设计过程更加高效，整合多个变量，使新的方案满足我们的需求。我们正在努力创造一种策略形态，它可以让我们客户的建筑模块根据环境的变化随时作出反应。在这个过程中数据的运用是最基本的。

这个理念已经深入我们的规划工作之中——我们采用真实的整合方式，将规划师、景观设计师、建筑师和经济学家的意见整合起来。过去的两年里，我们看到这样的设计方法带来的成效，并将探索新的可能性（图 4.26）。

您能提供一个 Sasaki 如何运用分析作决策的例子吗？

GJ：最近一个很好的例子是我们与布朗大学的合作，该大学的战略目标要求对其工程学院进行重大投资（见第 5 章策略 14）（图 4.27）。

172

图 4.26 Sasaki 的整合方法依靠的是多人合作 © *Sasaki Associates*

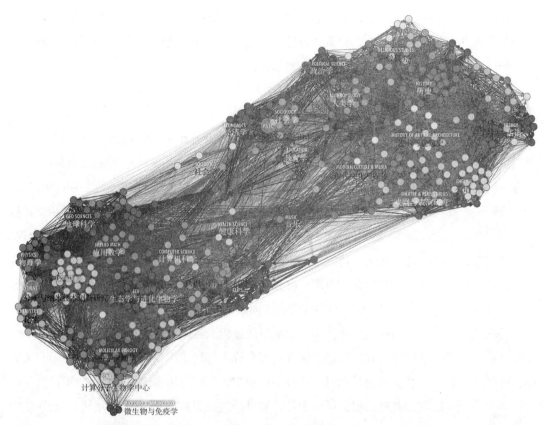

图 4.27 布朗大学的网络图显示了教职工的互动模式。节点代表教职工成员，颜色代表他们所属部门。紧密联系在一起的节点表示他们想要合作，而相隔较远的表示他们不太想合作 © *Sasaki Associates + Brown University*

173   作为Sasaki策略团队的负责人，您处理过各种形式的数据，如几何、建筑性能、人类行为等。**那么组织数据（如战略计划、财务计划、资源分配等）在哪些地方能发挥作用呢？**

GJ：首先，它能够帮助我们解决问题。如果你的工具箱里只有一个锤子，那么你能解决的只有钉子。因此我们不会用固定的格式来解决客户的问题，而是真正去了解问题的本质，再凭着对问题的了解，找到解决问题的关键变量。这意味着我们要走进一个新世界，不管它是通向战略、财务、使命、设计、生态、政治，还是其他地方。如果优化后的方案在我们的承受范围之外，那么这个优化有什么用呢？如果一种新的教室无法满足所需的教学创新要求，这样的教室有什么用呢？如果新的计划无法达到减排的目标，这个计划有什么用呢？如果解决方案没有满足相关要求，就不能称之为解决方案。所以我们并不会人为地划分物理数据和组织数据的界限，而是由要解决的问题来决定。

有很多人会在建筑行业和空间规划中进行数据处理，那么是否需要管理者或领导者来将他们联系在一起呢？您认为在数据处理的过程中管理者或领导者扮演着怎样的一种角色？

GJ：这个问题很有意思。之前我是一个学者，我的大部分工作都是与高等院校打交道。

这份经历使我的观点变得丰富多彩。这样的经历，使我非常相信项目导向性的思考，项目才是能够获取、测试、提炼、执行思路和方法的最好地方。抽象的练习往往缺乏真实性，至少就目前的决策来说是这样子的。我也对"管理"心存疑虑，尤其是当它带来一致的思想、固定的格式和传统的方法时。传统的方法只能在短时期内保持它的正确性，之后它必须要有自我更新的能力。对于管理来说，这很困难。因此，于我而言，一个优秀的数据处理的领导者，要不断寻找新的问题，扩大他们的工具库，分享他们的知识，推进能改变世界的想法。用比较书面的说法，就是对世界做出实际的有效的改变。经过时间验证可以将这些技术整合在实际项目中。

作为一个多方面的领导，您会如何描述自己对数据的贡献？

GJ：这个问题应该让其他人来回答。我所想的是，我力图弄清哪些数据是可以被测量的，哪些是不能被测量的，以及这两者怎样帮助我们作出决策。我努力工作，是为了在不能用数据定量描述的时候，对事物定性描述，更重要的是，通过可视化技术使数据易于理解并以讲故事的方式描述数据所代表的含义——这是最根本的。我们都经历过那些层出不穷却没什么意义的数据，如果数据没有意义，你就自己去挖掘数据背后的故事。

Sasaki 策略团队通常被认为是一个内部的跨学科智囊团，致力于在项目中运用新的分析方法和数据可视化方法。这个团队是独自运作的吗？还是说它通常会是项目团队的一部分？

GJ：当然是项目团队的一部分，也必须是项目团队的一部分。当它单独运作时，很容易导致失败，我们已经吃过这样的亏了。当它与项目团队其他成员在各个过程各个方面进行合作时，它能发挥重要的作用。

策略 10　迈向"以数据为中心"的第一步

174

为了在实践中应用数据，企业应当如何开始？为了进一步"以数据为中心"，你建议企业作些什么样的变化？他们应当从哪里开始？他们是否能独立完成？

提这样的问题：谁会受到由实践产生的决策的影响？我如何衡量或展示受影响者的体验？这是否让我去考虑一个特定的数据集？

别想把数据事无巨细一网打尽，别为了创建指标而制造指标。不要害怕说你不知道。

不良数据比没有数据更糟糕。程式化不好。要强调数据分析（图 4.28）。

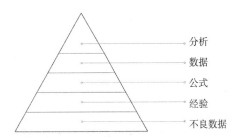

图 4.28　不良数据比没有数据更糟糕。程式化不好。要强调数据分析 © R Deutsch

从哪里开始？和具有分析头脑（有分析头脑不同于学究！）的人一起，用以问题为中心的观点看待世界，保持以不同方式做事的文化，以无畏、善意以及"你不会在一开始就知道答案"的姿态，可以更好地开启这场旅行。

实验，迭代，目标不是第一次就把它做好。如果做了 N 次仍然没有看到进展，就从外面寻求帮助。

——Gregory Janks，Sasaki 事务所

在一个项目团队中，谁最能接受从数据中得到的决策呢？谁比较不能接受？

GJ：在我们团队内部，还没有因此有过很大的争执。数据分析是一种更加个性化的东西，"分析和设计"对我们来说好像是很古老的东西，其实并不是，它对我们这些人来说意义尤其重大。分析是设计的一部分（或者反之亦然？），聪明的人们很快就能理解。当然，总有人不赞成这个观点，他们或许是一些守旧的传统主义者，或许是因为商业上的考虑，试想一下当数据分析之后给出的建议是"不建造"时，一些反对声音的产生也不难理解。

正如我前面所提到的，我的大部分工作都是在学术领域。因此，我个人觉得与科学家和思考者一起工作是很好的。他们理解这种方法，也做好了根据事实改变自己想法的准备，这些都是非常积极的经历。当然，总是有政治上的考虑，而政治倾向不受事实左右的外部项目团队成员，就会忽视那些对他们不利的信息。

在建筑行业，规划似乎通过 GIS、iPhone 等使用大数据取得了最大的收益。您认为这归因于什么？

175　　GJ：如何让大量的利益相关者参与，一直以来都是一件很有挑战性的事。市民大会以直选人群中最响亮的声音为主导，而拥有众包规划问题的能力才能真正实现民主化。我们现在能够得到大量的意见和建议，并能平等地对待每个人的意见和建议，这从根本上改变了规划过程。对我们来说这很棒，因为现在我们可以说，这不是我们，而是你们所看中的东海岸顾问们，是你们自己人决定的规划。

对于大数据，Sasaki 认为哪个是最重要的？是数据规模，非结构化的数据特性还是结果的质量？

GJ：当然是结果的质量。我们的工作就是要使数据结构化，数据规模是有用的，因为足够的数据量才能反映最有意义的东西。但是最终，数据必须说些什么，必须说明一个问题，结果的质量才是最重要的。

Sasaki 的 myCampus 交互式地图绘制工具与数据有什么关系？

GJ：myCampus 是一个允许利益相关者参与进来的在线地图绘制应用，与以前的完全不同。

我们已经在很多领域完成了类似的东西，如 myCampus，myCommunity，myBuilding（重点在入住后）等等。这些基于 web 的工具使得每个人都能评论他们的学校或居住的房子，并且就未来的需求提出建议。以一个大学为例，学生、教职工和员工可以提供反馈，说出它们最喜欢的教室和社交空间、首选的学习区域和研究空间、对一些安全和不安全区域的看法、首选的零售地点、食物和娱乐方式、可以使用的开放空间、主要的车辆、自行车和行人的行走路线等等。我们最近在约翰·霍普金斯大学、布朗大学和乔治城大学进行的 myCampus 的测试，获得了巨大的参与度，超过 2000 名回应者为各自的大学绘制了 40000 多个图标。

在数据处理中您还会使用什么其他的工具吗？当谈到数据处理时，您对这些工具的使用有什么建议？

GJ：我们不能过分强调解决问题的不是工具，而是思想。在 2014 年，最有效的表达思考的方式往往是通过技术，但是并没有什么神奇的按钮可以来解决复杂的规划和设计难题。我们都相信决策中数据的必要性以及开放所有数据访问权限的必要性，之后我们要运用这些数据来为在设计过程中达到创造性飞跃增加可能性，并通过数据的严谨性在复杂中寻找简单的解决方法。

与其说有特定的工具，倒不如说是我们认为我们自己有一个工具包，从这个工具包里我们可以把不同的部分结合起来创建一些东西，来解决我们遇到的具体问题。

有了这些附加说明，我们可以说我们的工具通常分为三大类别。第一种是我们的利益相关者们参与的众包工具，以布朗大学为例的关于研究合作的调查以及 myCampus 应用都属于这一类。第二种系列工具，本质上是地理信息系统（GIS），将数据和地理空间现实联系起来，以便对物理场景进行建模和测量。第三种是一系列具有交互式主控面板的模型，允许识别关键变量，并对它们取值的变化进行探索。这些通常是财务性质的，但可以涵盖所有领域，从交通建模到优先级排序到建筑规划。

我们只能做到这一点，因为我们有幸在团队内部有一些热心的技术专家，他们总是能搞出一些新玩意儿。所以我唯一的建议是拥有人才，并专注于思考。如果你这样做，工具自然便会水到渠成。

拥有人才，并专注于思考。如果你这样做，工具自然便会水到渠成。
176
—— Gregory Janks，Sasaki 事务所

你们一直都在用什么方法采集公共数据和私人数据？

GJ：就像其他人一样，我们也用移动设备做了一些实验，但是我们并不认为我们是这个领域的龙头。我们当然会从网上获得一些公共信息，在某些情况下我们也会使用专有数据库，

特别是收集人口信息数据的时候。同时，我们也对传感器很感兴趣，如果我们的客户使用了传感器，我们就会使用它收集到的信息，但是目前我们还没有提前安装传感器的方案。对于大部分客户来说，这些数据可能存在缺失的风险，可能不是我们理想中的数据，但是在大多数情况下，这些丰富的数据还是很吸引我们的。当然，这种想法并不完全是对的，但是我们不能否认的是等待挖掘的数据量还是多的惊人。

怎样才能让设计专业人员和公司在他们的项目中开始追踪和利用数据？

GJ：转变思想的时候到了，很多公司开始对此十分感兴趣，当然了，我们的公司早已开始推动这项进程。我们面临的一个最大的问题就是，作为一个企业，我们在思想上做好了多大的准备？是有关能源这方面的？还是材料？或者是一些物理变量？我认为，真正要做到的应该是对整体的思考，而这一点很多公司都没有意识到。这是因为市场机制的因素，如果新的方法能够为我们的客户带来价值，我们不得不效仿这样的方法。当然，在 CAD 和 BIM 之前我们已经经历了工业技术革命，但是它与我们现在正在经历的在某些方面是不同的。因为我们正在经历的革命，更多的是思维方式上的变革，而不是生产方式。当然它们变革的过程可能是类似的。

数据收集的挑战

并不是所有的公司都可以独立完成

一些公司发现他们可以独立完成数据收集，尤其是在开始实施一项数据规划的时候。"实际上，我认为收集或挖掘数据比将数据整合到设计中要面临的挑战要多得多。"Brian Ringley 说。每当公司在挖掘数据的过程中遇到难题的时候，他们都会寻求帮助，通常的做法都是寻找一个数据挖掘顾问或和另外一个公司合作。例如 dsk 建筑师事务所就选择了后一种解决办法。为了得到全部的设施设计数据和管理解决方案，它选择与 IMMERSIVx 公司合作。IMMERSIVx 是一家主攻技术、程序和软件开发的公司，提供咨询服务和解决方案，将独立业务和财务数据转化为有用的可行性报告。该公司与行业的公司都有合作，但是更擅长与利用 BIM、GIS 和设施 / 资产管理工具的建筑，施工和业主 / 运营商企业打交道。[12] "我们发现作为建筑师和设计师，我们虽然有能力去讨论和评价数据，但是收集数据却是相当复杂的。"dsk 建筑师事务所医疗保健和知识管理总监 Jill Bergman 解释道，"IMMERSIVx 公司却可以提供这样的技术，并且他们十分熟悉如何将数据连接、验证和利用从而得到有用且需要的信息的过程。"

额外的事情

收集数据并不总是简单的，甚至有时候，收集数据的过程是单调乏味并且耗费时间的。为了设计而去收集数据和为了帮助改善建筑工作流程而去收集数据一样，都是如此。根据 CASE 公司 Tyler Goss 的说法，令人厌烦的数据采集过程和做法阻止了团队开发针对业务流程（如预算，工序或设施管理）的整合方法。"尝试开展一个新的数据收集工作通常会以失败告终，因为那需要大量额外的工作。"Goss 说。"这将会跨越建筑生命周期的所有部分，这不是一个水龙头的施工，不是一次鼠标滑动或点击就能完成的事情，不是某一个数据样例，它需要你花费时间，并且短时间内你并不能看到这些数据带来的价值。"对于这样的结果，Goss 解释说："虽然你可能会这样做，因为你了解建筑物生命周期的更大的愿景，但你往往会错过它。这就意味着你最终得到的数据是模糊的或是不一致的，如果你没有自己的价值主张，你会发现你不会拥有结构良好的数据。"

在很多很有创意的复杂的项目中，Goss 已经目睹这样的情况多次了。"收集生产率数据的任务落在了施工工程师和工地负责人的头上，而他们并不理解自己的任务，他们开始测试，并按照定性的方法收集数据。"Goss 说，"这样的话会变得很难控制，数据经很多人之手以后很难保证它的标准化和规范化。因为数据收集是单调乏味并且很艰巨的，还需要你全身心投入，如果你的数据不完整，你就不能在这些数据的基础上完成任何事情。"

"Mani Golparvar-Fard 为此建立了一个完整的流程，"Goss 解释道，"数据收集是繁琐且无聊的，这是一个不争的事实。"（图 4.29）

"我最感兴趣的是在 BIM 的基础上结合照片和视频，因为这样很容易，也不需要测试。"伊利诺伊大学尚佩思分校土木与环境工程和计算机科学的助理教授 Golparvar-Fard 博士说，"我也对使用智能手机越来越感兴趣，因为他们存在于每一个工作的地方。我重点关注的是，如何通过创建基于模型的照片 / 视频分析方法，为计算机视觉知识体系做出贡献，并通过自动化性能监控为建筑管理知识体系

图 4.29 建筑工地上通过检测、跟踪、分析设备和工人的实时现场活动，自动评估性能指标，实现基于视频进行自动化评估的设想 © *Mani Golparvar-Fard* 博士

作出贡献。" Golparvar-Fard 和 Tyler Goss 都认为关键是数据挖掘工作必须建立在现有技术、过程和工作流程之上，而不是之外。为了能成功地采集、收集和挖掘数据，用户必须将其视为现有流程的一个组成部分，而不是"额外的事情"。

178 **注释**

除非特别说明，本书所有引文均来自作者 2014 年 2 月至 7 月所做的采访。

1. LOISOS+UBBELOHDE 的 Brendon Levitt 提供给作者的链接。
2. http：//www.dot.gov
3. 引用自 Patrick Tucker 的 *The Naked Future：What Happens in a World That Anticipates Your Every Move?*，Renguin Group US，2014，p.xiii.
4. 引用自 Open Definition：http：//opendefinition.org
5. http：//core.thorntontomasetti.com/aec-technology-hackathon-2014-project-cq/
6. 引用自 Carrie Ghose 于 2008 年 10 月 9 日在 *Columbus Business First* 上发表的 Architectural styles through decades didn't always heed needs of workers within：http：//www.bizjournals.com/columbus/stories/2008/10/06/focus/html?Page2
7. 引用自 Stewart Brand 的 *How Buildings Learn：What Happens After They're Built*，Penguin Books，1995.
8. http：//web.media.mitedu/~sandy/
9. http：//www.socio.com
10. http：//hubs.ly/yob5v5o
11. 引用自 Juan Herta 于 2014 年 3 月 6 日的 "Towards location-based analytics：Making data meaningful"，http：//makingdatameaningful.com/2014/03/06/towards-location-based-analytics/
12. http：//www.immersivx.com

第 5 章

分析数据

也许故事就是有灵魂的数据。

—— Brené Brown

讲故事其实就是赋予数据意义，让人们更能理解数据。

—— Virginia Backaitis

具有创新精神的公司，不论公司规模的大小，都会利用数据来推进实践，以得到更好的见解和做出更准确的决策。同时，数据的利用可以降低风险，帮助公司实现复杂的管理并得到可视化的结果。此外，还可以增强信心，保障设计方向，提高学习效率，并能同时考虑多种因素的影响。他们将以往的经验和项目中的数据收集起来，作为可查询的数据库，来提高他们的直觉观察能力，同时促进设计的发展。

当数据收集完毕，只有对数据进行分析，数据才能得到有效的利用。而如果没有数据，数据分析也无从谈起。数据的分析取决于你希望数据能够回答的问题。比如说，CASE 开发了面板，可以显示总体规划的空间利用情况，分析能源需求，并将可预测的交互分析应用到办公环境的分析中。这些分析都围绕一个问题：建筑数据可以在多大程度上预测未来的结果或行为。

在建筑全生命周期的各个阶段，都包含分析过程。比如能源、建筑性能、采光、成本和进度、选址的市场分析、项目管理组织模式、劳动生产率、建筑垃圾的利用等等。然而，为了能让人们更容易理解，我们首先要定义一些概念。

分析与解析

首先，虽然人们经常会混用"分析"和"解析"这两个概念，但是我们必须指出这两个概念实质上拥有不同的含义。就如 Mads Jensen 所说，"对我来说，分析可能是一个更严格的过程，从基本原理开始，使用一个简化的模型来分析问题。"

在 Sefaira，我们用物理学基本原理来分析几乎所有的东西，所以我们所做的事情，直到每一个细节，都是严格基于物理学的。与"解析"相比，解析有时用作更简单的基于统计的分析，用于在我们不了解或不能完全解释基本原则的情况下进行模式查找。例如说，当我们想要找到在大型投资组合中需要翻新的建筑物，并且没有足够的数据对每幢

180 建筑物进行严格的基于模型的分析。这时，我们就需要使用像水电单据这样的统计数据作为一个基准，来判断哪幢建筑物更符合我们的要求，而不是利用实际的模型来模拟每幢建筑物的情况。[1]

策略 11 应用数据分析的第一步

将数据分析的方法应用到建筑工程领域，公司如何迈出第一步？

该从何处下手？

和具有分析头脑的人（有分析头脑不同于学究！）一起；

用以问题为中心的观点看待世界，保持以不同方式做事的文化。

以无畏、善意以及"你不会在一开始就知道答案"的认知，开启这场数字之旅。

实验，迭代，目标不是第一次就把它做好。如果做了 N 次仍然没有看到进展，就从外面寻求帮助。

提这样的问题：谁会受到由实践产生的决策的影响？我如何衡量或展示受影响者的体验？这是否让我去考虑一个特定的数据集？

不要试图收集现有的每一个数据。不要创建一个度量指标，就说你可以度量数据了。不要害怕说你不知道。

不良数据比没有数据更糟糕。程式化不好。要强调数据分析。[*]

—— Gregory Janks，Sasaki 事务所

---

[*] 经与原作者沟通，策略 10 与策略 11 在内容上虽有重复，但为同一策略的两个版本，侧重点不同，否则就没有必要使用两个单独的策略了。——译者注

预测性解析

显而易见，CASE 开发的面板不仅仅能分析能源需求，而且能将预测性分析应用到办公环境的分析中，从而可以看出建筑数据能在多大程度上预测未来的结果或行为。Page 的预测分析总监 David L. Morgareidge 认为，预测解析使用离散事件模拟软件和统计分析工具，以及其他技术、方法和过程，"测试现存的或计划中的设施的运营效率，应用解析科学为整个设计过程提供定量的、客观的、数据驱动的关注点。"

在虚拟的数字设计环境中，预测性解析可以确定具有针对性的解决方案，从而可以节省客户的时间、空间、资源和金钱。"预测性解析并不是单纯的一组工具，也不是一群具有工程、统计、金融等学位的习惯于传统交付模式的人所使用的东西，"Morgareidge 解释道，"相反地，预测解析是一种项目设计方法，具有不同的输入，不同的时间表和任务序列，不同的客户互动模式，不同的可交付成果，不同的成本以及不同的投资回报率。"

通常我们希望一个团队能从预测性解析提供的理性的逻辑方法中受益。那么，在项目设计的过程中，预测性解析方法是否能建立一个建筑信息共享的环境呢？"与其他的设计方法相比，预测性解析方法能帮助项目成员更快地达成更坚定、更持久的共识，"Morgareidge 说，"这是一个透明的、数据驱动的过程，消除了由固执的感性主观意见和决策变更造成的破坏性的影响。"

正是因为预测性解析方法的准确性，吸引着 Morgareidge 在其职业生涯中致力于该方

法的研究。"我希望能告诉每一个客户，在一定的空间、时间和资金限制范围内，我已经找到了最佳的解决方案。它可以提供规定的所有性能基准，并以最具成本效益和最小破坏性的方式实现其项目的各个方面。而我的职业目标正是朝着这个方向努力。"为此，Morgareidge 利用一个例子来说明预测性解析所能带来的效益：

181　　　预测解析的最重要的优点之一，是能够在彻底评估一个复杂、多解方案的同时，计算所有相关变量之间相互依赖对性能产生的影响。例如，在医疗保健方面，如果模拟显示所提出的医疗方案需要病人等待过长的时间，病人成功治疗的百分比减少，医护人员需要加班，则医管部门不能认可这样削减人力成本的医疗方案。因此，从定义上来说，正确地做出预测解析就最有可能找到平衡的设计方法。

以下 6 个关键要素中的任何一个都能够影响医疗中的临床治疗和财务状况：建筑空间、医疗设备、通信技术、人员配备、调度计划和临床过程。当我们开始一项任务时，我们无法知道哪个将产生更大的影响，哪个几乎不起作用，或哪个需要资金成本。如果更便宜、更小、更好、更快会让他们愉快的话，几乎每一个项目对于客户而言都是一个惊喜，而且是一个令人愉快的惊喜。我所做的 40 个项目中，有 39 个都是这样的。然而，问题的关键是，我们的目的不是让它们变得更便宜、更小、更好或更快，而是让它们变得更合适。我

那 40 个项目中，有一个项目的仿真表明，原有的设计方案太狭窄了，需要更多的空间。没想到在这之前，客户默认为这样的平面图是有效的，并且已经在这个不合格的平面图上用了一年多的时间来发展他们的经营理念。而正因为预测性解析过程的公开透明以及客观性，通常情况下客户对预测性解析带来的和预期不一样的结果很容易接受。就比如在刚刚提到的项目中，客户毫无顾虑地增加了使用空间，因为他们非常相信数据的精确性。

预测解析方法和仿真技术能够让我们进行情景规划。它是一种低成本、低风险且高效的方法，可以在成百上千种方案中找到最佳的方案，并能在满足客户时间、空间、资金等要求的同时，实现客户运营和财务上的业绩目标。每一个行业都会做出预测，维持营业的公司经常对其进行修改，并深入研究风险和缓解策略。这也是预测解析能够帮助客户做的事情。

Morgareidge 对预测解析的描述，让人联想到 Aditazz 公司 Zigmund Rubel 之前讨论的方法。"当涉及人类行为的时候，比起街巷里的塔罗纸牌，我们的水晶球也好不到哪里去，"Rubel 说。

但是，当功能行为可以被量化衡量时，我们就可以十分准确地进行预测。比如说，当我们对一个急救室建模时，我们最初没有办法建立一个完全实际的模型。原因之一是我们缺乏整个工作流

程的数据，例如病人在走廊里等待出院或入院的数据。一旦我们得到这些数据，我们的模型就会更接近实际情况，因而能够进行更准确的预测解析。

182　　Brendon Levitt 对使用计算工具的兴趣源于他对预测建筑性能及体验的兴趣，不仅在于建筑的外观及采光，更在于对建筑的感觉。Levitt 说："模拟是实现这一目标的有力手段，但不是唯一手段。"他强调对模拟结果的验证，即他们想知道他们模拟的结果是否是真实世界的一种现象。

CASE 已经开发了面板，用于显示总体规划的空间使用情况，分解入住后使用情况，分析能源需求，并将预测性交互分析应用于办公环境。"我们在 CASE 过去 6 年中观察到的情况是，所采集的组成我们日常生活的人、建筑物和城市的数据量呈爆炸式的增长，" Tyler Goss 说，"越来越多地，这些数据仅仅受制于传感器的灵敏度、人们捕获它的能力以及分析结果的能力。"为此，Goss 举了一个例子来说明：

几乎无处不在的 WIFI 和智能手机能够帮助我们精准地、实时地了解占有和使用情况，这些数据既适用于施工阶段，也适用于入住后分析。同样，从楼宇管理系统中获取的整体性能数据可以用于识别重大事件，例如火灾，从而提供了另一种自动风险防范措施。甚至像从 Foursquare 和 Twitter 这样的社交平台上收集动态人口信息一样简单的事情，也可以让建筑业主和设计师更好地了解特定城市环境中人们的需求和愿望。所有这些趋势都使该行业处于预测解析爆炸的边缘。

Goss 还补充道：

重要的是，我们已经拥有了绝大多数的数据。尽管现在搜集这些数据会因为企业级建筑系统中不一致或不兼容的数据模式而遇到阻碍，但是，这些传统的障碍正在被改进的传感器功能、新的分析方法所去除，更为重要的是被高度连接的和可扩展的系统（如 Nest 温控器）所去除。虽然现在这种障碍的去除发生在消费领域，但这些技术和方法在企业级系统中应用只是时间问题。

案例研究　专访 Mads Jensen

Mads Jensen 对高性能建筑设计领域的云计算十分看好。2009 年，他创建了 Sefaira，旨在为建筑设计方式带来革新，并十分推崇设计师在实时设计时利用深度计算方法进行分析。现在，Sefaira 为建筑性能设计提供权威的专业软件，并赢得了各项荣誉，包括 2013 年的可持续性领导者创新奖及 2013 年的绿色数据奖。在成立 Sefaira 之前，Mads 是 IBM 在巴黎和伦敦的商业主管。他拥有哥本哈根商学院的国际商务学士学位和欧洲工商管理学院的工商管理硕士学位。

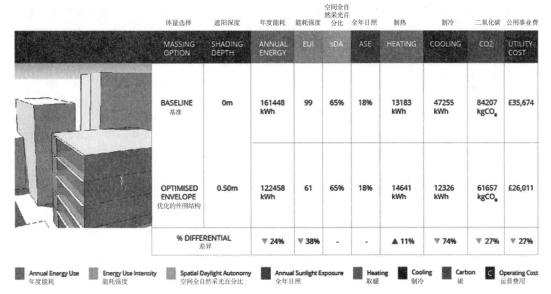

体量选择	遮阳深度	年度能耗	能耗强度	空间全自然采光百分比	全年日照	制热	制冷	二氧化碳	公用事业费
MASSING OPTION	SHADING DEPTH	ANNUAL ENERGY	EUI	sDA	ASE	HEATING	COOLING	CO2	UTILITY COST
BASELINE 基准	0m	161448 kWh	99	65%	18%	13183 kWh	47255 kWh	84207 kgCO$_2$	£35,674
OPTIMISED ENVELOPE 优化的外围结构	0.50m	122458 kWh	61	65%	18%	14641 kWh	12326 kWh	61657 kgCO$_2$	£26,011
% DIFFERENTIAL 差异		▼ 24%	▼ 38%	-	-	▲ 11%	▼ 74%	▼ 27%	▼ 27%

■ Annual Energy Use 年度能耗　■ Energy Use Intensity 能耗强度　■ Spatial Daylight Autonomy 空间全自然采光百分比　■ Annual Sunlight Exposure 全年日照　■ Heating 取暖　■ Cooling 制冷　■ Carbon 碳　C Operating Cost 运营费用

图 5.1　"策略和组合"框架，有助于识别对性能影响最大的设计策略，并找到有突破性表现的组合 © *Sefaira*

您在一次采访中说"我们决定要建立一种不一样的基于 web 的设计工具，能让绿色建筑设计更加规范。"那么如今 Sefaira 在实现这个目标的路途上走了多远呢？

Mads Jensen（MJ）：虽然从某种程度来说我们已经走了很长的路，但是实际上我们才刚刚开始。Sefaira 是目前唯一 一家能提供实时建筑能耗与采光动态设计和分析平台的公司。这意味着，每当设计师改变 3D CAD 或 BIM 模型时，我们就可以立即对建筑能耗和采光进行全面的分析（涵盖一年的 8760 小时），并在几秒钟内将结果反馈给设计师。有了这样的工具作为辅助，设计师可以作出更好的设计决策，最终完成更好的建筑设计。

而这也只是起步阶段。尽管截至 2014 年 4 月，我们已经与 260 家世界领先的设计公司达成合作，但是这仍然意味着世界上大多数企业都没有从中获益。因此我们将更加努力，让越来越多的设计师能够享受到这个平台带来的好处（图 5.1）。

我们发现，您的团队里有数学家、物理学家和软件开发者，您认为这与传统的建筑设计团队有什么不同？

MJ：我们坚信跨职能团队更能解决困难和挑战，因此我们很欢迎不同专业或不同文化背景的员工。在我们的团队里面，除了建筑师和机械工程师，我们还有几位计算机科学家和数学家等。我认为我们的团队与传统的建筑设计团队有很大的不同，因为我们致力于开发辅助设计的软件，而不是设计或建造一座建筑物。但是，我们仍然需要建筑相关专业的员工，因为只有了解了建筑相关的知识，才能更好地开发辅助建筑设计的软件。

您前面提到数据可以帮助实现绿色建筑的最优设计方案。为什么要用相关的数据来说明呢?

184　　　MJ:没有数据,我们很难说明建筑的性能。你怎么知道这样的设计是可行有效的呢? 数据可以告诉你。因此,对于我们的想法和我们想要带给用户的东西来说,性能数据能够很好地表达。

您前面说过,"Sefaira 在基于云计算的参数化设计(data-driven design)上的创新,给整个行业的分析方式带来了革新。"请您详细说明。

MJ:我们今天掌握的大量可用的设计数据为我们提供了一个进行建筑性能设计的新方法,但是仍然面临着一些困难:

- 大多数传统分析是基于台式机的,台式机并没有实时分析所有数据所需的计算能力,而这正是将分析完全融入高度迭代设计(iteration design)中所需要的能力。
- 曾经有人甚至尝试过使用 Web 应用程序进行分析,但是在设计模型与分析模型的转换上遇到了障碍。因此,每当用户的设计模型发生改变时,即使改变的地方十分细微,都要首先进行模型的转换。这样复杂的过程使得他们要花好几个小时去完成设计模型变更后的转换,而如果直接在分析模型上修改只需 10 秒钟就可以完成。这与我们基于性能设计(Performance-based design)的基本原则大相径庭。

在 Sefaira,我们已经实现了真正的实时分析,这意味着设计中的每一个改变都能在几秒钟内作出分析,并以可视化的方式反馈给设计师。就是我们之前说的"分析方式的革新"(图 5.2)。

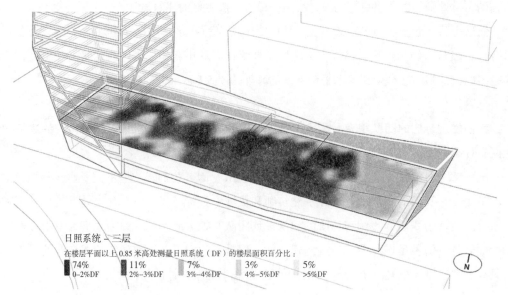

图 5.2　Sefaira 插件程序实现日照影响的可视化分析 © *Sefaira*

云技术是唯一可以实现满足零碳排放要求的迭代设计的手段。那么为什么您的软件在 10   185
到 15 年前无法实现呢？

MJ：确切地说，想要实现完全的动态仿真需要高性能的计算能力。在 10—15 年前，一个
分析能在一个晚上的运行之后得到结果已经十分不错了（得益于计算机硬件的发展），我们现
在能在几秒之内完成上述同样的过程，并能让设计师迅速得到分析结果，从而将其运用到接
下来的设计过程中。

在 Sefaira 的帮助下，用户可以基于数据分析来优化建筑组群。您是否能解释一下这个过
程？这些数据是从哪里来的？如何去收集这些数据？又是怎样帮助用户优化设计方案的呢？

MJ：Sefaira 基于基本的物理原理来分析设计性能的各个方面。每次进行设计更改时，通
过对 CAD 或 BIM 中的变更进行分析，可以将可视化的成果展示给设计师。这些数据主要来自
CAD 或 BIM 模型，然后我们在此基础上补充了气候、日照等方面的数据。分析结束后，尽可
能地以可视化方式传递平台得出的分析结果，助力设计人员优化自己的设计。

为什么 Sefaira 在投资界甚至整个建筑行业具有这么大的吸引力？

MJ：建筑性能设计必定会改变建筑的设计方式，这将影响到建筑设计的各个环节。投资
者总是在寻找会给整个行业带来变革的、具有潜力的技术，而他们认为 Sefaira 正是具有这种
潜力的公司（图 5.3）。

Sefaira 公司依赖数据驱动设计发展的根本原因是什么？   186

MJ：我从小就对建筑十分感兴趣，可以说我的成长离不开建筑行业的影响。同时，成长

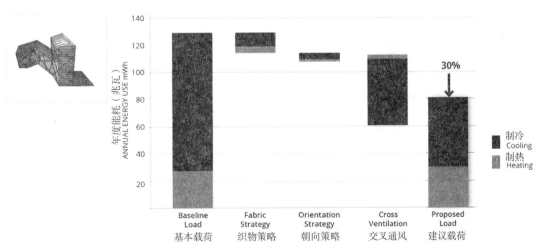

图 5.3　流程图显示，环境策略对建筑物的日益增强的影响 © *Sefaira*

于 20 世纪 80 年代的我见证了个人计算机的发展,我一直对人机交互的实时性有着浓厚的兴趣。好的软件可以让你直观、实时地回答难以置信的复杂问题,从而使你(用户)做出更好的决策。我们从中受到启发,也从游戏设计中得到灵感。在很多方面,电脑游戏开创了数据驱动决策的模式。例如 Sim City 这样优秀的商业游戏。这款游戏为用户提供一个数据丰富且身临其境的环境,不断反馈使游戏用户反复进行决策,最终得到相对完善的决策方案。

简而言之,我们正处于一个日新月异的时代,实际上我们只是站在巨人的肩膀上,这个“巨人”就是过去 30 年里计算机科学领域取得的重大成就。

我们通常认为,数据、科技和软件都是工具,应当合理使用。我最近在推特上看到有人说:“Sefaira 通过提供直观的实时反馈,让建筑师能够设计高性能的建筑。”而有人说:“Sefaira 不仅改变了我们设计的方式,更改变了我们的直觉,有时候我们直觉认为正确的事情往往是错误的。”[2] 人们经常会在提到您的软件时用到“直觉”这个词,“通过直观的软件,我们可以让设计师和决策者掌握最有力的分析结果。”那么,为什么要强调“直觉”呢?

MJ:人类拥有令人难以置信强大的直觉,它塑造了我们生活中每一刻和我们历史的每个环节。我们受到 Kahneman 和 Tversky 对人类心理学深入研究的极大启发(在 Kahneman 的书 Thinking,Fast and Slow 中有所提及)。我们都知道,对我们来说,我们的直觉无处不在——它们有时是好的,有时是坏的。建筑物理学是一门复杂的学科,它会提出一些反直觉的观点(例如,减小窗户的大小可能会使你的建筑物产生更多的能耗),也会告诉我们一些我们光凭直觉无法想象到的答案(如,最佳的遮阴长度是 1.3 英尺,任何其他的尺寸,大于或者小于这个尺寸都会意味着更大的能源消耗或者更差的采光效果)。建筑师的直觉是一种艺术,是电脑根本无法取代的瞬时的灵感。所以 Sefaira 所做的就是简化复杂的科学分析,使其变得非常直观。如果你有心的话,这些直观的分析结果可以增强你的直觉,让你逐渐成为一个优秀的设计师。简单地说,人机交互是更好的设计模式,在这个模式下我们可以把我们不擅长的部分交给计算机去处理。

对于设计专业人员来说,能够在早期设计阶段快速测试假设有多么重要?

MJ:设计是一个探索性的过程。一方面,人类是视觉生物,我们可以相对较快地评估我们的设计在视觉上的变化,特别是在使用强大的 3D 可视化和渲染软件情况下。另一方面,建筑性能的评估是离不开分析的。例如,我想在建筑西立面上设置一整面落地窗,以获得更好的帝国大厦景观。如果没有完整的分析,我无法知道与只设置面积为立面面积 80% 的落地窗相比,它对建筑的能耗会带来怎样的影响。但是有了分析我们就能够更好地知道,应该采纳哪个方案(或者拒绝使用哪个方案)(图 5.4)。

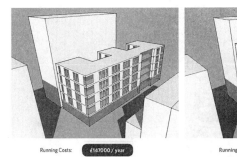

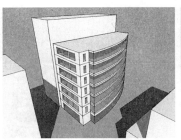

| Running Costs: | £147000 / year |
| 运行成本：147000 英镑 / 年 |
| Daylight Potential: | 49% Area Daylit |
| 日照潜力：49% 受照面积 |

| Running Costs: | £140000 / year |
| 运行成本：140000 英镑 / 年 |
| Daylight Potential: | 63% Area Daylit |
| 日照潜力：63% 受照面积 |

| Running Costs: | £163000 / year |
| 运行成本：163000 英镑 / 年 |
| Daylight Potential: | 38% Area Daylit |
| 日照潜力：38% 受照面积 |

图 5.4 设计师可以用选择的参数来比较设计方案和测量性能 © *Sefaira*

在处理项目数据方面，有没有更好的技术？

MJ：云技术开创了一种存储和访问数据的全新方法，以及新的合作方式。但我们希望我们不受工具的限制，我们倾向于采用用户更喜爱的工具。因为我们的宗旨不是告诉用户哪种设计平台更容易设计，而是尽可能地帮助他们提高生产力和创造力。

在与你们合作即参与你们软件开发的公司中，您有没有看到数据驱动公司和数据厌恶公司之间的差别？哪个更有优势？

MJ：在技术行业，技术的推广总是需要经过一段时间。[3]市场上总有一部分人喜欢尽早尝试，而另一些人则更喜欢观望。这是否是由社会环境还是生物本能所决定，至今还没有一个定论。有人可能会认为一些想法与进化生物学密切相关。例如，有的人认为做第一个吃螃蟹的人可以获得竞争优势，而有的人认为采取观望态度则可以降低风险——也就是说，这两种不同的选择实质上是不同的生存方式。而我认为，历史上许多不愿适应变化的物种比其他物种更快地濒临灭绝。因此从竞争的角度出发，我们认为那些对技术变革作出迅速反应的人有更大的机会。这同样适用于基于性能的设计和云技术，因为在此前的许多其他技术中已经发生过这样的事情了（图 5.5）。

您认为在企业和 / 或行业中收集和分享数据的主要障碍是什么？

MJ：有效地收集和分享数据仍然非常困难，因为建筑软件行业还没有为建筑行业提供足够好的软件。如果有人在 20 年前告诉我们，只要敲击几下键盘就能访问世界上所有的信息，我们可能会认为他们在欺骗我们。然后就有了谷歌。现在的世界已经大不一样。同样地，如果有合适的工具，建筑领域也会出现翻天覆地的变化（注：这个工具并不是指谷歌，而是一种更适合建筑行业工作性质的不同技术）。

188　空间全自然采光百分比

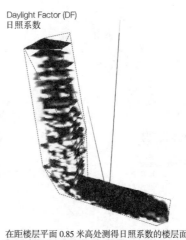

图 5.5　建筑师可以在两个不同指标——全自然采光百分比和日照系数之间进行切换 © *Sefaira*

对于很多设计专业人士来说，数据的主题并没有创建有趣的造型那么引人注目。您认为这是企业和建筑业数据使用的障碍吗？

MJ：我们认为几何数据、性能数据或其他类型的数据本质上都是一样的。这些数据最终都是创建一个建筑设计的数据，并且这些数据越容易被得到（创建，访问，操作等），我们就越能完成优秀的设计。建筑物给人的第一印象就是外形上的不同，但不同的外形如何影响到用户的采光质量？邻近建筑物的阴影（或桌子上的反光）会如何影响用户的工作质量？我们知道，大多数建筑师都很重视为业主设计好的建筑，而数据能够帮助他们做到这些（图 5.6 和图 5.7）。

您是否见证过数据前沿的成长呢？

MJ：建筑行业越来越多地需要在设计过程中进行良好的分析。而显然没有数据的分析就不能称之为分析。现在这个行业可访问的数据空前的多，我们看到在各个阶段纳入分析的趋势也越来越强（图 5.8）。

处理数据的过程中，技术与思维分别起着多大作用？

MJ：要取得成功的建筑性能设计，我们必须关注性能。我们关注的不应该仅仅是"它是否美观？是否满足用户的空间要求？"更应该考虑："建筑是否适合用户生活？是否能够和周围的环境达到和谐？"分析将告诉我们怎样做得更好。我想这就是竞争精神。如果我认为我有能力设计出外形美观且建筑性能十分优异的建筑物，那么这种竞争精神将驱使我完成更好的设计。竞争精神以及好奇心，这两者可能就是思维发挥作用的关键两个部分。而剩下的就是努力工作。

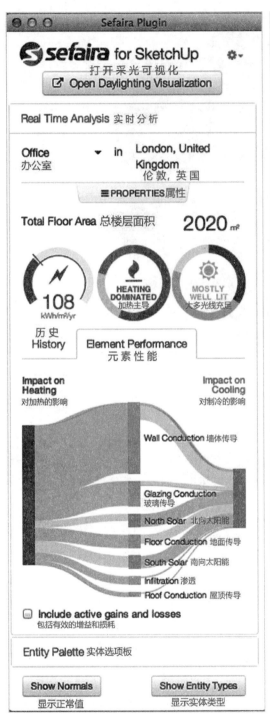

图 5.6　Sefaira 的 SketchUp 插件以直观、易于理解的方式表达大楼的性能，显示了主动影响设计性能的因素分解　© *Sefaira*

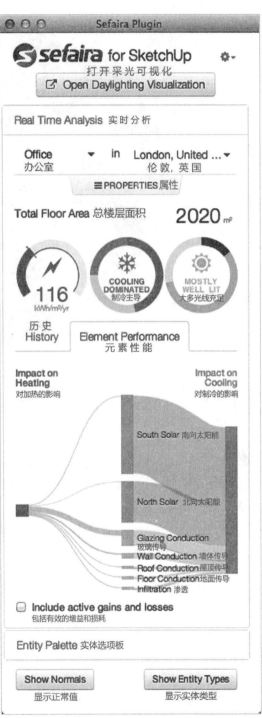

图 5.7　Sefaira 的 SketchUp 插件显示的性能不佳的结果　© *Sefaira*

190

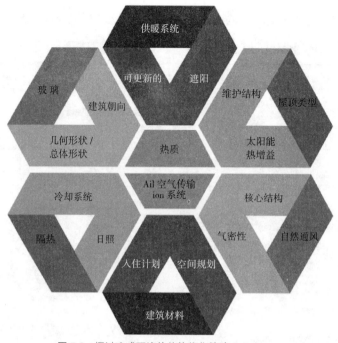

图 5.8 探讨建成环境的整体优化策略 © *Sefaira*

分析工具

NBBJ 宣称下一个技术变革的趋势就是利用设计计算（design computation）或软件程序，实现在几何和数据的基础上解决特定的问题。我曾经问过 Ryan Mullenix，NBBJ 如何使用这些工具，是用来创建几何模型，或用来提升建筑性能，还是两者都有？"这两者密不可分。" Mullenix 这样回答道。

191　　在设计计算的演变过程中，经历了一些关键的时刻。计算实质上起源于建筑几何，一方面，它可以作为很好的工具，使我们得到一些有趣的结果；另一方面，它让我们找到一些创新的手段或工具，从而提高我们的行业效率。于是我们便尝试开始利用这样的方法来研究建筑的性能，通过分析来更好地理解建筑与环境之间的相互作用。

Sean D. Burke 也同意说："无论是什么类型的建筑，建筑、人和组织绩效的结合始终都是关键。"他还说："这是我们从我们之前完成的很多与医疗或高科技相关公司的项目中总结出来的道理。"

在分析过程中，大多数情况下我们都要结合考虑多个因素。例如在谷歌公司的 Bay View 项目中，我们结合采光和太阳辐射，从多个角度进行了视线分析。通过计算，我们能够迅速地将它们优化并显示基于一定设计准则的不同解决方案。

建筑仿真

Burke 解释说，NBBJ 的一些客户会要求他们在项目中进行完全真实的仿真分析。例如在一个医疗保健的项目中，客户希望 NBBJ 能通过输入一些参数，例如医护人员的数量、病房数量等，模拟候诊室中病人和医护人员的人员流动，从而判断候诊室设计的效果。"我们通过人工采集数据，对这两者都进行了现实仿真，"Burke 说，"我们现在正在寻找可以做到可视化的方法。我们会对一些人进行标记，如让他们佩戴标志性的徽章，来跟踪他们这一天的位置，看看他们大部分时间待在哪里，或者他们会在哪里停止不动。我们也可以使用一些软件工具来进行模拟，如FlexSim Healthcare，可以帮助我们模拟相同的条件，并与现实情况相比对。"

策略 12　两种能耗分析的思路

目前在能耗分析方面，有如下两种思路。

第一种思路，你选择一个基准设计，然后使它变得更好或更糟。就像你去看眼科医生，他们翻转镜头：这一个，还是这一个？你挑选你觉得看起来更好的。这是基准，我们所作的五个不同的设计研究中，其中一个比基准要好上 30%。这是基于相对数据的决策。

第二种思路，是利用软件得到某个确切的数字。在早期的方案设计中，还没有考虑到所有的因素，还没有想过运营或入住。这里有太多未知的东西。

——Sean D. Burke，NBBJ

性能分析

除了建筑的几何形状，设计和施工专业的人员还使用数据来分析建筑性能，包括能耗、可持续性、调试，生命周期和人员绩效等，企业也会利用数据来分析组织绩效。

可持续设计分析　　　　　　　　192

反复核对以前的项目数据有什么意义呢？"我们是迎接美国建筑师学会 2030 年挑战的第一家结构工程公司。"Thornton Tomasetti 的CORE 工作室总监 Jonatan Schumacher 解释说。

我们开发了 Grasshopper 中的碳计算工具，以及 Revit 和 Tekla 的碳查询工具，从完成的 BIM 模型中提取了隐含碳（embodied carbon）量。因此，久而久之我们了解到对于一定规模、类型和位置的建筑物，它的隐含碳量每平方英尺应该满足怎样的标准。我们开始跟踪这些数据的变化情况，并不断收集新的数据集，希望能找到一个方案让每平方英尺的平均隐含碳量逐渐减少。

策略 13　可持续设计分析

设计团队的可持续设计理念中可以融入怎样的分析呢？

我们通常会首先进行气候分析，我们需要了解气候会给建筑物带来怎样的影响，比如温度、湿度、风向、太阳辐射、自然通风等，我们需要知道在这样的气候条件下应该怎样进行遮阳设计，或者控制湿度。其次是选址分析，特别是城市中选址地点各方面的风况及遮阳效果分析。这些都是我们需要做的一般性的分析。有时候，对于一些特殊的设计，我们还需要通过一些基本假定对建筑能耗情况进行预测。同样的，我们还会分析一些细节性的问题，例如气候条件对建筑自然通风情况的影响。我们会使用一个通用的没有任何建筑设计的鞋盒空间，测试哪些参数可以保持那个空间的舒适性。但是这些分析渐渐成为我们不进行模拟仿真的理由。对此我十分担心。我认为，在这些最初的情景分析的基础上，应该了解项目的进展过程，了解设计思路的演变，要对其中一些问题的出现心中有数。当你有了一个十分有趣的想法时，你需要去了解它是否有效；或者说，如果有两个方案可以选择，其中一个十分有趣，但是你应该关注哪个方案的性能会更好。我觉得分析并不是为了发现有趣的事情，而是解决某个具体的问题。

—— Erik Olsen，Transsolar

了解建筑物能耗分析的准则十分关键。在上一节提及的策略 12 中，Sean D. Burke 在能源分析方面提出了两种思路。那么他支持哪一种思路呢？"我宁愿在对结果进行松散解释方面犯错，"Burke 建议道，"我不会把所有的一切都押在生成这个结果的软件上，不管用的是商业的还是开源的算法，也不会押在软件使用者的能力上。"

193 案例研究 专访 Erik Olsen

Erik Olsen 是一名机械工程师，是解决建筑室内低能耗设计方面的专家。作为 Transsolar 公司气候工程纽约办公室的主任，他与世界各地的客户、建筑师和其他工程师一起提出并验证了"低能耗，与建筑一体化的室内气候和能源"的设计概念。Erik 曾在哈佛大学、麻省理工学院、宾夕法尼亚大学和哥伦比亚大学担任讲师和嘉宾评论家。此外，他还曾担任各种建筑类型的机械工程咨询师，并发起和主持了芝加哥的绿色许可证计划。

Transsolar 是一家领先的气候工程公司，致力于在提高人类居住舒适度的同时尽可能减少对环境的影响。那么，在这个博弈过程中，数据发挥着怎样的作用呢？

Erik Olsen（EO）：对于现有的数据，我们会为能耗和舒适度划分一个等级标准。在能耗方面，我们的设计目标十分明确，就是希望实现能源的合理使用，这也是我们对低能耗设计的定义。同样对于舒适度而言，人们传统上都是用温度去衡量，而我们一直在使用和探索很多新的衡量标准。这是两个评估建筑性能设计的很重要的指标。在设计过程中,我们会生成我们自己的数据,以便于更好地理解不同设计在性能上的不同,更好地权衡不同设计之间的利弊。

您们如何生成自己的数据？

EO：那是我们在实践中得到的，也许正是因为这个才让 Transsolar 显得有点独特。甚至是公司的名字 Transsolar，都是由我们主要运用的一个热仿真软件 TRNSYS 而来。我们的实践是建立在这样一个想法上的：我们在这里是要建立一个称为"综合气候"的概念。这个概念是关于一种想法，以及如何将这种想法实实在在地运用到建筑本身和建筑物中的各个系统中去。为此，我们必须进行仿真模拟。目前，我们对手头上的项目做了大量的仿真，其中最常使用的工具是 TRNSYS，我们用它做动态热性能模拟（dynamic thermal simulation），也就是人们常说的能耗模拟。虽然"动态热性能模拟"这样的描述在欧洲或德国比较常见，但是我非常喜欢这样的描述，因为它强调了这个过程实质上是利用计算机对建筑热模型进行仿真模拟，而不是直接模拟能耗的情况，能源消耗实质上是这个模型的输出。我们会建立日光模型，通过流体动力学计算得到气流分布模式。也就是说，我们会自己定义许多详细的方程组，试图描述我们想要解决的问题。

通过对这些词语的讨论，我逐渐意识到，当我们提到建模或模型仿真时，建筑领域的人很难去理解它们的实质。我非常肯定这是一个很大的问题，因为在建筑师眼中，"模型"只是空间几何体的物理描述或数字表示，甚至只是一些空间点的组合。但这并不是我们所说的"模型"。对于我们来说，"模型"是一组表示物理现象的方程组，这也是工程界对"模型"的普遍定义，因此，我们希望它模拟建筑的各种行为。

您利用了哪些工具验证自己提出的气候 – 能源一体化设计的概念？ 194

EO：我们用了 TRNSYS 等工具。我们参与了 TRNSYS 的开发和销售，这是一个完全模块化的仿真软件，可以模拟各种动态系统每小时或每年的动态。它的模拟对象不仅仅是建筑物，还可以是太阳能发电厂。我们为此开发了最大的单一模块，这个模块可以模拟多分区的建筑。有一家法国公司曾经为其编写图形界面，在世界各地销售和使用。在美国，只有一小部分工程师使用它，而在欧洲它却是很受欢迎的动态热模拟仿真软件。因为我们是软件的德国经销商，所以我们比别人更了解它的原理和使用方法。当然，这只是我们使用的其中一个工具，而工具的选择取决于不同的任务。

TRNSYS 在其功能及使用方法上和普通的仿真软件很不一样。它不像 eQUEST 那样有简单的输入和输出，想要真正掌握它很不容易，因此很需要这方面的专家。要知道仿真模拟并不仅仅是输入一些参数然后得到结果，更重要的是你必须理解你在模拟什么。

如果您没有掌握您所说的技术，您能成为气候工程师吗？

EO：坚持传统的做法是有可能的。如果你不打算尝试新的东西，不打算在实践中改进，只是要一直做之前的那些事，那么你可以重复去做。但是如果你想要提升自我，尝试新的东西，得到改进，提高设计能力，创造出新的东西，得到新的工程经验，那么你就不要故步自封。

当和客户、建筑师、机械工程师或其他顾问一起共同讨论设计方案时，使用当地的、精确的数据有多重要？

EO：这取决于很多因素，就拿气候数据来说吧。如果你在一个气候变化稳定的地方，你只需要典型气象年数据就足够了。但是如果你在一个气候多变的地方，那么仅仅收集典型气象年数据是不够准确的。比如海拔变化会对数据产生影响，当你想要收集山谷的气候数据时，如果山谷并没有气象站，那么实地采集的数据比其他气象站的数据更加重要。再比如说，如果你采用非市区的天气数据来分析城市的热岛效应，那么分析的精度要求就对数据的收集起着决定性的作用。如果你的设计中自然通风起着主导作用，那么非常具体准确的当地风力数据就十分重要；如不然，你不需要花费时间和金钱在这些数据的收集上。对于其他许多数据，如能耗数据等，也是这个道理。大多时候你只需要获得一个国家或地区的能耗数据就可以了，但是如果你有特殊的目的，我建议你最好选取一些样本进行分析。当然，如果你的客户坚持使用他们自己提供的数据，你也只好恭敬不如从命了。

Transsolar 使用数据来辅助节能设计的方法与传统的节能设计理念有何不同？

EO：关键在于考虑气候各方面的影响，并深入了解气候的变化，深入探讨如何更好地利用当地的气候条件。传统的设计理念可能不会考虑它在不同气候条件下的差异，特别是气候变化的影响。

195   您怎样看待一些开放数据源的城市政策？这些数据是怎样影响城市里人们的生活的呢？

EO：我对所有这些新的政策感到非常激动，这些政策中提到的数据共享正是市场转型的关键，这些数据让人们更了解自己的生活。纽约和芝加哥的相关政策正迈出关键的一步，我觉得我们能做的还很多，因为要使它深入人心还需要一段时间。

大数据不仅是挑战，也能提高政府的工作能力。Brett Goldstein 是芝加哥市前任数据首席长官，纽约市的数据首席长官则是 Rachel Haot。纽约建立了信息门户，不仅可以让市民访问，还能让一些重要的人物，如数据首席长官对城市信息进行管理。您能不能谈谈这对城市的重要性或必要性？

EO：在对大型城市进行数据分析时，这样的官方数据是十分有价值的。我们曾经使用纽约官方发布的能源数据，这对我们帮助很大。2008 年当我还在芝加哥的时候，我就尝试着寻找获取这些数据的方法，但是束手无策。当时的芝加哥并没有这样的信息门户，在信息管理上并没有做好准备。

除了您熟悉的气候数据，您还利用过其他的一些数据吗？

EO：有时候我们有幸可以设置一个气象站来收集一年的天气数据，以确保我们使用的数据是准确的。当我们在所有这些不同的地点工作时，如何在"使用数据并确信这就是数据告诉我们的，这就够了"，与"了解当地的关注点、建筑文化、建筑的文化期望"之间保持平衡？气象数据并不能告诉你这些。当你不得不和一些设施管理人员打交道时，你会发现你即使提供再多的天气数据，他们还是会依赖于他们以往的经验。

听起来好像您是在收集数据，作分析，提问题……这些结果就能够让您优化决策吗？

EO：没错。最难以及最具挑战的部分在于提出好的问题。我们的确可以构建别人无法构建的模型，但更重要的是我们能否问出一些别人意想不到的问题。

因为我们正在经历全球变暖，所以您是否会在某种情况下质疑一些历史数据？即使您现在的设计令人感到十分舒适，但是 20 年后还是同样如此吗？我们是不是需要一些更有预测性的数据？

EO：这是不可避免的问题，也是个非常有趣的问题。对于能耗预测，目前人们并不是很重视。因为即使平均温度升高 2—3℃，能源消耗量是不会受到很大影响的。这同样也不会影响机械设备的选型，例如制冷设备。对于建筑的能耗峰值来说，太阳能的影响远大于室外温度的影响。所以你必须明白影响能耗的关键，不是室外温度的变化，而是你的设计方案——你是通过配备冷却设备来降温，还是完全依靠自然通风来达到这个目的。20—30 年后最坏的气候情况将会是怎样的，在这样的情况下建筑的舒适度是否会降低？这非常值得研究。我想过这个问题，但还没有付诸行动。继全球气候剧变及纽约的飓风桑迪之后，建筑的弹性设计成为另一个热门的话题，这些关于建筑弹性的讨论都会帮助实现更好的被动式设计（passive design）。一个好的被动式设计建筑是什么样的呢？就是即使建筑冷却设备因为停电而停止工作，建筑的舒适度并不会降低。

使用非常复杂的工具和流程来完成建筑被动式设计，从而实现弹性城市，这十分有趣。 196 **Transsolar 利用高度复杂的计算模拟（例如热模拟、照明模拟）来验证了自己的设计概念。那么在这样一些极具创新的技术系统的测试过程中，您是否可以告诉我们您的计算模拟工作流程？**

EO：对很多人来说，最有趣或最令人惊讶的事情是，我们不一定要使用 TRNSYS 或任何工具来进行全面的详细模拟。最新的方法通常需要从更简单的东西着手去理解它。比如基本的工程手工计算，我们可以用手工或电子表格来做，看看结果是什么，然后，我们再将它放入被称为工程方程求解器（Engineering Equation Solver，EES）的专门用于这种分析的软件中进行分析。随着结果变得越来越清晰，我们也理解了这个问题，我们会用更多的细节来更精确地看待它。我们会将其放入 TRNSYS 这样的软件中进行模拟。最后，我们有时候会用到某种模型来进行性能测试，尤其对一些非常新颖的东西，去验证它的性能是否达到预期。*

即使对于非常复杂的系统，你也可以开发一个非常有把握的手工计算方法，为你提供上限值和下限值。这种方法可以计算出真实答案可能的最坏情况以及最好的情况，两者相差可能会达到 50%，但是对于试图了解问题的第一次尝试，这是完全足够的。花一天时间做这件事比进行可能会给你错误答案的模拟要好得多。

Transsolar 是一种仿真技术和计算工具，但是很多设计专家对项目中的数据并不感兴趣。您会觉得这会阻碍数据在建筑领域中的应用吗？

EO：我认为一切都在慢慢变好。相比于老一辈的建筑设计师，年轻一代已经越来越认识到数据的重要性。从我个人的角度来说，我希望能帮助设计师完成独特的、令人愉悦的、舒适的空间设计，并且能满足用户各方面的要求。所以要想达到这个效果，设计师必须设身处地从各个方面去考虑，设计师本身的经验也十分重要。

同样，能源的消耗也十分重要，能耗可以通过具体的数值来体现。现在人们已经认识到这些数据的实用性，建筑师也开始关注能耗的实际数值，而不是能耗降低的百分比。他们希望知道降低能耗哪些方法更好，哪些方法不建议采用。同样，他们也开始关注舒适度具体数值和改进方法。

他们现在都关注这样一个问题：怎样使我的设计不仅新颖，而且性能优异或至少满足最低要求？

197　一些建筑师会首先提出一些有趣的设计理念，然后看看它的效果；而另一些设计师则在早期设计中融入了性能设计的想法。这两者都是很好的，我也很乐意和他们合作。不过虽然我不确定是否每个建筑物的设计都需要考虑性能，但是对于前者来说，我认为只有它最终能实现性能的优化，它才是合理的。

当你和第一类建筑师一起工作时，你会发现他们常常会有一些异想天开的想法，却忽略了建筑的性能。这时，我们就会指出他的设计方案中问题所在。我建议你可以说："不好意思，我希望它能实现这样的功能，但你的提议似乎不能做到。"而不是说："不好意思，我对这些不感兴趣。"我们之间可以通过深入地讨论来获得新的可行方案，但是如果他们拒绝沟通，我也无可奈何。

关于计算设计对于人类行为的预测或影响，您还有什么要补充的吗？

EO：这也是我们最感兴趣的地方。我个人感兴趣的是：在北美，我们如何利用这种亲力亲为、为自己的舒适负责的文化的呢？比如说，打开或关上窗户或遮阳板。如何设计一个建

---

*　本段与原书 p.202 策略 15 相同，但为保持问答内容的连贯性，未作删节。——译者注

筑物，不仅性能卓著，而且美轮美奂，令人自觉自愿地与其产生互动。要达到这样的目标，我们需要了解人们的行为，了解人们实际上如何与建筑互动。而这方面的研究非常有限。我们从办公室里的一个温度舒适度的调查开始，在办公室里我们观察窗户的位置和感受室内的温度，这就谈到了数据驱动！我们在自己的办公室收集数据，这样我们就可以随时了解办公室的情况。我们做了一项调查，每天三次在同一时间在计算机上弹出这样的问题：你现在感觉舒服吗？我们这样做是为了可以向客户证明我们可以接受更高的温度。通过一些日常的动作，如开窗或关窗，来了解用户行为是十分有趣的。我们也开始探讨如何通过主控面板来降低能耗。因为很多研究表明主控面板仅仅显示能耗情况是不够的，你必须给用户一些反馈，例如提醒他们关灯等。如果能在旁边恰好设置灯的开关，效果会更好。

分析会告诉你，你离目标有多近

一直以来，在设计中人们很强调利用算法来创建有趣的几何形式。而最近，这些算法的用途发生了很大的变化，人们开始使用算法来设计建筑性能或包括人类行为在内的其他对建筑设计有影响的方面。"人们会越来越关注建筑的性能，"Andrew Witt 认为，"这一变化的产生是因为建筑几何设计越来越灵活。正因为这样，我们不得不首先掌握这些建筑的一些参数，我们才有可能去讨论这些建筑的性能。所以变化总是有利有弊的，但是这个变化至少在 20 世纪 60 年代或 70 年代，也就是计算模型具有这种表现性和生成性的时候就已经开始了。"

无论是什么形式的数据，只有当人们理解和应用它时，它才有意义。

—— Brendon Levitt

198　　人类行为分析

"除了建筑性能以外，还有一些高级软件可以用于模拟行人或分析人群。同时我们也拥有

大量关于太阳和温度的数据。"Dātu Health 的高级副总裁兼首席创新官 Tom Mulhern 解释说。

设计师在设计时还可以利用哪些数据呢？比如人员的空间流动数据？我一直想使用一个很厉害的工具，Oasys 公司开发的模拟行人的 MassMotion 软件，因为我认为它可以加强我和客户之间的交流，它可以帮助我们预测某些事情或行为。在建立建筑物中基本的人流模型时，我们不仅仅是希望通过这个来布置紧急出口，更希望能够模拟在某些情况下人们的行为。例如我们希望人们都走进会议室，在 MassMotion 中模型的目标十分简单。我们假设人们的目标路径为 A 点到 B 点，并设置一些参数来影响他们不同的路径选择，这些参数可能会促使他们成功实现我们的目标，也可能会促使他们偏离路线。我们会建立一个更加精确的行为模型，因为我们希望创建关于人的数据模型。你可以问问自己：我想在这里和那里都设置一个公共空间，我想看看模型运行之后的情况。例如当 1000

人进入到这个空间后，他们会做什么？

人们通常都不知道太阳照射到屋顶的角度是多少，也不会去质疑，因为这些数据是确定的。但是公共空间设计不同，它就像是一个黑箱。没有人会知道所有人的想法，每个人都有自己的故事，都需要喜欢待在这个"黑箱"里。如果一个公司把资金用于建设没有人使用的公共空间上，这将是一个令人尴尬的局面。这是一个多变量的问题。因为人们相信总有一种办法能让这个公共空间可以被使用，所以我们面临很多不同的选择。

案例研究　专访 Chris Pyke 博士

Chris Pyke博士是美国绿色建筑委员会研究部的副总裁。他目前的工作包括绿色建筑金融、人类健康、温室气体排放和建筑弹性的研究。他曾经指导绿色建筑信息网（www.gbig.org）的发展，这是一个独特的绿色建筑行业的全球数据平台。Pyke博士还担任多个技术咨询的职务，其中就包括在联合国政府气候变化委员会担任美国温室气体减排与住宅和商业建筑相关问题的咨询专家。他还是乔治·华盛顿大学的教授，开设可持续城市规划研究生课程。

真正应该重视设计中数据驱动作用的是哪些人呢？

Chris Pyke（CP）： 我个人认为我们整个行业都会受到数据带来的冲击，并逐渐被数据所支持的实践改变。我相信这一冲击必然是业主、投资者或其他的利益相关者所期待的。传统建筑行业的从业者最终一定会接受这样改变，或在某种情况下对这样的机遇和要求作出回应。

您估计这种变化的产生，科技和人类思维分别起着多大的作用？

CP： 首先，这种变化是观念上的改变。作为一个经过训练的科学家，我认识到这个世界充满了各种各样的假设和可能性。我希望能够得到一些数据，这些数据能帮助我对建筑环境的各个方面进行客观的评价。对我来说，每一个建筑系统、设计单元、整幢建筑、邻里和社区都是一种实验，等待着通过将意图与结果连接到适当的数据来实现。这对于科学家来说是一种普遍的思维习惯，但对于建筑行业的从业者来说却不是如此。

设计是一种艺术表现，其中的不确定性对大多数建筑行业的人来说不是一次挑战，而是现存的风险，他们需要去决定是否采用数据驱动决策的方法。我认为，整个行业最终都需要在思维上发生转变，但对于从业者或者一家机构来说，他们最终会适应这种变化的速度或这种变化带来的影响。

对于数据在绿色建筑设计中发挥的作用，您建议其他人对此抱有怎样的态度呢？

CP： 设计意图和运营效果的数据连接将建筑物变成了天然实验。如果你能明白建筑设计其实就是一次对真实世界的实验，你就更能理解数据驱动分析、系统评估，最终得到设计结果上巨大的改进。而能做到这一点需要建筑行业从业者转变自己的思维方式。

举个例子来说，建筑行业的大多数出版物都对成功的设计非常重视。例如，美国采暖、制冷和空调工程师协会（ASHRAE）杂志每个月都会刊登一些超高性能建筑的介绍，却很少提及失败的或者性能不好的设计。相比起来飞行员日报则更加重视失败案例的报道。

"建筑物的性能达到设计的预期效果"不应该成为一个故事。我们应该讨论更多失败或性能不佳的建筑，我们应找到方法去讨论这些问题，告诉人们建筑行业的真实情况（比如，诉讼文化）。可以明确的是，如果航天这个行业可以做到，那么我们这个行业也可以。

您能描述一个使用数据导致了更好的决策或洞察力的项目吗？

CP： 在过去几年中，美国绿色建筑委员会（USGBC）开发了一个名为绿色建筑信息网（www.gbig.org）的全球数据平台。该平台旨在大幅提高项目透明度，提供市场背景，并从多个来源创建丰富的建筑性能集成时间表。我们可以看到 GBIG 使用者提出了一些十分关键的问题，比如为什么某个项目或建筑是绿色的？他们透过 LEED，去发现项目在哪些方面获得了分数以及成功的模式是如何与具体的政策目标关联的。他们用这些数据去优化项目决策，例如，推动更高水平的认证或者让顾客认可他们在这个环境下所采取的策略。我们越来越多地将 LEED 认证与市政基准项目的数据联系起来，开始提供长期的资产绩效时间表。有时，这些信息可以让我们认识到一些卓越的设计和管理（例如位于弗吉尼亚州阿灵顿的 One Potomac 庭院或科罗拉多州戈尔登的 NREL 科研设施），有时则会发现一些有关运营绩效或数据质量的问题（例如华盛顿特区的 Stoddert 小学）。

USGBC 有没有一些有效的数据采集的方法？

200

CP： 根据我们实践的经验，想要成功地采集数据，首先要有明确的目标，系统的规划，以及严格的数据采集、编码和管理过程。但是想要完全满足这些要求几乎不太可能，因此目前行业内效果最好、使用最广的数据采集方法还是传统的人工收集的方式（例如 CoStar）。

此外，室内传感器和定位分析的发展前景让我们非常兴奋。这将改变收集数据和分析的方法，也是我们最能感受到的改变。

如今的设计专业人员在数据前沿的什么位置？

CP： 我相信设计专家在不久的将来一定会看到解决这些即将出现的问题的必要。但我认为，很多人都没有做好迎接数据带来的变化的准备。他们担心这会对他们的专业实践造成影响，包括成本和法律责任。在某种程度上，他们是否对数据感兴趣，取决于他们是如何理解建筑行业的从业者在关于建筑性能这一问题上所扮演的角色和承担的责任。

利用数据分析来决策

数据分析除了可以提供优化的设计解决方案，还可以进一步让人看到解决方案的综合性能，这往往需要人工的参与。CASE 的 Daniel Davis 以 Snohetta 建筑事务所奥斯陆办事处在一个项目中的百叶窗设置为例子，描述它是如何达到相关标准的。"这个项目中，他们尝试利用 Grasshopper 定义了百叶窗的不同朝向，通过分析并利用电子表格将结果呈现出来。"Davis 解释道。

这样，设计师可以根据电子表格并知道哪个朝向会产生哪些性能。因此，Grasshopper 并没有给设计师一个优化的设计方案，而是给设计师提供一些数据。这些数据可以帮助设计师判断不同设计方案下的建筑性能，设计师可以根据这些数据对设计方案进行调整。他们可能会选择理论上最优的方案，或者选择更符合实际但性能稍逊的方案，而这个过程是计算机不擅长的。我认为最好的设计就是人机结合：计算机帮助设计师完成他们不擅长的分析过程，设计师根据分析结果完成计算机无法完成的复杂的决策。

在数据能够用于决策之前，我们必须确定数据收集指标和来源。以 2030 年挑战为例，公司们将预测能源使用的报告记录下来，NBBJ 的 Sean D.Burke 指出每种预测都以自己的方式进行分析，或者可能没有使用相同的工具。"有一些公司可能会使用 Green Building

Studio、IES 软件，或者安排一名咨询工程师为我们做能源建模，"Burke 解释道，"我们都能从中得到一些数据，但是这些数据之间毫无关联。于是我们尝试去解决这样一些问题：我们怎么聚合这些数据？我们应该怎样使用这些数据来优化我们的决策？现在这些问题的解决都依靠人工去完成，而我们希望能够通过更多的数据来让计算机替代人工的操作。如果我们做不到，我们必须得问问自己这是为什么了。"

策略 14　分析是如何影响决策的？　

布朗大学为我们提供了一个很好的例子来说明分析是怎样影响决策的。"该大学的战略目标要求其在工程学院进行重大投资。多个'明显'因素表明，新的空间应该建造在距学术核心 1 英里以外的地方。认识到这个决定的重要性，校方停了下来。虽然布朗大学相信基于证据的规划，但找到相关的数据却是一个挑战。该大学以其开放性的课程而闻名，本科生有很大的选择自由。我们对课程选择和学术部门之间的相互关系进行了新的网络分析，以更好地了解学生是如何行使这种自由的；我们为教师们进行了类似的分析，绘制了他们穿梭于学术和合作单位、核心研究设施的研究合作模式；我们还建立了一个财务模型，以更好地了解资源约束并确定可能获得的资金的影响。将这些学术和财务的考虑与我们传统的设计优势相结合，我们编制了跟踪移动模式的数据集，并将它们与诸如学习、研究和合作等重要活动关联起来；我们测量了现有的建筑存量是否适合于实验室的研究；我们分析了同类大学实际是如何安排的，重点关注哪些功能属于学术核心；我们权衡平方英尺容量，在确定的场地上根据政治现实和邻里考虑做出调整；我们还调查布朗大学在 Jewelry 区的现状，以了解重大项目和城市设计活动将如何振兴这个城市社区并成为城市经济的引擎。作为这项工作的结果，校方改变了方向，决定将工程学院整合在 College Hill 范围内。"

—— Gregory Janks，Sasaki 事务所

分析将建筑转变为现实世界的实验

用数据来连接设计意图和运营效果使得建筑设计变成了自然实验。"如果你能明白建筑设计其实就是一次对真实世界的实验，你就更能理解数据分析、系统评估，最终得到设计结果上巨大的改进。"美国绿色建筑委员会（USGBC）的 Chris Pyke 解释说，"要做到这一点，需要建筑行业从业者的普遍态度发生根本性的改变。"

> 我们有很多机会利用分析和数据从而得到更好的设计。这不一定会改变设计原本的样子。

—— Jonathon Broughton

有了分析，我们会得到更加准确的结果

第一眼看到 Allies and Morrison 建筑师事务所的设计作品，你会发现它如此温暖、深刻、多样并且现实，数据似乎是与它截然相反。Jonathon Broughton 说他比较追求高质量、高效率而且令人舒适的设计规划。那么数据分析如何帮助实现这样截然不同的目标

呢？"我认为数据分析能够同时实现这两个方面，"Broughton 说道：

> 获得更好的（数据）启示只能是件好事。我们现在有着最好的机会得到关于我们所做的事情的充分的"启示"。这就是我们现在所具有的变革效应。我们总是可以更多地了解我们正在怎么做、我们可以怎么做。我认为你的分析和生产方法不应该体现在你所做的事情上。我认为你所做的不应该与你得到的结果不符。仅仅因为你已经用了聪明的工作方式来达到这个目的，并不一定你就要在有地位的时候盯着看是否还能用这种工作方式。我不相信你必须假设数据驱动的设计应该是华丽的幕墙图案，因为我们最大的机会是改善我们所做的一切。我们有很多机会利用分析和数据从而得到更好的设计。这不一定会改变设计原本的样子。

策略 15　由简单入手，选择合适的技术

我们不一定一开始就使用 TRNSYS 或任何工具来进行全面的详细模拟。最新的方法通常需要从更简单的东西着手去理解它。

1. 基本的工程手工计算，我们可以用手工或电子表格来做，看看结果是什么。

2. 然后，我们再将它放入被称为工程方程求解器（Engineering Equation Solver, EES）的专门用于这种分析的软件中进行分析。

3. 随着结果变得越来越清晰，我们也理

解了这个问题，我们会用更多的细节来更精确地看待它。我们会将其放入 TRNSYS 这样的软件中进行模拟。

4. 最后，我们有时候会用到某种模型来进行性能测试，尤其是对一些非常新颖的东西，去验证它的性能是否达到预期。

—— Erik Olsen，Transsolar

哪些解析方法可以帮助我们实现目标

Astorino 公司的 Brian Skripac 提供了一个可以用解析来完成的例子。"如果每个人都能够解析数据，那么他们就可以定义自己的流程来利用它，" Skripac 解释说，"但是，如果你将业主也加入，而业主也拥有解析能力，那么它就会更加强大。"

比如说，一个医疗机构可能会有关于病人如何接受治疗的数据，医生和护士如何开始诊治病人的数据，是从中心还是从分散的护理站、是同侧的还是对侧的诊室以及其他考虑因素。很多关于循证设计（EBD：evidence-based design）的事可以与上述事实相结合，你可以开始看到超越大局的趋势，并推动可以用数字作为基准的解决方案。

要解析数据而不是仅仅提供数据

Jennifer Johnson 是 Reed 建筑数字公司产品研发的资深总监。他花了很多时间与客户相处以了解市场动态和市场现在正在面临的挑战，以及目前无法解决但很对客户胃口的事情。"于是我们提供一些产品来迎合市场需求，解决市场难题，" Johnson 说，"我们近

期设计的宗旨是解析数据而不仅仅是提供数据。" Johnson 接着说：

我们有一位首席执行官去年刚刚退休，他很提倡从数据中得到信息，其中非常关键的一点在于他认为我们应该深入挖掘数据背后的信息，而不是浮在数据表面。我们的一个合作伙伴研发了一个自动分析的工具，并希望我们能利用它来测试我们的数据。于是我们便开始进行测试，尝试给客户提供数据变化的微观趋势。我们对这个工具简直是一见钟情。你可以想象一个谷歌搜索框，它不是仅给你一个结果，而是给你一个列表，告诉你这个结果的产生过程。所以我们决定从这个工具开始，继续进行下去，希望能开发一个内部使用的解析工具，让我们能将所有的产品集成在一起。

策略 16 利用数据作为得到结果的手段 203

Sefaira 的逻辑应该是这样的：

- 我们都需要考虑性能，因为我们都需要考虑我们怎样才能在工作中得到更好的结果。
- 对于建筑行业来说考虑建筑性能意味着把它融进我们所做的一切设计之中。
- 得到更好的性能的方法就是把分析融进紧密的反馈链中，这样在进行迭代工作的时候，我们能够马上得到迭代过程中的反馈。
- 分析需要数据，所以我们需要收集完整

的数据。我们都应该关注数据的收集，否则我们的分析就会变得有缺陷，就无法实现性能的改善。

- 所以，如果我是一个承包商，我正在考虑不同窗户类型的设置会带来怎样的影响时，只有通过分析数据，我才能得到答案。
- 这套逻辑对于建筑项目中的每一个利益相关者都同样适用。

—— Mads Jensen，Sefaira

听听一个数据汇编者的建议

理清数据的来龙去脉比数据本身更有价值。"每个人都知道有很多数据，"Johnson 承认，"最困难的事情是以一种对你有意义的方式向你展示正确数量、正确类型的数据。"她接着说：

有足够的信息可以帮助你完成决策，但是数据很容易麻痹我们的思想。你有无限的数据可以使用，但是想要把它整合到面板中而不是一份12页长的报告却很难。最困难的事情是真正将其归结为3—5个因素，这些因素将会对您的业务产生重大影响。你需要知道什么是施工活动，什么是预测，哪些事情是你需要知道的，怎样呈现你的观点使趋势变得非常清晰。一旦这些趋势变得清晰，就深入到数据中去做任何你需要的分析。我们不能因为一棵树而放弃整个森林，我们需要深入了解一些与业务最相关的关键信息。

案例研究　专访 Brendon Levitt

Brendon Levitt 是一位拥有建筑学学位的注册建筑师，毕业于耶鲁大学和加利福尼亚大学。Levitt 先生是 Loisos+Ubbelohde 的合伙人，10 年以来，他一直担任项目经理、模型建造师和设计师的职位。他精通 Therm 和 EnergyPlus，Athena 以及 Radiance 等软件工具，致力于热舒适度的前沿研究和能源建模、生命周期分析、采光分析、照明分析以及数据可视化。Levitt 先生的演讲和写作都是针对可持续设计以及当代文化、人体舒适度和新科技的综合研究。同时他也在加利福尼亚州大学伯克利分校和加利福尼亚州艺术学院担任兼职教师，在那里教授综合设计课程以及有关可持续设计的建筑课程。

您曾经利用一个可视化工具包原型，为 Grasshopper 开发了可视化编程环境，使得信息图形化得到发展。您能不能说一说您为什么要这样做？ 204

Brendon Levitt（BL）：我们试图创建一个基于图形的数据可视化工具，能够在同一个环境中提供快速反馈，从而实现几何和性能模拟。我们的目标是创建一个集成的面板来进行模拟，以便加快从创建到分析到合成的反馈周期。随着这个工具的不断改进，它可以更好地兼容不同的数据输入格式。

与目前的一些高度定向使用的软件不同，Dhour 通过实现更复杂和可定制的数据视图为设计人员提供了一个探索性框架。您认为在分析和可视化数据时，这种灵活性和自由性对设计专业的人员有多重要？

BL：灵活性能帮助设计师在工作中更好地提出和解决问题。很多现有的平台已经为数据的可视化提前做了模板，这会导致一些设计师提出一些错误的问题。例如，设计师经常会使用能量图表去证明建筑物是舒适的。而能源消耗肯定是与温度舒适度有关的，但是设计师往往会忽略这些方面（图 5.9）。

听说有时候，建筑性能设计的算法工具同样也适用于创建新颖的建筑形式，后者在媒体上得到学生和设计师很多的关注。那么为什么人们如此关注这些可以将建筑性能数据可视化的计算工具呢？

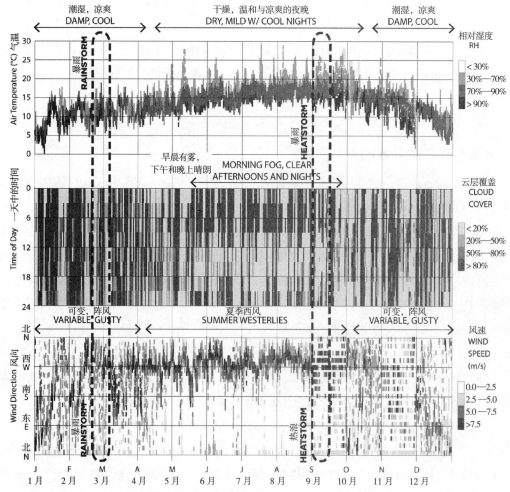

图 5.9 使用典型气象年（tmy）的数据形成的加利福尼亚州奥克兰气候的图表，可让客户明白，Loisos+Ubbelohde 用气象文件作为能耗模拟的输入时做了些什么 © *Loisos+Ubbelohde*

BL：首先我必须要指出这是一个关于 BIM 的重要问题。在建筑性能设计和建筑形式设计时，通常不会采用相同的算法工具。人们常常会误以为 BIM 在建筑形式设计和建筑性能分析上都很擅长，但是这两者在实际操作时都需要不同的信息和专业知识。因此，一个真正"集成"的建筑信息模型是不现实的，也是没有必要的。

举两个例子来说明吧。作为一名建筑师，如果我想要向他们展示建筑的外观，我会建立一个外部模型。如果他们要知道会议室的模样，我会建一个不同的模型，这个模型会着重于会议室内部的建模。每个模型的侧重点都不同，想要展示的信息也都不同。这样的"场景设计"是一个很常见的方法，可以节省模型渲染的时间和成本以及模型文件的大小。因为只关注需要的信息，我们可以加快建模的速度和准确度。

建筑性能模型的建模也是同样的道理。如果我对日光感兴趣，我会建立包含材料反射信息和天空状况的模型。我会把我的模型关注点设在现场白天的采光上，如竖框和顶棚设计等要素。而如果我对温度舒适度的模型感兴趣，我会集中关注竖框区域和导热率。如果我把一个日光模型当成能耗使用模型，我会得到不正确的结果，因为模型中包含的信息和类型都是不兼容的（图 5.10）。

我对使用计算工具的兴趣源于我对预测建筑性能及体验的兴趣，不仅在于建筑的外观及采光，更在于建筑的感觉。模拟是实现这一目标的有力手段，但不是唯一手段。我十分强调模拟结果的验证，即我想知道我们模拟的是否是真实世界的一种现象。我们能够对采光和热

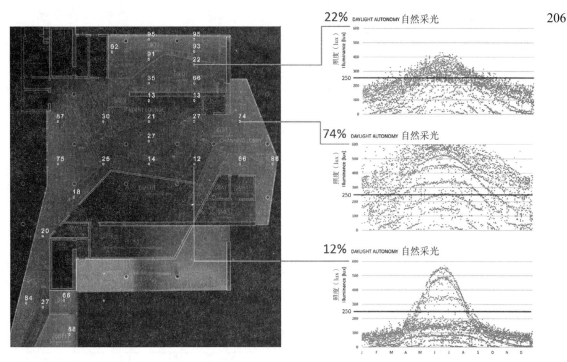

图 5.10 Loisos+Ubbelohde 为一栋位于加利福尼亚州伯克利市的宿舍的电气照明和采光设计建立了图像分析。图像提供了价值工程主张。© *Loisos+Ubbelohde*

预测都进行验证，这增加了我们对仿真方法的信心，能够帮助我们得到更好的性能，因为我们明白运用基本的物理方法可以从一些基本原理中得到结果。

为什么数据可视化很重要？它对谁来说很重要呢？

BL：好的数据可视化意味着我们能在大量的数据中对其基本特征有更好的理解，这对想要更好理解数据的人来说非常重要。我们的大脑很难处理超过 7 位数的数据，但是一个图像能够显示数以百万的数据。这对谁来说很重要呢？是那些对世界充满好奇的人（图 5.11）。

有很多使数据可视化的方式，为什么要使用计算工具来进行呢？

BL：其实很多时候利用计算工具来使数据可视化是不好的，他们往往都是相同和无聊的。Dhour 的目标之一是在可视化图表中加入一些手绘元素。当你用手绘画的时候，你能够更好地控制线条的粗细，层次结构和构图。而且，你更倾向删掉一些不那么重要的东西。所以现在很多数据可视化的问题都源于计算工具的使用。

207　　当然，计算机处理器有很多优势，即处理大量信息的能力以及大规模生成可视化的能力。我们为自己设置的难题是，结合我们作为平面设计师、建筑师和分析师所受的教育，将两种方法中最好的东西组合起来（图 5.12）。

关于数据驱动设计的信息必须是：需要专家们的专业知识；数字模型不具备专业知识，只有专家才有。

—— Brendon Levitt, Loisos + Ubbelohde

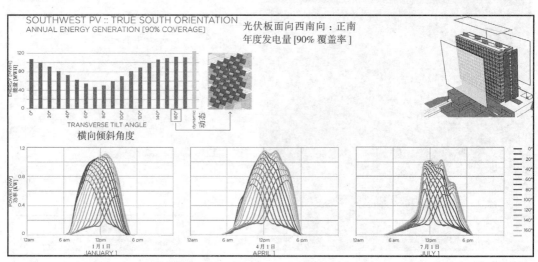

图 5.11　光伏建筑一体化（BIPV）系统的潜力的一个可视化研究，BIPV 系统既可遮阳又可以产生能量。这个可视化试图解决这样一个问题：相对于投资动态光伏板，普通光伏板哪个角度性能最好？　© *Loisos+Ubbelohde*

谁真正需要数据驱动设计呢?

BL:长期以来,人们都认为建筑师需要精通一切,包括气候学,结构工程,材料科学和金融等。这是不现实也是不正确的。因此建筑师可能会提供错误的信息,设计条件越复杂就越是如此。BIM 的出现就是为了要解决这个问题。但是现在的建筑师往往只依赖于软件的使用,这往往会更加糟糕。

数据驱动设计需要专家们的专业知识,这些知识是专家拥有而计算机没有的。数据无论以什么形式出现,只有当人们理解它并能够运用它,它才有意义(图 5.13)。

您能不能给我们举一个运用数据完善和优化决策的例子呢?

BL:我们有成千上万的这样的例子。我们曾经做过一个学校里的项目,建筑师和工程师

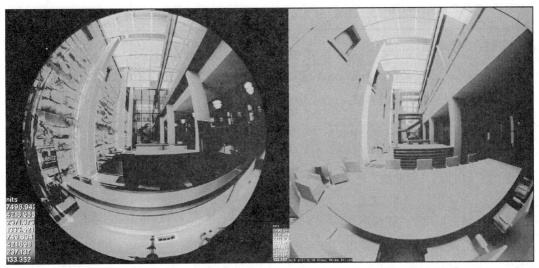

图 5.12 左图是使用高动态范围(HDR)摄影技术拍摄的照片,右图是用一种用软件对日光性能预测的模拟。很难想象他们竟然很好地契合了 © *Loisos+Ubbelohde*

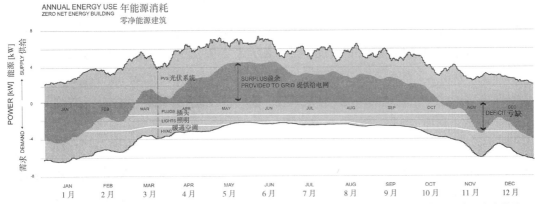

图 5.13 能源生成与消费的描述。在中间线下面绘制了各种用途将消耗多少能量与使用光伏板可以产生多少能量 © *Loisos+Ubbelohde*

需要在教室里设计一个空调系统来解决室内温度过高的问题。我们建立了一个详细的温度模型，假设建筑物没有加热或是冷却系统，并模拟了在一年的过程中产生的室内温度。我们发现通过增强自然通风、安装吊扇、遮挡窗户，室内的温度会处在一个让人舒适的范围内。这不仅节约了校区的资源，而且让学生感到舒适。

209   以上这个案例成功地说明如果没有专业知识，BIM 软件可能会带来错误的结果。建筑师和工程师使用他们可用的工具，并根据他们的经验和这些工具的数据驱动结果，得出他们的结论。作为高性能建筑领域的专家，我们采用一个完全不同的方法——我们把建筑维护结构当成建筑舒适的主要基础。我们使用一个专门的建筑信息模型，帮助我们改进设计，随后量化我们预期的性能。此外我们使用定制的数据可视化强化温度舒适度的作用，帮助我们的客户理解我们的设计结果。我们的方法与其他方法也许只有很小的差别，但是这个微小的差别十分重要。

案例研究 Dhour

Brendon Levitt 和 Kyle Steinfeld 一同负责 "建筑性能和可视化" 课程的教学，他们鼓励学生使用 Dhour 去研究如何能够提高建筑的性能。一组学生在夏季通过对纽黑文的一个艺术工作室进行空气对流和夜间冲洗的研究，发现其在舒适度方面还有很大的提升空间，研究结果如图 5.14 所示。这个小组尝试使用图表来帮助他们理解减少机械冷却时间的潜在可能，并利用 Python 中的条件逻辑和图像叠加技术来得到答案。

首先，他们创建了一张风图，显示每一个小时的风速大小，纵轴表示一天中的时间，横轴表示一年中的每一天。然后，使用一个后处理脚本来处理自适应热舒适性，将温度过低的时间区间蒙起来，将温度舒适的区间标记为无色，超出舒适温度的区间则会使用不同的颜色来标记当时风速的大小。这些区间可以作为后续研究自然通风策略的重点。

小组成员发现了自然风和建筑通风之间的关系，他们开始对其进行模拟，将结果进行可视化展现。这些热图表显示了一年中每天每小时的舒适度，横坐标表示日期，纵坐标表示时间。他们用不同的颜色标记不同的温度，蓝色表示温度过低，黄色表示温度过高，浅灰色表示温度舒适，并用直方图统计了这些不同温度的时间。一开始，他们发现白天的高温时数减少，考虑到热量会随着空气流动的增加从体表蒸发，他们在后期处理数据时在空气对流的区间内将舒适度上限值增加了 2°C。

在每张舒适度的图标上都会有简单的折线来体现容积气流率，折线表明了空气对流之后气流的变化，更重要的是，它显示了气流和舒适度之间的关系。同时，它也可以确保模拟过程的正确性。

在工作时间允许空气对流，在非工作时间内进行夜间冲洗，高温时间可以减少 78%（从 2462 小时减少到 557 小时）。由 Dhour 提供的图像化方法和条件逻辑在这个探索过程中起着关键的作用。利用 Dhour，团队可以剔除无用的信息，着重研究有意义的数据。

　　他们还能够使用条件逻辑对原始数据进行后处理，从而扩大了能量模拟结果的范围和特异性。通过并排显示图形，无论是按顺序还是按类型，他们都能够看到给定策略与人员舒适度之间的直接关系。[4]

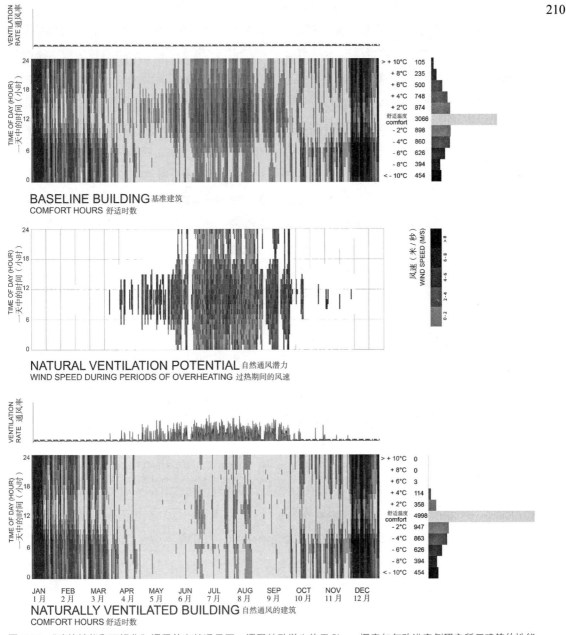

图 5.14 "建筑性能和可视化" 课程的自然通风图，课程鼓励学生使用 Dhour 探索如何改进案例研究所用建筑的性能
© *Joyce Kim and Oscar Diaz*

211　*分析与综合*

知识的生产者，数据的消费者

"作为建筑环境的经纪人，建筑师要不断使用数据。"KieranTimberlake 的 Billie Faircloth 说，"很多时候，数据往往会隐藏在实践中。当它以建筑产品的形式展示给我们，意味着有人代表我们做了这个分析，使数据具有了信息含义。"她接着说：

> 对此我认为：建筑师应该是知识的生产者，而不仅仅是使用者。我们是可以生产知识的，这意味着我们不仅仅通过定量和定性地测量得到数据，也必须要对我们收集到的数据进行综合和分析，从中获取知识。在整个过程中我们不能只是被动地接收数据，或仅仅是运用这些数据。我们应该更加了解我们在做什么，我们应该怎么做，我们为什么这样做；我们应该了解这些数据从哪里来，哪些数据才是我们真正需要的；我们应该明白，这些数据是否能够解决我们的问题。

> 不良数据比没有数据更糟糕。程式化不好。要强调数据分析。

> —— Gregory Janks，Sasaki 事务所

分析是数据处理和设计中基础的、核心的部分

在一个项目团队中，谁最能接受从数据中得到的决策呢？谁比较不能接受？公司是否能够认识到这些差异呢？"这是因人而异的，"Gregory Janks 说，"'分析和设计'对我们来说好像是很古老的东西，其实并不是，它对我们这些人来说意义尤其重大。分析是设计的一部分（或者反之亦然？），聪明的人们很快就能理解。当然，总有人不赞成从数据中得到的决策，他们或许是一些守旧的传统主义者，或许是因为商业上的考虑，试想一下当数据分析之后给出的建议是'不建造'时，一些反对声音的产生也不难理解。"分析是必要的一步，换句话说，没有数据分析的综合是不完整的，这也是第 6 章的主题。

注释

除非特别说明，本书所有引文均来自作者 2014 年 2 月至 7 月所做的采访。

1. Mads Jensen, "Preamble : On the use of data and data driven design and performance-based design in the design of high-performance buildings", as provided to author, 2014 年 5 月（未发表）。
2. www.aecbytes.com/viewpoint/2014/issue_69.html
3. http : //readwrite.com/files/files/files/images/tech-adoption-lifecycle.jpg
4. Brendon Levitt, 摘自 "Dhour, a bioclimatic information design prototyping toolkit", 2013 年 ACADIA 会议文集《适应性建筑》。

第 6 章

应用数据

数据驱动的设计是提供选项，而不是答案。有些选项是为了让人们更快乐。
—— NBBJ 的计算设计团队

迄今为止，我们已经挖掘并分析了数据。现在是应用它的时候了。本章将探讨应用数据的第一步和最佳的实践方法，同时提出有关组织中处理和利用数据的最佳人选的建议（图 6.1）。

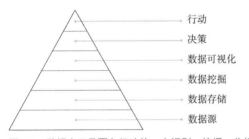

图 6.1 数据应用是面向行动的，在识别、挖掘、分析和可视化数据之后才开始 © *R Deutsch*

第一步

企业在其实践中怎样迈出应用数据的第一步？建议企业应如何改变，才能更加以数据为中心？换句话说，他们应该从哪里开始改变？其中，技术占多少？心态占多少？企业能自己做到这件事吗？

企业规模和项目规模是影响因素

企业在其实践中怎样迈出应用数据的第一步？ Brian Ringley 认为，企业和项目规模是企业向数据迈出第一步的影响因素。"基于其业务规模和工作范围，企业有各种各样的方法把大数据整合到实践中去。"Ringley 说。

"大公司倾向于开发内部的专业知识，并通过技术中心，或分散在大型项目团队中的技术领导来传播，而小公司会寻求外部资源和顾问。"Ringley 认为，数据应用的方式对公司和项目的规模提出了挑战：

这有一点棘手，因为这种集成了计算机和 BIM 技术的方法，是以软件或工具为基础的。另一方面，数据策略既存在于软件工作流中，也独立于软件工作流之外。公司不仅面临要培养一种全员具有数据意识文化的挑战，还要关注数据挖掘、集成及最终向客户证明其价值等实际问题。

策略 17 应用数据前的第一步

1. 首先，设计公司可以教育其员工了解性能差距的存在与原因，以及公司和行业通过共享数据所能获得的好处。

2. 其次，公司应采取措施，记录设计、管理和性能数据，对于大中型项目，应用 BIM 可以使这个过程更有效率。

3. 最后，公司应该采取切实步骤来分享他们的数据。

—— Gregory Janks，Sasaki 事务所

从问题入手

为了介绍如何开始应用数据，RTKL 公司的 Clayton Starr 用矫正程序作比喻。"治疗的第一步是承认你有问题。有些公司自己会确认，但不是很多，"Starr 建议道，"外部有些非常聪明的人可以提供非常有效的咨询服务，至少可以解决团队的技术需求。还需要贵公司的高层做出承诺，并为能够帮助团队实现项目目标的人员进行真正的投资。"

Astorino 公司的 Brian Skripac 认为，公司可以自己完成这件事。"你只需认识到大数据无处不在，并非遥不可及，"Skripac 说，"你越了解它，就越容易理解这个想法。要启动这项工作，你首先要有一个待解决的问题，并意识到大数据可以帮你找到答案。这关系到如何使用技术并将其与组织能力相融合的观念或文化的转变。只要做到这一点，专业知识就会在内部逐渐增长，从而立即显现出它的价值。"

有人建议团队在第一次尝试时，寻求一些帮助。"广义而言，我一直讶异于独立执业者——那些独自工作的人，"SOM 建筑设计事务所的 Robert Yori 说，"我总是需要和别人一起探讨我的想法，从早期的建筑学院开始，就总是在沟通和理解，得到反馈和批评。不管你情形如何，我都建议你找人谈谈。有人一起讨论总是好的。"

解决具体问题

一旦明确了那些将要处理数据的人的思维方式及组织的综合能力，下一步就是明确你要解决的具体问题——以及，哪些具体数据将助你达成解决方案。"如果我们坐下来，想想我们的设计方式，"Ringley 说，"会发现有一些特别重要的特定子集。"他提供了两个具体例子：

> 城市数据——不仅包括 GIS（地理信息系统），而且包括噪声和人群行为——环境数据——不仅包括太阳能数据，还包括飓风和洪水的数据。有很多具体的案例，这是显而易见的起点。它使我们熟悉建筑行业数据的使用。然后，随着新的数据集与行业相关，或者，创新者使它们与行业利益相关，我们会更快地熟悉数据的使用。

策略 18　规划数据
215

客户和建筑业主将是这一步的第一驱动力。进度、人员、软件、培训和流程变化，会对公司造成很大影响。成功的客户交付有助于建筑行业以新的方式来思考业主的数据。

无论是在需要什么，还是在如何使用方面，业主们对数据的需求千差万别。一个团队成功地看到数据经过项目的全过程，最终到达终点，是一件大开眼界的事情。观察并寻找信息贯穿项目全生命周期的路径，所有软件的变化、团队的变化、设计和范围的变化，将有助于更好地形成公司改进业务的方式。

我通常看到很多公司试图将这一问题作为一个软件选择问题来解决。把这看成是一个流程的变化，并在变化中构建你的团队，

不失为认识"变化"的更佳途径。

变化应该从小处着手，并考虑做一个有数据的项目。以数据为中心的最终结果是对数据进行规划。

举个例子，门的数据。几乎每个设计项目都有一扇门、多扇门或几千扇门。然而，每个项目都有不同的门，它们种类不同、明细表不同，编号方式不同、维护的规范或标准也不同。以数据为中心并不是指拥有一个 Revit 门库，也不是为门的模板、构造、五金件和明细表建立标准。虽然运用得好的话，这些是有帮助的。很多公司都有这样的数据，但并不是在每个项目或整个公司内都能充分发挥作用。

对一家设计公司来说，以数据为中心就是要建立自己的数字工具和数据库，使数据能够可视化地表达和储存。门的数字图像包含哪些信息？从门到明细表有链接和路径吗？你的软件和单一数据库的联系有多紧密？你需要调整几处地方才能更改一个门的编号？你能查询数据吗？门的视觉图像和数据是分离的吗（如果门被删除，数据会随之消失吗）？当数据和信息发生变化时，数据结构保持原状。预留很多字段来存储未来的数据也很重要。一扇门会有多少个名字和编号？房间号码链接设计阶段的门号、施工阶段的门号、业主所用的门号，地方政府所用的门的命名和编号，设施管理团队所用的门号，所有这些都指向同一扇门。门的数据需要贯穿整个项目，始终指向那扇门。竣工后，有些数据要继续存在，有些则不必。

　　—— Jill Bergman，HDR 医疗保健主管、副总裁

运用合适的工具解决合适的问题

本书采访的很多对象在建设项目的数据应用中仍然采用 Excel。根据项目的规模和范围，在恰当的时候，Excel 可能是合适的工具。"了解如何以及何时发挥 Excel 的潜力，很重要。"Robert Yori 说。

一旦你使用了它，你就会有动力去这样做。你需要理解所得到的图形输出背后的信息组件，即使你只是在做 2D 或 3D 的 CAD。Revit 或其他任何建筑信息模型工具（BIM）只是一个隐藏的数据库。如果你开始意识到这一点——它们都是非常结构化的数据库，是良好的起点——你将有一个很好的开始。不幸的是，这些工具用严格的输入过程使数据规范化，这是造成很多麻烦的原因。但它们确实使数据规范化了，也确实提供了一定水平的一致性，这是非常好的——尤其是当你不太确定你想用这些数据做什么的时候。至少你得到了一个清晰、有用的数据集，可以开始分析它、询问它。然后你开始看到它的好处。从此，你可以在没有过多指导和约束的情况下更进一步。

216

案例研究　专访 Billie Faircloth

Billie Faircloth，美国建筑师学会会员，LEED AP BD+C 认证专家，KieranTimberlake 公司的研究总监及合伙人。她在那里领导一个跨学科的专业团队，利用来自环境管理、化学物

理、材料科学和建筑设计等多学科领域的研究、设计方法和解决问题的流程，促进学科、专业、学术界和行业之间的合作，为"建成环境"定义相关问题边界。她是美国建筑师学会西雅图数据驱动设计论坛（2013）的主题演讲人。

请描述一下 KieranTimberlake 公司处理数据的方法。

Billie Faircloth（BF）：我们是"数据敏感型"的。"数据敏感"意味着我们首先意识到数据是我们所有努力的基础，它潜藏在我们的行动中，存在于我们的选择、键击和表单中，隐性或显性地存在于我们的模拟中。将这种意识延伸到实践之中，要求能够接收他人生成的数据，质疑和查询数据，补充和扩展数据。同样，延伸到我们每一个人，建筑师不仅要消耗知识，还要生产知识。"数据敏感"是至关重要的第一原则，因为设计是多变量尝试的结果。当一个人在设计时候，他的能力就在于界定"数据"的边界：哪些将参与（或不参与）设计的过程。

"我们为什么要这样建？"其重点是几何形状、建筑性能、人的能力还是组织绩效？回答这个问题时数据扮演了什么角色？

BF："我们为什么要这样建？"其答案的重点是你所提及的一切。这个问题有点棘手，答案也许比较宽泛。尽管我可能想缩小其范围，例如，强调建筑物的各个部分是如何组合在一起的，或者是它们的装配逻辑，或是它们的结果形式，当我们宽泛地回答这个问题时，会对我们所界定的范围提出挑战。这个问题也许还提供了整个设计工作的一个缩影，我们开始意识到，我们在设计的同时，也是在做经纪。作为其中一员，我立即开始考虑材料，材料的物质流动——它们来自何处，要去往哪里。当我开始寻找物质转换的另一种关系时，我在建筑产品供应链中扮演着"客户"的角色。另外，还有"时间"——即"实时"的定义，工作中对"时间"的定义是很紧迫的。"我们为什么要这样建？"不仅让我们要仔细分析我们的角色以及我们在"建设"行为中的定位，而且也挑战我们的设计方法，如同挑战我们去思考设计行为的构成一样。

由于数据是我们进行设计实践的基础，所以探究"我们为什么要这样建？"的答案是理所当然的。建筑师们不断地处理数据，数据常常隐藏在"实践"中，或者隐藏在我们已经习惯了的规矩里。我们在整个流程链中被动地接收数据。我们接收它，再使用它。我们可以更加清楚地了解我们所处理的数据，我们是如何处理它的？它来自何处？（数据的出处）以及它是否确实是我们需要的数据？对它的分析真的能帮助我们解决我们所提出的问题吗？并且，当我们开始创造新知识的时候，我们可能会成为数据集的创造者，从而挑战我们的"实践"。我们开始定量和定性地进行测量，并通过对收集数据的分析和综合创造出新知识，我们将所有这些作为设计过程的一部分来完成（图 6.2）。

217

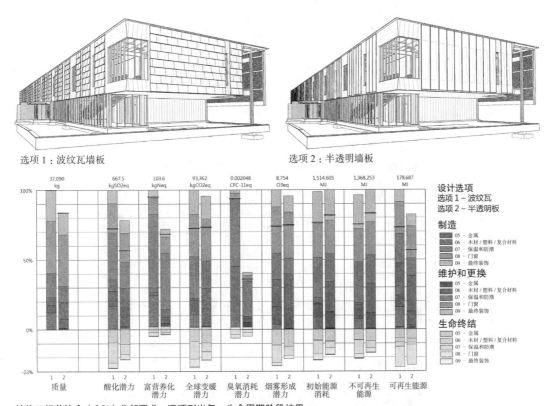

选项 1：波纹瓦墙板　　　　　　　　　选项 2：半透明墙板

按施工规范协会（CSI）分部要求，逐项列出每一生命周期阶段结果

© KT INNOVATIONS

图 6.2　用 Tally 比较不同选项，按施工规范协会（CSI）分部要求逐项列出每一生命周期阶段结果 © *KT Innovations*

研究工作被描述成推动 KieranTimberlake 公司生产的核心事业，您的研究小组在公司内是作为一个单独实体运作？还是被整合进项目团队中？

BF：不停探究对我们整个公司来说不可或缺。我们不断地修改和评估我们的做法，以确保正确无误。我们已经建立了一些惯例，例如，允许一位材料工程师与建筑师比肩而坐，共同参与设计。我们仍然怀疑任何把彼此当作顾问或仅仅提供专家意见的趋势。我们把我们要问的问题、试图解决的问题以及要做的设计，放在桌面上，摆在那些头脑中具有不同知识的人面前，让他们来处理。这种方法的基本思想是，相信这些与其他技能组合的方法和知识绝对适用于设计过程。同时，也要相信设计师并不是专门被训练成建筑师的。无线传感器网络、软件工具、建筑围护结构或整栋建筑——我们评估它们中的任何一项都需要整体思维和这样一种跨学科的方法，这样，才能纠正一些不良的习惯（图 6.3 和图 6.4）。

218

图 6.3　无线传感器网路 © *KieranTimberlake*

219

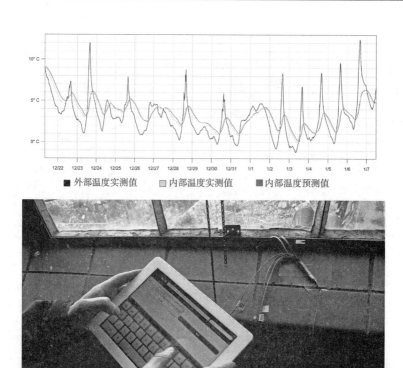

■ 外部温度实测值　　**■** 内部温度实测值　　**■** 内部温度预测值

图6.4　无线传感器网路　© *KieranTimberlake*

您建议公司为了变得更加以数据为中心要做出哪些改变？从哪里开始？

　　BF：因为我们是一家研究驱动型设计公司，我们的项目可以用多种方式来定义，我们已经开始理解"问号"是我们实践的基础。每一个在KieranTimberlake公司的人都有能力使用它。一个公司可以从"问号"存在的合理化入手，并投入资源来营造一个蓬勃发展的乐于提问的公司文化。数据的应用离不开"问号"的存在，在这个意义上，我们有能力有效地查询数据。

　　然后，我们可以着手调查我们每天都在使用的数据了。它在哪里？是谁创建的？为什么被收集？其中最令人惊讶和最直接的数据集，以TMY3（Typical Meteorological Year，第3版）的形式驻留在我们的能量模型中，它用过去30年的数据来描绘一个地方的气候。工程师经常在这个数据集的基础上建模并模拟我们的设计。但是这个数据集描绘的是哪个场所/空间/位置呢？是我们的建筑工地？还是当地机场？或者，当我们关注山脊的时候收集的却是山谷的数据？我们应该接受我们"场地"的这种数值气候描述吗？还是应该追求使用具有确定性数据的做法？认识到TMY3数据包括时间，那我们应该利用它在任意时间进行预测吗？能量模型是可预测的，而且能够产生设计反馈——这样，我们就有机会培养数据意识，并应用驻留的数据来设计。正如 TMY3 数据已经影响设计产品一样，其他数据也是如此。

> 我们的设计文化既是流程驱动，也是数据驱动和研究驱动的。当被问及"如何做到？"时，我肯定会选择"思维模式"。

—— Billie Faircloth，KieranTimberlake

为了处理数据，您建议其他人应形成怎样的思维模式？

BF：从管理意义上来说，一家公司可能会问："如果我开始这样想，会有什么风险？在经济和其他方面要花多少钱？"然而，我觉得很难从这个"意义"来说话，也很难代表其他设计师——他们的设计包括流程的设计。Stephen Kieran 和 James Timberlake 设计的流程与他们设计的建筑一样多。他们通过提问来定位自己的设计。他们是这家公司最初的探寻者——也是最初的提问者。如果不是他们倾向于以这种方式将自己定位于设计流程和数据，我不会在这里不停地指导研究。数据和提问是同义词。因此，我们的设计文化既是流程驱动，也是数据驱动和研究驱动的。当被问及"如何做到？"时，我肯定会选择"思维模式"。

在您的背景中，是什么让您能够在数据驱动的实践中工作？

BF：我没有拆过电脑。我爸爸是一名承包商。我十一二岁时开始和成套的施工图打交道，我打开它们并惊叹它们摞得那么高。我翻遍图纸，试图辨认缩写和说明，我甚至帮助绘制了竣工图。14—18 岁，我直接在爸爸的建筑公司上班，那是我们家族的生意。早些时候，我不得不仔细研究规格说明，以确保我们采购到合适的材料或产品。当我从事建筑教育时，我越来越怀疑材料信息的出处，尤其是那些缩写词和数字混淆的信息。做侦探是我基因的组成部分。我不禁要问，我们为什么要做我们所做的事？

有没有一个 KieranTimberlake 的项目，其应用数据得出的见解或结果，是其不用数据无法得到的？

BF：为了回答你的问题，我将广义地定义数据应用，因为我用直接和规范的方式来解释这个问题，就像在说"应用数据，瞧！"——惊喜，发现，意外——完美的建筑。我将提供一个例子，它应用其他项目创建的数据集，分析这个数据集，可以提供对手头设计真实本质的见解，并提醒我们那些将会（或不会）参与设计过程的"数据"的边界（图 6.5 和图 6.6）。

我指的是我们的屋顶绿化研究，它从一个简单的问题开始："那里发生了什么？"这个问题来自一位接受过环境管理和生态思维培训的同事，当时他偶然发现几年前安装的绿色屋顶上似乎有大量的"自生植被"。他推测，那似乎是未经维护自然生长的新物种，屋顶的性能也有可能发生了改变。另外的两个同事，一个接受过建筑学和环境管理的培训，另一个只接受

图 6.5 屋顶绿化研究 © *KieranTimberlake*

过环境管理的培训，但两人都从事城市生态学研究，他们接受挑战以确定屋顶性能究竟发生了怎样的变化。同时他们还渴望展示一种处理屋顶的生态 / 建筑方法，因为生态学有一种方法使人的思维更超前。

他们着手设计一种新颖的调查方法，并对这个屋顶及我们以前安装过的所有其他屋顶"实践"了这种方法，明确地绘制了植被发生的地点和类型。两年内我们在同一（或几乎同一）季节做这件事。当他们开始分析所收集的数据，并将植被模式与原始种植计划进行比较时，可以轻易观察到形式上的差异，并可对新的"自生植被"进行编号。但他们惊奇地发现，生态和设计行为的交集会产生更加丰富的故事。例如，他们可以使物种密度与屋顶形式直接相关，因为屋顶有在某区域驻留水分的方式。他们可以同样使光环境（如遮蔽阴影）与物种密度相关。

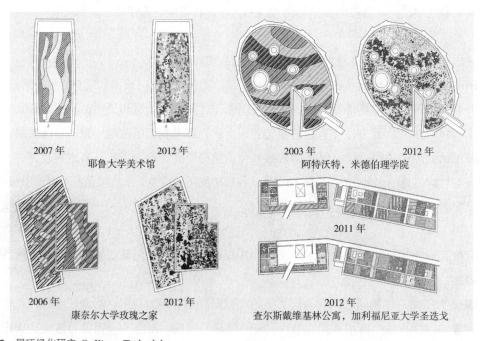

图 6.6 屋顶绿化研究 © *KieranTimberlake*

换言之，他们发现的是，对一个覆盖植被层的屋顶在设计中的变量所做的更全面的描述。这些图形帮助我们揭示了屋顶的形态、植被种类和密度、屋顶水文、气候因素（如温度、湿度和降水）以及屋顶维护制度之间的关系。以这种方式参与实践——无论其是否数据密集型——可使设计行为变得更有意义。

222 **数据启用型项目团队**

如今，一个可以从现有数据中获益的数据启用型项目团队，是什么样子的？它与公司现有的团队非常相似吗？有没有缺少的成员？建筑师会与黑客和算法构建者并肩坐在一起吗？例如，数据驱动型的 Aditazz 公司，它聘请了一批计算机科学家、建筑师、工程师及应用数学家。随着我们进入数据驱动的时代，这样的阵容和行业内未来的项目集成团队有多接近？

"我们认为，我们正在一条正确的道路上，" Aditazz 公司的 Zig Rubel 说，"我们也知道，我们还有很长的路要走，我们知道，因为一个项目需要独特的经验，所以我们的团队将会变形和变化。"

对于自称为数据启示型的公司呢？"我们，

作为一个行业，越来越多地看到计算机科学家与建筑师一起工作，以及，攻读计算机科学硕士学位的建筑师，" AHR（原名 Aedas）公司的 Greig Paterson 说，"伦敦大学巴特莱特建筑学院的自适应建筑和计算（AAC）硕士学位课程，就是一个案例，它迎合了对建筑学、计算和数据等广泛学科感兴趣的人的需要。" Paterson 继续说：

我在 AHR 工作的时候，曾与建筑师、计算机科学家、工程师、能源分析师以及物理学家合作过。行业和学术界之间的合作也是许多 AHR 研发项目的核心，由于我正在伦敦大学巴特莱特建筑学院攻读博士学位，我很深地介入了这种合作。多学科小组在 AHR 是成功的，我认为这是大中型建筑企业的未来（图 6.7 和图 6.8）。

223

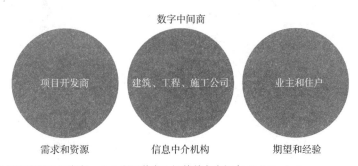

图 6.7　信息中介机构充当项目开发商、业主和运营商之间的数字中间商 © *R Deutsch*

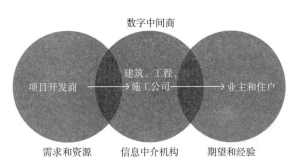

图 6.8　信息中介机构作为数字中间商在整个项目生命周期中整合和连接数据 © *R Deutsch*

KieranTimberlake 是另一家依靠多学科小组来实现其数据目的并从其现有数据中获益的公司。"我们已经建成并将继续建设一支拥有各种技能和思维方式的跨学科团队，如有来自建筑、设计、雕塑、环境管理、城市生态、绿色基础设施、材料工程、化学物理、电气工程或数字信号处理等不同学科的专家——因为我们追求这样一种过程，使得我们的项目被它们所需的信息、数据、知识和方法所包围。"KieranTimberlake 研究总监及合伙人 Billie Faircloth 说。

"现在，在我们的办公室，建筑师与那些倾向于编写脚本、编码、计算机科学和数字信号处理的人并肩坐在一起。（仅仅受过建筑师培训的）我和这些人之间的知识重叠或子集是一个奇妙的子集，我仍然在理解我的'设计'大脑和他们的'计算机科学/编码'大脑之间的差异和兼容性。"她继续说：

其中一些人专门去学习这些技能，有些人则被培养成建筑师。我们可以称他们为"黑客"或"算法构建者"。但我同样看到，我的工作室在利用迭代过程、选项和集体智慧的同时，还利用了有质量的设计教育，后者常常是不指定名称的、映射的或直截了当的传授。设计教育使我们沉浸在解决多元问题的享受之中。这是从第一个设计工作室开始的。我们可能没有意识到，我们的设计头脑是我们的神经元重新映射以解决此类问题的过程。随着时间的推移，我们增强了同时处理多种相关事务的能力。我们的教育和设计的本质，就是"黑客侵入"

和"算法建造"。许多建筑学校正在教学和课程上发生精彩的演变，他们开始在许多方面认识和规范这种设计行为的本质属性。

我问 NBBJ 公司设计计算团队的领导者 Andrew Heumann，我们是否能够识别未来的设计团队？"当然，每个团队看起来不同，至少在短期内是这样，"Heumann 说，"新的、数据驱动型团队需要数据生成和分析方面的程序员和专家。这意味着统计学家、计算机科学家、环境科学家，还有越来越多的社会科学家，可以帮助建立数据和人类生活经验之间的联系。"Heumann 继续描述未来的团队成员：

从长远来看，我认为——至少从编码的技术能力来看——它将变得不那么专门化，而更多的是对游戏中所有玩家的期望。正如现在团队中任何一个有生产力的成员都应该知道如何使用互联网、生产型应用程序、电子邮件、CAD 相关软件等，未来的团队成员可以轻松地操作大型数据集，并使用某种形式的代码编写自动化程序。"使用应用程序"和"用脚本编写该应用程序"之间的界线只会变得更模糊。设计师、工程师、项目经理、管理人员都将受益于以数据的形式操纵信息的能力。

数据专家和数据通才

数据的收集和分析可以由更多的多面手团队成员来完成，尽管在应用数据时数据专家更有优势。"这不仅仅是关于得到数据，而是梳

224

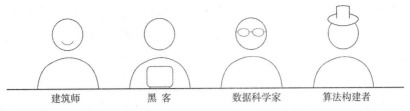

图 6.9　如今，建筑师越来越多地与专家合作：黑客、数据科学家和算法构建者 © *R Deutsch*

理、准备数据，"Sean D. Burke 解释说，"以可预测的方式规范数据是非常具有挑战性的。负责这项工作的人并不定期做这件事，所以可能会花更长的时间。最终设计师需要承担多项职责。"Burke 在考虑未来团队的组成时谈道：

我们可能需要一些数据管理专家，他们可以快速转换我们从客户那里得到的数据，无论它是什么格式。有时你会收到电子表格，有时你会得到数据库，有时你会收到一份从 Word 转换过来的 PDF 文件。跟这些形式各异的东西打交道非常困难。即使是 Excel，他们也只将它用作报告卡，而非数据库，其中每行都是唯一的记录。如果他们把它做成演示文稿，就很难提取数据了。建筑公司中有一个数据库架构经理，他所做的工作是项目的一部分，而不像连接财务系统的 IT 人员。目前，还没有人是为设计工作这样做。这只是时间问题，在很短的时间内，那就会成为一种绝对的必然（图 6.9 和图 6.10）。

Sasaki 的 Gregory Janks 说，他们的团队包括数学家、计算机科学家、英语专业人士、经济学家和商业人士、社会工作者……规划师和建筑师。"不幸的是，我们所做的事，没

建筑师 / 黑客 / 数据
科学家 / 算法构建者

图 6.10　数据启示型建筑师会像黑客、数据科学家和算法构建者一样思考 © *R Deutsch*

有一所学校在传授，"Janks 解释说，"因此我们不得不在我们的招聘实践中有所创新，构思我们可以给那些来自各种背景的人所做的测试。我们关心的是，你能做什么，而不是你的学位是什么。"在考虑未来团队的组成时，RTKL 公司的 Clayton Starr 认为"这是一个不同的团队，或至少是我们目前架构的增强版本。"他列举了缺失的团队成员，强调需要的专家：

计算机程序员、定制工程师、脚本程序员和分析师。通常，设计人员面临的是，一个需要解决的数据驱动问题，并着手用无法解决问题的方法学去解决它。或者，至少他们知道要用什么来解决问题，但却没有解决问题的知识或专长。

USGBC 的 Chris Pyke 预计，由于"越来越多地关注建筑全生命周期运营性能"，因此团队将会发生改变。Pyke 继续说：

这种性能需要用数据来证明，这种数据越来越多地被传感器和个人（例如，公民科学家）实时收集。传统的建筑团队将需要新的技能来创建、管理和解释这些日益多样化和广泛的数据流。只有当建筑师调整其业务以展示真实世界的数据所反映的结果时，他们才会在这些团队中保持核心地位。因此，AEC 团队将变得更像敏捷软件的开发团队：精益、动态、短暂。然而，这种类比总是有限度的。建设是一个路径依赖性很强的风险业务。这与软件开发不同。

策略 19   数据团队应该被整合还是保持相对独立？

在第 2 章，我们见到了 Allies and Morrison 建筑师事务所的 Jonathon Broughton，一位数据管理人。当公司里的人想要请他帮忙时，他们去找他，就和公司里其他非整合的部门一样。这是确保数据成功应用于项目的最佳设置吗？

"你必须进入公司内。"Brian Ringley 说。他坚定地主张让数据专家融入项目团队：

> 不幸的是，我可以单枪匹马地去做计算设计、部品制造和所有这些我做过的神奇怪异的东西。但那不会带你到达你需要去的地方。你必须与公司里负责招聘、财务，并对公司、未来和客户负责的人打交道。我想要一个有多年经验、既懂 BIM 又懂绘图的人。因为那样真的很安全。所以，知道那些事情就足够了。在项目团队中，需要技术的机会无处不在。在传统的设计

流程中存在效率低下的问题。当然 BIM 和 Revit 本身也有效率低下的问题。所以，应该从项目层面上开始创新，这将是一个更长远的利益。问题是，如果企业不聘请顾问、只用内部团队，会被看作是不上档次。这些人可以是隐藏在项目团队里的鼹鼠、秘密特工。他们在此层面上进行创新。这不应该是一个高科技团队，这应该是一个建筑设计团队，这就是一个建筑设计团队。

CASE 公司的 David Fano 则主张数据专家保持独立。"我们已经发展了一些技术，使这一切变得更加的简单，但是这毕竟只是一种思维模式。"Fano 解释说，"你去一些公司，会看到有的家伙坐在角落里，保存着一份电子表格，列出了他们曾经做过的每一个项目的指标。这真的只是一种思维方式。Excel 当然好。有个记事本就行了。信息更多地被当作是可以回头参考的资源。"

受益于团队构成的多样化

公司创造性地从具有多样化个体背景的人群中获益。在处理数据时，团队多样性还会对结果产生积极的影响。"我们需要在网站上做得更好的一件事是，展示团队成员持有不同种类的学位，尤其是当我们去询价时。"MKThink 公司的 Evelyn Lee 说，"我们拥有一位火箭科学家、若干分析师、一位心理学家、一位文化人类学家和一位数学家。这真是一个多元化的公司。我相信，吸纳来自不同背景的人才，将会让更多的公司受益匪浅。"Lee 拓展了这一思路："如果建筑师想上谈判桌，当涉及可持续性或我们城市的未来发展时，他们会发现，他

们必须与来自不同背景的人合作。如果公司的合伙人不都是建筑师，公司将会出现更多的模式，他们作为公司的合伙人，可能会是社会学家、生物学家或经济学家。这使他们能够以更广泛的角度来思考那些对客户有价值的东西。我感觉事情正在朝着这个方向发展。"*

Zig Rubel 赞成这个观点。"团队组成的多样性在技术公司尤其如此，"Rubel 说，"因为他们不断地在询问：需要什么？他们需要有广泛的视角来了解需要什么。"

Sefaira 公司的 Mads Jensen 建议，如果设计得好，软件应该在一开始就消除全面多样化的需求。"跨职能团队是强大的，但不是每个建筑项目都会从一开始就有五位专家参与进来。好消息是，如果软件行业做到这一点，建筑行业就不必试图填补我们留下的空白。我们的目标是开发出优秀的软件，使得建筑师可以创造出伟大的建筑而不需要成为计算机科学家。"

案例研究　专访 Andrew Witt

作为一名同时受过建筑学和数学训练的设计师，Andrew Witt 致力于探索感知与拓扑结构之间的相互关系，以及数字化过程中建筑的演绎和收敛方法之间的关系。他是 Gehry 技术公司（GT）的研究顾问（GT 在 2014 年被 Trimble 收购），同时还是哈佛大学建筑学专业的见习助理教授，讲授几何学和数字设计。在此之前，他是 Gehry 技术公司在法国巴黎分部的主任，在参数化设计、几何方法、新技术以及综合实践等方面提供咨询，客户包括 Gehry Partners、Ateliers Jean Nouvel、UN Studio 及 Coop Himmelb（l）au。

227

如果有的话，数据及分享数据的能力，在 GTeam 及您所做的其他工作的成功中发挥了什么作用？

Andrew Witt（AW）：数据在被分享之前必须易于理解，而对一种应用易于理解的数据，对另一种应用可能就是噪声。我认为，作为一个项目的附属品而生成的原始数据是无限量的。你可以生成 1TB 的数据，也可以是 50PB 或 6000TB 的数据。除非数据被理解，否则它就是噪声。建筑行业中面临的挑战之一是，数据应在特定行动的背景下被过滤和诠释。和任何人一样，我们也可能陷入这样的陷阱：认为在启示和形成决策的方面，数据就是信息。但是，如果没有一个框架来确定数据是否与某个特定行动相关，它就会变成噪声。在我们的信息文化中，数据噪声具有重要的二重性。

在您的背景中，是什么让您获得了独特的技能和心态，使您可以从事高水平的设计和技术工作？

AW：关于数据 / 噪声问题，数学专业背景能够给你提供非常结构化的、有条理的方法，

---

*　本段与原书 p.295 第二个问答内容相同，但为保持章节内容的连贯性，未作删节。——译者注

将噪声转换成数据并最终成为信息。它给你一些特定的信号处理方法。许多人所理解的数据挖掘实际上是信号处理的进化，这是第二次世界大战中军事战术的产物。对通过数据记录的特定类型的系统行为做出响应的最有效的方法是什么？没有数学背景，很难理解数据可能影响信息的方式，或者对潜在行为做出不同解释的方式。我的数学知识在建筑上的应用之一是统计学方法，这是理解数据和数据集实际相关并讲述其故事的方法。它有助于我们分辨哪类数据相关，哪类无关。我们开发的形状优化技术实际上是解释信号的工具。尤其当产生了大量的、未分化的数据时，可能需要这种统计或信号处理的专业知识来围绕数据创建意义。这可能发生在单个项目或多个项目中。可能有更多的机会从几十或数百个项目，甚至是行业规模的行为中推断信息。使用单个项目可能没有足够的数据对数据的意义进行概括性推断。

在统计学中，你有样本，但是你必须采用不同的样本，才能确定这些推论的重要性和准确性。这个问题被称为"先期基础效应"，如果你只对非常有限的人群进行抽样，那么你对一般人群的推论将是超级扭曲的。也许有人呼吁要进行深层分析，但很可能是在行业层面，而非项目层面。

我总是对计算着迷，我爸爸是个工程师，他会带一些电脑配件回家。我和弟弟从小就装配电脑。我们总是对 PASCAL 语言和编程着迷，当时我才 10 岁或 11 岁。从那时起，我们对分形几何产生兴趣，并开始编制分形发生器的程序。

哪些公司可以构建非结构化的大数据？

AW：也许最好的例子就是最有影响力的例子，是那些聚集大而同质的数据集的公司。如 Zillow 或 Redfin 那样的公司，对在房地产行业工作的人——这些都是超同质的数据集。就非常具体的财务状况而言，它们是大数据分析的有效途径。构建信息面临的挑战之一是，有太多的信息与项目的特定战略决策无关。把森林和树木分开有点困难。对那些可以筛选和删除项目中与特定决策无关的外部数据的公司来说，会有一些机会。这有助于以一种非常轻松和有见地的方式来支持这些决定。我想我宁愿拥有一个建筑洞析模型（insight model），而不是一个建筑信息模型。建筑信息模型并不真正支持决策，因为它们仅仅支持项目的生产周期，即便这样也是很有价值的。也许所有的信息都与某些决定相关，但其中大部分都与大多数决定无关。开始用正确的信息来促成决策是一种挑战。

228　　　大数据不是手术工具，是钝器。

　　　　　　　　　　　　　　　　　　　—— Andrew Witt，Gehry 技术公司

对于当今建筑行业重视数据和大数据，您有什么想法？

AW：仅仅因为事物暂时处于我们意识的最前沿，并不意味着它们必然是一种时尚。但我们可能还不明白这些东西的影响是大还是小。时间会证明一切。关于大数据，尤其是与建

筑行业有关的大数据，我经常想到的事情之一是，不久前我看到的关于智能城市相对效能的统计数据。研究表明，许多城市系统的效能可以通过智能监控获得高达 5% 的提升。5% 已经不少了，但也许你并没有重组每个人的做事方式，构建全新的行业。其影响力比我所想象的要小得多。大数据是一种围绕通用数据集递增地提供广泛信息的方法。大数据不是手术工具，是钝器。对于大数据和建筑业，我的直觉是：这将是个有用的东西，但我不认为它会如"相对论"那样影响巨大。对于这些大趋势，会有一个更客观的思考方式。大数据必定会谈到趋势，而不是某个特定项目的细节。它将为我们提供一个更为明智的框架，使我们能够做出普遍适用的决策。这是向更客观地认识建筑业迈出的一步。

> 对于大数据和建筑业，我的直觉是：这将是个有用的东西，但我不认为它会如"相对论"那样影响巨大。
>
> —— Andrew Witt，Gehry 技术公司

是否要求建筑师对数据和信息进行更多的协调？

AW：一般意义上的信息协调——图纸、材料表——并不是新的，但是信息的各种表现方式无疑是新的。信息的表现方式发生了爆炸性的变化。因此，信息媒体必须有一定的便利性。但是信息管理在建筑过程中的价值很容易被夸大。我们可能被要求管理或生成比执行项目所需要的更多的信息。一个项目产生的信息量与我们理解这些信息的能力之间存在着负相关关系。当所有情况相同时，我认为没有人愿意协调更多的信息。但是，拥有数字化的信息意味着信息的协调可以更加自动化。大部分的协调工作可以由机器代劳。这比建筑师作为信息协调员更具吸引力。

在信息协调可以自动化之前，[信息]必须被标准化和均质化。实际上，它必须被做成大数据。你必须从所有来源获取信息，并以自动化的方式规范它。这就是像 GTeam 这样的平台发挥作用的地方：它们使信息可以互操作，进而可能实现自动化。最终，我们的目标应该是尽可能地自动化，实际上最大限度地减少我们在信息管理过程中需要发挥的作用。

您曾提到过，GT 的作用就像一个数字数据裁判。怎么会这样呢？

AW：在与客户的合作中，我们将建立数据交易规则，我们也会规范数据交换的过程。我们保证数据是纯粹的，具有适当的完整性，被披露给正确的当事方。其中存在着某些劝说的成分，这正是我们工作中人性化的一面。

您说过，10 年之后人们将分享比现在多得多的信息。这主要归因于什么？

AW：这是获得数据及其分享手段的机会。并不一定基于一些新的分享要求。人们对高保

真通信的期望越来越高。人们将有能力进行高分辨率的通讯。人们不一定会更频繁地通讯，但是通讯的分辨率将会高得多。

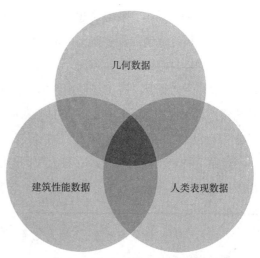

您是否看到，在建筑性能或建筑设计的其他影响（如人类表现）上使用算法的变化？

AW：人们对事物的性能越来越感兴趣。这是源于这一事实：建筑几何中存在更多形式的灵活性。如果建筑本身没有一定的生成性或参数化逻辑，还能谈论有影响力的建筑性能吗？它们是同一枚硬币的两面。这至少自 20 世纪 60—70 年代就开始演变了，当时计算模

图 6.11　寻找几何、建筑性能和人类表现的交集 © R Deutsch

型也有这种功能性、生成性的特性。性能总是影响几何形体，而几何形体本身却很少被作为纯粹的嗜好来研究。

如果可以选择，您是否更愿意讨论几何形体，而不是建筑性能？

AW：业主是人，他们的动机是一系列的目标。数据有助于更好地理解追求这些目标的意义。基于数据的决策会有点不人道的感觉，这绝对是一种危险。但最终总是人类做出那些决定，所以总有特权去推翻数据。信息则是桌面上的另一个东西。信息极少成为决策的唯一仲裁者（图 6.11）。

230　数据密集型角色

本书大部分的受访者认为，建设项目团队将包括程序员、编码员、计算机科学家和数据科学家（或代之以临时的数据管理人）。这不仅对人力资源部门产生影响，还会对教育和培训产生影响，因为设计和施工专业人员需要学习如何在整合了数据和计算机专家的团队中工作。

NBBJ 的 Andrew Heumann 认为，理解是一切的开端。"设计师们最应该了解数据的潜

在可能，" Heumann 说，"不是机构中的每个人都要成为简单的程序员，但是每个人都要知道所问问题的正确类型。熟悉算法和数据的'思维'至关重要——能够在恰当的时机利用它们，高效地运用它们，重要的是，不要言过其实或高估它们的作用。"

程序员、编码员、计算机科学家和数据科学家

"architect" 这一头衔的广泛使用已经引起了一些混乱：data architects（数据架构师），

及 architects who use data（使用数据的建筑师）（architect：建筑师、架构师——译者注）。Michael Kilkelly 是一位一直喜欢"信息架构师"这个称号的建筑师。"在很多方面，这就是建筑师要做的事情，"Kilkelly 解释道，"我们管理信息、信息流及信息的分布。糟糕的是，这个称呼被那些搞网络的家伙先用了，收回它也未必是绝对机智的策略。"他继续补充道：

> 在 Gehry 技术公司里，我就是作为一名信息架构师而被聘用的。他们想招聘一个有计算机技术背景同时又是建筑师的人，其实就是一个可以管理这个特定项目的信息流的人。这就是当我看见招聘广告时吸引我的地方。这是一个两者兼具的职位。

Detmold 建筑学院教授 Marco Hemmerling 认为，建筑师将需要学习如何编写代码，以弥合角色的差距。"事实上，建筑师的职业正在迅速变化，"Hemmerling 说，"新的合伙人或顾问参与进来，用最新技术弥补设计和建造之间的差距。编程将成为我们领域的核心竞争力，因为它能够独立于给定的软件平台之外，连接和集成各种数据/信息。"

NBBJ 公司的 Sean D. Burke 赞同雇用有计算机科学背景的人，"因为他们需要与数据打交道的地方非常有限。我们只需扼要说明为我们的工作所做的决策。他们将更多地了解必要的设计内容，"Burke 说，"很少有人能够在成为训练有素的设计师或执业建筑师的同时，又是一个数据库管理员，且能有效地做到这一点，因为，他们的时间压力太大了。"

但是，聘用一个来自数据科学/分析领域的数据人员和一个具有分析能力的建筑师相比，孰优孰劣？美国建筑师学会资深会员、Solomon Cordwell Buenz 公司主管 Mark Frisch 在描述理想中的从事数据驱动工作的候选人时说："我所说的有些技能是每个人都应该熟悉的。项目信息的需求是恒定的；为了收集、存储和访问它，每个建筑师都应对信息处理有一个基本的了解。"他补充说：

> 此外，许多设计公司需要信息专家。理想情况下，他们将有一个全面的信息管理及相关工具的背景。为了达到战略目标，他们需要了解如何应用信息，这就要求他们了解建筑的需求，也就是说，他们应该非常熟悉建筑工作的流程。我认为这个职位不会从传统的信息管理小组招人，有图书馆工作经验的人更为适合。我可能很难说服我的合伙人去创建一个全新的职位——不是因为需要额外开销，而是因为没有人理解其价值。设置更加传统的数据密集型岗位 [如首席财务官（CFO）] 是被理解的。另一方面，"项目数据管理"出现的时间尚短还不足以让设计公司了解它的适用范围和适用程度。

> 我可能很难说服我的合伙人去创建一个全新的职位——不是因为需要额外开销，而是因为没有人理解其价值。
> —— Mark Frisch，美国建筑师协会会士（FAIA），Solomon Cordwell Buenz

231

Frisch 继续说：

我们可以同样问这个问题：可视化专家的最佳背景是什么？他们是受过图形训练的建筑师，还是在做建筑的图形专家？这两方面的人才我们都有。事实是，没有建筑学背景的人以对图形的敏感性来处理作品，而有建筑学背景的人往往对最新的技术感兴趣。他们都很棒。他们在一起工作得很好，他们互补的技能集产生了非常丰富和不断发展的产品。就数据而言，我不知道，是一个理解我们所做的一切并十分熟悉数据的建筑师好，还是一个懂得数据分析并能将其应用于建筑的分析师好？如果我只能选其一，我可能会从前者开始。

策略 20　计算机科学家和新兴专业人士

将来会有这样的情况，建筑公司会聘用计算机科学方面的人。只有三个人的公司会这样做吗？可能不会。那将是"新兴专业人士"的角色。看看新兴专业人士有哪些技术能力，特别是刚从学校出来的人。这也是 BIM 领导者的价值所在。这里，不仅仅是指某个人是技术型的，BIM 领导者和新兴专业人士都需要具有 T 型性格（T 型性格的 T 中的竖线表示在某单个领域的相关技能和专业知识的深度，横线则是与其他领域的专家进行跨学科合作，并将知识应用于除自己领域以外的专业领域的能力。参考 https：//en.wikipedia.org/wiki/T-shaped_skills——译者注）。这持续地

反映了一个专家的转型：从传统的 CAD 管理者角色转变为今天的 BIM 领导者。CAD 管理者是教你 AutoCAD 的人，仅从软件/技术的角度来关注事物，他们可以就职于建筑设计公司、工程公司或土木工程公司等，但那不重要。今天我们看到的是那些对建筑实践有更深刻理解的人，他们知道如何将技术应用于实践。这需要随着我们如何应用技术并将数据从一个地点转换到另一个地点不断发展。这就是新兴专业人员完全了解并能够做到的地方。这也正是机会之所在。这使得行业可以利用到这一点。不管你是小公司还是大企业，新兴专业人士具有的知识和专长都需要被充分掌握和利用。

——Brian Skripac，Astorino

Allies and Morrison 建筑师事务所的 Jonathon Broughton 为数据人的头衔苦思冥想了很长一段时间。毕竟，"数据架构师"已经被采用了。"我找不到一个合适的词来描述我是做什么的，"Broughton 承认：

"数据科学家"是不对的，因为我并没有数据科学的专业背景。有些人从大学出来的时候是受过数据科学方面的培训的。数据科学家正在被建筑公司雇用，但我不认为这是他们的机会之所在。也许是因为我有建筑学专业的背景，我所能带来的东西会有所不同。我们不应该花费大量的时间在只能为我们提供纯粹的分析的人身上，因为他们只是在回答我们给出的问题。我们需要把重点放在那些能给我们提出正确问题的人身上。

我认为我能做的一件事就是凭借直觉帮人提出正确的问题。

数据管理人

Allies and Morrison 建筑师事务所由有资历的建筑师与城市设计师，家具暨产品和室内设计师，以及技术专家、内部模型制作人员、平面设计师和建筑可视化团队组成的。Jonathon Broughton 是一位设计技术专家，自称为建筑数据管理人。"在 Allies and Morrison 建筑师事务所的设计技术人员名声在外，" Broughton 说，"这就是为什么我这样定位自己的原因。我在公司里的头衔是数据管理人和建模专家。我受的教育是建筑学，但是我故意不把自己描述成建筑师。'技术人员'可以意味着你要解决金属圈放在哪里合适、怎样防止水进入大厦之类的问题。在公司内部我不用这个词。"

数据管理人（The Data Wrangler）：有趣的称谓，但是这中间有什么道理吗？例如，我们曾经说过"大数据需要'倒腾'，但它可能是笨拙的、非结构化的"，这里用'牧马人'（Wrangler）是不是一个更好的比喻？"是的，" Broughton 说：

大数据在我们这个行业中还没有得到适当的评估。它并不是关于现场的、实时的监控和社交流媒体。大数据正在努力应付这样一个困境：不管人们是否知道，人们都在生成信息和生成数据。它之所以"大"，不是因为它数量庞大，而是因为其巨大规模的非结构化。那是因为很多时候，它完全取决于产生数据

的人。虽然在技术上我们都有相同的生产方式，理论上我们都有相同的可交付成果，但最终我公司里的每一个人，以及我所接触的其他人，包括客户，都会建立临时的、定制的数据模型，使之大致符合目的。不能仅仅因为它们是非结构化的、迥然不同的、定制的，就认为它们都没有意义。"牧马人"的一面是知道去哪里寻找、知道如何过滤和提供见解。以干草堆和针来作比喻：用我们拥有的工具来建立一个真正的、具有非常丰富数据的干草堆，是很容易的，令人难以置信地容易；我们所需要的，也是我们行业内缺少的，是那些凭着本能或预感、知道在干草堆里哪里可能找到针的人们。正是这些人需要使用分析工具进行严格的算法分析。去寻找那些针，我们不需要那些仅仅擅长制造非常好的干草堆的人（图 6.12）。

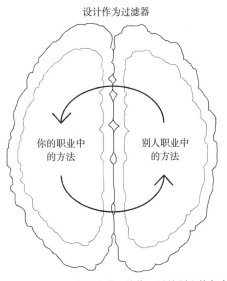

图 6.12　设计是一个过滤器，使你可以从别人的角度思考 © R Deutsch

寻找数据领域的天才

为什么拥有计算机科学专业背景的人要去建筑行业工作呢？"对我来说，我的研究的主要结果是去表明程序员和建筑师的工作之间有很强的联系，"CASE 公司的 Daniel Davis 说道，"我预计，随着建筑行业中越来越多的人开始使用数据和计算工具，这些联系会变得越来越强。所以我想我的建议是看看外面的行业；我们正在努力做的大部分工作已经在其他地方完成了。"对于 Davis 来说，"区分擅长做某件事情的人和该领域的专家是非常重要的。这两者的工作效率可能相差 10 倍。因为公司需要招聘的不是一个能干的人，而是一个特别优秀的人。只有少数技能高超者能够对这个行业产生巨大的影响。"CASE 公司的总经理 David Fano 表示同意："我们这个行业面临的挑战是如何吸引像 Daniel 这样的人——但坦率地说，大部分在 CASE 工作的员工——还是要做我们现在做的事。"Fano 继续说道：

> 对我们感兴趣的问题也感兴趣的人通常不会跟我们追求一样的职业发展道路。有一个特定的职业道路，你追求在建设过程中的一些角色，因为你喜欢建筑、设计或创造东西；在某个时刻，为了应对行业压力，你作出了一个非常慎重的决定，转变了职业发展方向。在我们这个行业里，如果你想从事建筑设计，如果你不是一个能用"Napkin Sketch"App 的设计师的话，你会被人小看。你问学生他们想成为什么——没有

人会说想当项目建筑师或项目经理。"我不想当绘制详图的技术员，我想当能画草图的设计师。"这就需要在学术层面和机构层面（比如美国建筑师学会）上有所改变。承包商没有这么大的压力。建筑师，尽管接受专业化和承认过程复杂程度大，需要认识到这不仅仅是关于绘制草图的设计师的问题。

"在 SOM 建筑设计事务所，我们一直试图做的一件事情是，确保我们所聘用的人员对计算的基础知识有所了解，"Robert Yori 说。

> 但我们意识到并不是每个人都将成为一名计算机科学家。我们希望将会写脚本程序作为进入我们公司的要求。不是因为我们想要每个人都成为这方面的明星，我们希望我们的团队能够理解这种方法。即使他们不能做脚本或计算，或者数据管理或黑客到某些专家的水平，也会对其他人如何能够执行这些事情和执行这些事情的过程有所理解。然后，当然，我们也将有对此非常感兴趣且具有很高计算能力的人来领导团队和工作室这方面的工作。我们期望将他们的技能融合起来，而不是让他们各自为政。

"我也不想成为纯粹的数据人，"Fano 承认道，"我绝对相信直觉和本能是有用武之地的。我确实相信那些能够两者并举并且作出判断的人，将会成为行业的新品种。我们有幸聘用到了这一类型的人才。"

建筑行业如何吸引计算机科学人才？为什

么有计算机科学背景的人会去建筑行业工作？"尤其是当他们的薪水只有他们在本行业工作的薪水的三分之一的时候，"Thornton Tomasetti 公司的 Jonatan Schumacher 说道，"我们有一位计算机科学家。他在一家银行工作 8 年，开发了一些软件后，回到结构工程领域。他是我们许多数据背后的大脑。显然找到这些人才是很困难的。如果我要给较小的公司或者那些不雇用计算机科学家的公司提供建议，那就是用 Grasshopper 加上 Google Docs（谷歌文档）或 Google Spreadsheets（谷歌电子表格）或 Fusion Tables（谷歌提供的一种 Web 服务，用于数据管理——译者注）。"Schumacher 继续说道：

> 这个人想做一些真正的、实在的项目。我们很幸运。开发软件或是分析数据与设计出要屹立几十年的建筑之间，显然有很大的不同，这对一些人来说是很有吸引力的。要找到一个既懂自动化又对实际事物很熟悉的人确实是很难的。有时我们认为我们就应该聘用计算机科学家。当然我们无法给他们提供跟 Google 一样的薪水，但是找一个能够在谷歌工作的人（却是有可能的）。去年，我们公司有一个拥有两个计算机科学学位的实习生。我们感觉跟他一起共事非常困难。他离现实太远了，我们仍旧在处理的纸张和图纸——在他眼里都是无聊的东西，对来自不同的行业的他来说没有任何意义。但不幸的是，这是事实。需要有人至少能理解事情是如何在这里完成的。将计算机科学的概念教授给建筑师和工程师可以帮助我们。CORE 工作室的大多数人是 Stevens 工学院的毕

业生，我们中的很多人过去在那里教过书也招过人。

"问题在于公司的运营方式，他们甚至不考虑如果我们公司的员工 20% 是计算机科学家、80% 是工程师的话，将会意味着什么，"Schumacher 说。

> 许多大公司可以很容易地支持内部研究（小到 0.5%），但是如果他们有三个人在进行研究，那就是很少见的了。这是令人难以置信的。当你看到我们的行业的研发投入，然后再看看谷歌在研发上的投入，谷歌是 13.5%。对建筑行业来说，则是接近 0%。在 Thornton Tomasetti，我们 CORE 工作室团队有 15 人，其中一半将他们的时间用于研发任务，此外我们还为所有员工提供一份健全的公司年度研发预算。对于一家建筑和工程公司来说，这是一个非常大的预算。但这是相当罕见的——事实上我只能想到 Aditazz 和一两个其他公司在致力于研发。

"任何需要技术但还没有实施的地方都有机会，"Reed 建筑数据公司产品开发高级总监 Jennifer Johnson 说，"不同的公司都应该担起责任说，这是我们要走的方向，我们将要使用技术，我们将不得不吸引一些在这个领域有些经验的聪明人，他们愿意跳出固有的思维模式去考虑问题。"她继续说道：

> 我并不是直接冲进建筑施工行业的。我之前从事产品管理方面的工作。从软

件的角度来看，就像我们在 Reed 公司所做的那样，要成为技术领域的一个真正强大的产品经理，你必须具备技术背景。你必须了解当前软件和技术的功能。你必须能够想出在你所在的行业中利用这些软件和技术的方法。

当然也有一些成功的技术产品经理并不具备这样的背景，但是技术背景将给你一个明确的优势，你可以以不同的方式思考。将你的技术能力与商业头脑的某些要素结合起来，然后与客户的痛点一起进行三角定位，你突然会开始考虑你所拥有的数据以及你可以访问它的不同方式。在如何解决那些不应该很难解决的问题方面，

你将变得很有创意。你拥有数据。肯定有办法将它在合适的时候交给合适的人，以在他们的工作流程上帮助他们。有时候，只需要一个愿意和你一起那么做的客户，因为我们一些最大客户的解决方案经常并不存在。我们说我们能获得这些信息，或者我们可以购买那些信息，而我必须找到一种办法将这些东西放到一起，并设想在 iPad 应用程序中加载时的样子。有时候，这就是你那个时候所拥有的一切。当你遇到有人认为技术很有趣，有人认为数据很有趣，有人认为客户问题很有趣——这三件事情在一起就真的很有趣了。将技术人员拉进我们行业要靠公司。

案例研究　专访 Greig Paterson

Greig Paterson 是 AHR（以前是 Aedas）的一名研究员。他的论文《建筑师的环境"应用程序"：利用人工神经网络和真实世界数据，根据早期设计和简报决策，预测学校建筑物的运行能耗》设法解决建筑行业的数据使用问题。

您是如何从英国数以百计的学校收集建筑、工程和社会数据的？

Greig Paterson（GP）： 我的研究目标是创建一个用户友好的早期设计工具的原型，这个工具可以基于用实际数据对人工神经网络进行训练来预测校舍的运行能耗。我提供一些背景：有人认为，传统的建筑模拟方法可以是一个缓慢的过程，往往不能在早期设计阶段融入非技术设计师（比如建筑师）的决策过程。此外，诸如 CarbonBuzz 开展的研究强调了这样一个事实：建筑物的实际测量能耗超过设计预测值，常常达到两倍多。

AHR（以前是 Aedas）公司的 Judit Kimpian 博士领导了 CarbonBuzz 的开发工作。CarbonBuzz 是一个众包平台，用来跟踪建筑物从设计到运营的能量使用情况。该网站让用户上传设计、简报和能量数据，以便将他们的建筑项目的预测和实际能量使用与其他用户输入项目的数据进行比较。这个平台的目标是展示预测和实测的能量使用之间的差异，以帮助建筑行业设法解决这种差异的来源。

考虑到这一点，一个用户友好的设计工具正在以简单的 app 的形式开发，该工具可以在早期设计和简报参数更改的时候，交互式实时预测建筑性能。作为一个示范案例，研究集中于英国的

学校设计。人工神经网络（ANNs）是人工智能的一个子集。通过将建筑库中建筑的实测能源消耗 236 数据与一系列设计和简报参数联系起来，该 ANNs 已经被训练用来预测学校设计的热能和电能消耗。

　　用来训练 ANNs 的实测能源数据来源于"显示能源证书"（DEC）数据库。根据一组选择标准，数百所学校被从 DEC 数据库中选择出来。对于每一幢选定的学校建筑，使用各种资源（例如数字地图软件）和可用数据库（例如由教育部提供的数据库），将几何、结构、场地、占用者活动和建筑服务等数据收集起来。所收集的参数包括表面暴露比率、楼层面积、玻璃面积、学生人数、通风策略以及采暖度日数等。

　　人工神经网络通过对真实世界数据的观察来学习——这种技术可能有助于减少预测能耗和实际能耗之间的差异（图 6.13）。

您使用哪些工具来处理数据？对于这些工具您有什么建议？

　　GP：我用 MATLAB 进行大部分的数据分析。MATLAB 是一种用于数值计算的高级编程环境。我利用 MATLAB 中的神经网络工具箱来训练、测试和优化人工神经网络。一旦训练了网络，我将它们的"权重"以 CSV 格式导出到 Processing 中去。Processing 是一种基于 Java 的编程语言，是专门为艺术和设计社区设计的。我的研究工具中的数据可视化和用户界面部分是在 Processing 中创建的。

　　Processing 的长处是能够非常自由地显示数据。MATLAB 的长处是能够组织和分析大型数据集。两种工具的在线社区都是相当可观的，所以我建议在使用这些工具时，看一看在线教程、读一读用户论坛并下载一些示例（图 6.14）。

您怎么看待 AHR 的数据方法？

　　GP：关于数据启示和数据驱动的讨论，是词义学诸多讨论中的一个，在技术行业中也经常讨论。数据驱动是纯粹基于数据进行决策。数据启示则允许设计直觉和工程智慧与数据分析并存。数据驱动的危险在于数据往往以某种方式存在偏差。某些建筑设计的微小决策可以 237

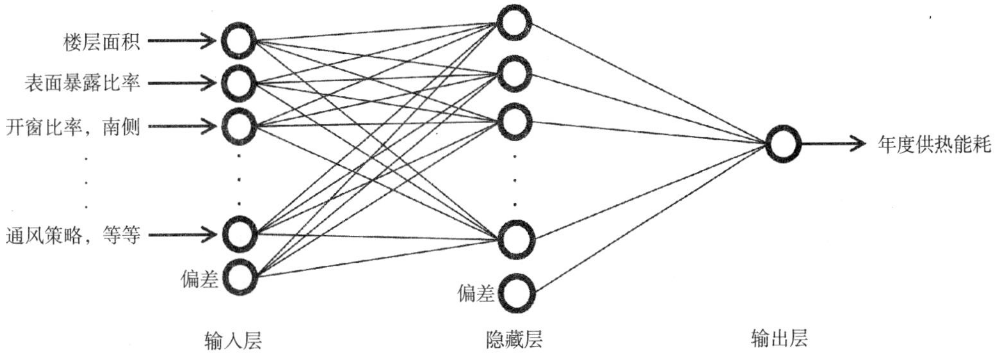

图 6.13　预测供热能耗的人工神经网络的概念结构 © *AHR*

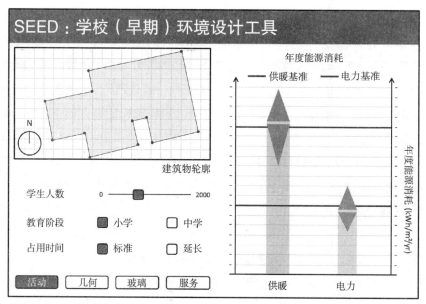

图 6.14   英国学校早期设计阶段能源性能应用程序 © *AHR*

是数据驱动的，例如，在应用生成性设计技术时，根据太阳路径优化模块化遮阳系统的位置。然而，这些计算机生成的决策应该与直觉和经验结合使用，以保持项目朝其全局目标前进。这样，我更喜欢"数据启示"这个术语。

AHR 作为一个事务所已经受到数据启示多年了，项目中的部分设计工作在必要时也会由模拟数据驱动。AHR 信息的一个主要来源是入住后研究的结论，这有助于确保那些性能不达标的设计项目受到特别关注。AHR 还参与定制设计工具的创建，这些工具使用真实世界的数据，而不是纯粹的模拟数据，以作出更准确的能源消耗预测，进而帮助设计者作出更加明智的设计决策。

您能描述一个使用数据导致了更好的决策或洞察力的项目吗？

GP：英格兰凯恩舍姆（Keynsham）市政厅是一个我们在简报阶段就同意要获得"显示能源证书（DEC）"A 级的项目。也就是说，我们的目标是基于建筑物在运营中的表现，而不仅仅是其设计预测中的表现。我们一直参与的入住后研究工作帮助了我们针对设计过程中的各个特定方面，以尽量减少性能差距，例如确保设计变更得到充分记录以及恰当的暖通空调系统调试。

238   数据领域中的领导者

许多设计和施工的领导者不知道其公司的数据潜能——人才、技术、流程和工作流。要怎样才能唤醒这种意识？公司领导会用其讲述自己的合作与技术的故事的方式，讲述他们的数据故事吗？最重要的是，在一个机构中，谁来领导数据的工作？换言之，谁是胶粘剂？（图 6.15）

"传统的设计团队第一次重组时，加入了

统计学家	Statisticians
计算机科学家	Computer Scientists
规划师	Planners
环境科学家	Environmental Scientists
定制人员	Customizers
设计技术员	Design Technologists
脚本编写者	Scripters
分析师	Analysts
社会学家	Sociologists
生物学家	Biologists
经济学家	Economists
物理学家	Physicists
数据科学家	Data Scientists
战略家	Strategists
研究人员	Researchers
数学家	Mathematicians
程序员	Programmers
编码人员	Coders
建筑师	Architects
工程师	Engineers
设计师	Designers
承包商	Contractors

图 6.15　谁来定义和控制团队？ © R Deutsch

BIM 经理和项目建筑师，"dsk 建筑师事务所的 Jill Bergman 说，"项目负责人必须与技术专家在同一个领导级别上进行合作。我接触过很多年轻有为的设计专家，他们非常精通自己的专业工具。他们或隐蔽或明确地，将成为 BIM 经理视为自己职业生涯的终点。我们必须整合技术知识和建筑知识，停止分裂，肯定领导者的价值并给予回报。"她继续说：

> 如果只是把团队成员凑在一起，而没有领导的话，就会出现人心涣散的局面。期待一个编程员或黑客来整合建筑数据，而不是让整个团队了解其工作的每一步是否阻碍数据的路径，是个失败的计划。

数据和人类行为

建筑行业将如何调整以增加其使用数据的工作范围？——这个提问引发了很多问题。数据可否被处理成普通人可以分析的格式？

建筑师和其他设计专家是否需要适应与分析专家的合作，甚至与之同行？如果是这样，他们该如何适应这种合作？针对这种情况，建筑师们是否有可以借鉴的先例？如果有，是什么？

"在某种程度上，建筑师将成为数据黑客，"LMN & LMNts 的合伙人 Sam Miller 说，"我们一直处在这样的职位：不断深入细节，让我们创造的空间或建筑的性能在我们的限定之内。从这个意义上说，我们有点像黑客入侵建筑代码和程序代码，从而提出解决方案。并将持续不断地进行下去。我们不仅要深入其中，在某种程度上，我们还要成为编码者并找到解决方案。我们会巧妙地操作这些工具来创造伟大的空间。"

应该如何运用数据为各参与方带来最大的利益和成果？可靠、丰富的数据可以帮助建筑师更加有效地工作，帮助他们赢得项目并保持竞争力，帮助他们说服客户参与设计，并为业主增加价值、减少环境污染。 239

使用制造商提供的、嵌入了丰富数据并可直接载入建筑项目的 BIM 对象，具有什么意义？最好什么时候做这些？最好什么时候去修改它？

使用数据面临的挑战有哪些？使用数据的障碍是什么？存在几个难点：落实团队和机构的承诺、重塑内部和外部流程、修改组织行为只是其中的几个。谁来做这些？

在使用数据进行设计和施工成为习惯之前，必须处理哪些人为因素？需要开发哪些技能？应该进行什么培训？最有效地进行培训、学习和忘却过去的行为范式的方法是什么？设计、施工及业主公司在思维模式和行为上要做出哪些改变才能成为数据驱动型公司？当数据成为我们在建设项目决策中最重要的驱动因素时，直觉——甚至艺术和工艺——扮演了什么角色？

Carin Whitney 是 KieranTimberlake 的沟通专家，她给我们描述了使他们以不同的方式思考和行动的公司文化。"当 Billie [Faircloth] 谈到我们这里的工作方式，也就是在说我们现在、今天和未来的工作方式，值得注意的是，这是非常有意识地培养的。"Whitney 继续说：

> 这家公司的领导对行为的不断演变非常慎重。我们使用的一些行为和过程并不总是正确的。自从 Billie 来这里之后

所做的事情已经真正影响了我们如何以不同的方式思考。我们谈了很多关于我们如何以不同的方式思考和以不同的方式做事。这并非没有挑战。这些转变的发生是有挑战的。也许这些事情不能在整个公司发挥作用，也许必须检查了再检查。这个公司文化的一部分就是：当事情没有按计划那样发展时停下来，说说需要做些什么才能改变这些事情。

注释

除非特别说明，本书所有引文均来自作者 2014 年 2 月至 7 月所做的采访。

第三部分

数据对你、你的公司、职业和行业意味着什么

数据不仅是抽象的和可聚合的，而且也是图形化地可移动的。也就是说，为了被用作解释的一部分或作为辩论的依据，数据通常需要图形表示。

—— Lisa Gitelman

对于问题"为什么"的回答，或可服人，或则不然

要用主观的偏好和喜好说服他人，必须用事实、数字和统计数据来支持。数字提高吸睛率。在推特上，被转推的是包含数字的推文。

然而，如果专业人士为了让他们的解释看起来是合理的，或者他们的任意的偏好看似不可避免的，所有他们要做的事情是在解释和偏好上撒上一些统计数据，此时还用不着处理数据。决定仅仅看起来是合理的是不够的，决定本身必须是合理的。这里就需要

数据出场了。

许多专业人士都依靠习惯、传统、便利、异想天开、偏见以及似是而非的论点生活。正当的理由如今在理论解释和逻辑论证、猜想和证据、直觉和事实、假设和知识之间摇摆不定。

为自己的决定辩护的最有效的方法是诉诸某个和自己的选择无关的事物，然后将其置于特定的情况、环境或背景之中。当被要求为一个选择辩护时，你并没有被要求进行历史性的重建或者叙述一个决定是如何作出的。相反，你被要求在一个更大的框架中构建决策——这是一个更客观的、公开的、社会的、共享的决策框架。这些需要说明。

决策必须以现成的数据为基础，而不是个人持有的信念。事实上，设计和施工人员不仅设计和建造建筑物、空间和场所，而且也为其行动设计理由并建立论据。他们越来越多地使用数据。

第7章

施工和运营中的数据

在规划和设计项目上，有数以百计的深度分析应用程序，更不用说（数据）给施工团队、业主及设施经理带来的好处了。

——David Barista

本书阐述了贯穿于整个建筑生命周期的数据利用。数据如何被应用于施工阶段？当你审视设计、施工及运营中的数据时，设计和运营阶段形成了书挡，每一个阶段都充分利用了现有数据，施工阶段能否同样做到？LMN 和 LMNTS 的 Sam Miller 说："都说数据被大量吸收到文档中，但施工阶段却不尽人意。"（图 7.1）

但随着这种模式的发展，你将看到，施工过程中将会越来越多地捕获和利用数据。这种情况将要发生。其中一个领域是材料。在涉及材料、性能、生命周期、价值和可持续性方面的信息，以及关于材料组成和安全性等方面的信息上，还有很多工作要做。那是施工阶段可以首先捕获到的一个领域。因为如果你从施工阶段开始跟踪材料，你就能获得关于材料生命周期的良好信息：对于设计师及业主来说，这些信息非常有用。这是一项耗费大量精力的工作。

本章后面，Mani Golparvav-Fard 将会解释他在施工阶段跟踪建筑材料的方法。

设计和施工专业人士正在积极思考如何利用数据来提高施工质量。建设初期阶段的数据可以应用到施工阶段，"例如，"CASE 的 Tyler Goss 说，"几乎无处不在的 WIFI 和智能 手机能够帮助我们精准地、实时地了解占有和使用情况。这些数据也同样适用于施工阶段。"施工中数据的真正价值在于为承包商及其他现场人员提供实时的或接近实时的成本、计划、材料检测及安装等方面的数据。甚至实时天气相关数据的收集、分析和报告，对建设结果也有积极影响，尤其当使用现有的收集数据的渠道时。数据——及其附带的信息、知识和洞察力——能令施工过程产生更

设计数据　施工数据　运营数据

图 7.1 当你审视设计、施工和运营中的数据时，设计和运营阶段形成了书挡，每一个阶段都充分利用了现有数据 © R Deutsch

好的决策。正如 Goss 强调的"更好的数据将产生更好的建筑，也将使我们所有人最终获得更好的业绩"。

施工公司拥有行业其他公司所不具备的优势。"我的经验是，施工单位相比设计公司对虚拟、数字建筑技术及分析过程更感兴趣。"Page 公司的预测分析主管 David L.Morgareidge 说。"总之，"他解释道，"如果他们不采取这些策略，他们将输得一无所有。"然而，老派的施工文化对于数据的获取方式有较大影响，并且也同样会影响施工现场。施工文化需要证明——实质上是基于过去结果的保证——保证建议的技术和数据的使用将会奏效。设计师的工作具有模糊性和不确定性——与数据打交道更是如此。施工人员却并非如此，在施工中要求坚定的可预见性和确定性。他们一般不愿在未经检验的事务上冒险，基于最坏的习惯和最好的实践的建设项目的经营管理今天仍在继续，这并非实时准确的反馈数据所能解决的。并且，为了规避风险，施工行业在信息技术、培训、研发、创新等方面都没有充分投入。

我们已经看到，在某种程度上，数据——及其相关的工具和流程——已经可以稳定的实现价值，且无需额外的培训、设备或者硬件设施。施工中的数据应用将很有可能流行并取得成功。多媒体在施工现场的应用，比如图片和视频，就是利用现有技术为施工提取有价值信息的两个案例。有一种想法是，一旦工地上利用数据（包括每日施工进度的自动监测）的经济效益被共享和证明，它就会流行起来。一旦一个应用于施工现场的数据减少了工地的浪费，施工管理人员就会留意它了。

施工数据

在 Deepak Aatresh 创建 Aditazz 公司之前，他是一个电脑芯片设计师。"导致他关注于施工的原因是，因为他看了一部施工现场定时拍摄的视频，"Zig Rubel 解释说，"他意识到建造房子的方式和他们制造芯片的方式是一样的，仅是规模不同罢了。"Aditazz 公司目前正在利用电脑芯片设计流程为医疗保健设施进行规划和施工。在规划、施工及运营三个阶段中，哪个阶段的利益最大？"利益最大的是项目概念阶段，"Rubel 解释说，"我们的客户想确保我们正在建设正确的建筑。现在，很多决定都是基于数据表格，它们都是基于规则的、较为粗糙的数据。我们能够将其细化到更小的粒度，以看到它们的细微差别。"（图 7.2）

施工数据落后于设计数据

对施工的关注，始于设计阶段。"我们关注建筑物的建造方式和施工现场的疑难杂症，"来自 Thornton Tomasetti 公司的 Jonatan Schumacher 说，"这就是我们之所以要在设计阶段进行这类

245

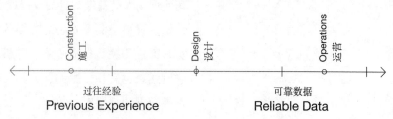

图 7.2   施工行业历史上对过往经验和实践的依赖高于可靠的数据 © R Deutsch

研究的原因，因为与那些主要从事项目概念设计的高端工程公司相比，我们所做的研究更有可能被施工所用。"他补充道：

> 我们积极主动地去做。我们有个叫作施工支援服务的部门，他们细化模型，使加工者可以整理和加工所有钢材，并能理解每个焊点、螺母和螺栓细节。这不仅仅是个结构工程。它不只是"这里有个承受这些力的构件"，而是"因为这些作用于梁上的力，我们必须这样来设计。"我们经常用 Tekla 工作，是因为加工者也用 Tekla 工作，我们还用 Digital Project 生产立面嵌板。即使最初我们并非因此而被雇用，我们也始终谨记日后我们有可能受雇去创建一个加工模型。我们时刻记住用加工思想去设计，我们的三维模型的质量从开始就反映了这些。

策略 21　与施工相关的数据问题

在设计和运营中使用的数据形成了文档，在施工中如何同样使用数据？

与建筑物的典型寿命相比，施工阶段是有限的——但是我们知道目标，换句话说，这并非一个无限制的过程。

我们可以开始广泛地提问：

施工中，哪些数据是重要的？

施工过程中会产生哪些数据？

收集何种类型的数据能够使其成为一种反馈环路，或者使行业沿着既定目标前进？

—— Billie Faircloth, KieranTimberlake

"一般来说，在施工过程中，我们自己清晰表达出的目标是与生产力和质量相关的，"KieranTimberlake 建筑事务所的 Billie Faircloth 说，"我感到好奇的是，承包商能够收集何种类型的数据，"Faircloth 继续说：

> 我们知道承包商收集有关成本的数据，但当承包商采购时，他们也工作于一个总体流程之中。他们必须在某一时刻采购合适的材料和产品，不容等待或延迟。他们及时与市场对接并随着时间的推移收集这些信息的能力，使他们可以获得一个关于建筑物和施工成本的原始数据集，因其与总体流程、地缘政治、气候和自然事件有关。

案例研究　专访 Tyler Goss

246

作为 CASE（建筑协会环境高级研究中心）施工与制造解决方案的主管，Tyler Goss 与建筑行业的先进客户合作，帮助他们成功驾驭设计、施工及运营的动态技术图景。在他的职业生涯中，已经管理超过 80 亿美元建设体量的建筑信息，他的研究和开发已为 CASE 创新建设用户提供了重大的数据分析和工作流解决方案。Tyler 曾在不同活动中为各行业的观众做演讲，包括美洲特许测量师皇家研究所峰会，美国施工经理协会全美会议，ENR 未来技术论坛和欧特克大学。

数据在承包商的关注范围内吗?

Tyler Goss（TG）：从财务角度讲，与设计相比，施工更被数据所驱动。但实际上，日常的工作管理仍然基于经验法则：一个在现场"集成整合，希望一切顺利运转"的流程。财务是施工管理真正擅长的地方，但它不能往回关联到产品——正在施工的建筑。

"数字驱动施工"还不是一个可行的术语——但它必将会是。谈到数字驱动施工，势必要涉及经典的 IT 支出难题。与行业的其他领域相比，施工的 IT 支出和 R&D 支出都是最少的，因为它存在风险。没有人从事某一职业或实施某一项目是为了尝试新奇的事物，在大多数人眼中新奇的东西等同于冒险。

在建筑施工中，文化如何影响数据使用的实施?

TG：建筑施工是关系驱动的业务，受经验法则驱动。人们总是问：这件事以前做过多少次?

我们和 Turner 建筑公司合作一个项目时，我们研究文件控制系统，以便更好地获取施工信息。我的设想是：如果你把更好的数据发送到人们的手机上，他们将在忙忙碌碌的施工现场作出更好的决定，以减少停工和浪费。但在提案平台上，我在文化上遇到的问题是：给我们展示一下这个方法成功应用的 150 个项目。与之竞争的解决方案是一个已被用于 150 个项目的内部方案。从文化角度，它不仅已被证明和实施，它还是收入的重要来源，所以他们决定不选择创新性的方法。

数据的局限性只取决于我们传感器的灵敏度、我们获取它的能力以及分析结果的能力。

—— Tyler Goss，CASE

当你评估施工管理公司的管理人员时，是非常定量的。你有没有保持公司的人均产值? 很好。各种这样那样的绩效指标。

我不想延续这种陈规做法：即建筑师手握创新的工具和技术走在前面，然后把非常好的数据集交给施工经理，但是由于施工经理们是老古董，却无法使用这些数据。目前只有极少数的施工管理公司能够用创新的方式研究他们的数据。

247 在施工领域，BIM 的应用还是非常有限的。三维、四维、五维、六维和七维的 BIM 标签实际上限制了数据的利用。3D 协同的实际应用，我甚至不愿叫它 BIM，因为在那一过程中BIM 缺少足够的数据和信息。

数字驱动的施工还不是一个切实可行的术语——但它应该是。

—— Tyler Goss，CASE

　　大多数人关注的是设计中的数据应用，有些人关注运营中的。您喜欢把建筑的生命周期形容为一系列的信息交换。您能谈一下数据是如何被用于建筑生命周期中的施工阶段的吗？

　　TG：简短地说，就是：更好地存取项目的实时数据和信息。能够把数据汇聚成项目知识。在施工中使用数据驱动方法的首要目标是，获取这些数据，并实时地将其合成有价值的、可操作的项目知识。

　　例如，我们和一个生产和安装高端定制维护系统的承包商合作。他们希望更好地实时访问他们的信息。不仅是每一工地上有多少人，还要有更细的数据，以及更好地知道他们每天安装了多少单元。我们做的是，获取他们的详细进度计划，再基于一个个组件分解进度表。我们知道，基于他们的计划，安装每个组件需要多长时间。在试点项目上，我们大约管理 2500 个目标，下一个项目我们将滚动到 5000 个目标，这对他们来说已是个庞大的工作。我们不是在堆积任何新数据，我们做的是，合成已经追踪到的数据。每当一个部件进入工地，上面就会有一个条形码。他们扫描条形码，然后作为自动化过程的一部分，我们就知道该部件在哪里以及将被安装到哪里。这些信息不是用来提高生产力的，是用于下游建筑材料验证的。获取他们已经访问的数据。你也许听 David Fano 说过：我们都是信息管理者。所有的数据已经存在，只要捕获和分析它们，我们捕获并分析数据是为了加速进度和提高生产力。我们发现，现在他们能对自己真实的生产能力有了更好的了解。现在他们可以对未来的工作做出计划并更好地考虑风险，他们对劳动力成本和材料成本有了更好的了解。在捕获和报告数据时发生了一些事，最有意思的是，我发现，当发生变更时，他们能够更好地控制变更管理，因为他们一直在跟踪项目的进度。

　　在施工中使用数据驱动方法的首要目标是，获取这些数据，并实时地将其合成有价值的、可操作的项目知识。

—— Tyler Goss，CASE

　　有一种因天气导致的变更管理情形。某个分包商因天气原因未能及时清理现场。通过变更管理档案，业主能够看到所有这些日常报告。由于详细的报告显示了他们每天在哪里、不在哪里，以及他们在现场受到了哪些限制；业主可根据看到的情况分配此次变更的法律责任。以往，管理者会对这些高价值、高成本的变更展开争吵，而不是根据数据去发现并确认这种情况下责任应该由谁负。

　　在建造一栋建筑的业务流程中，外界的数据业已存在，只要捕获那些数据，将其放到正确的位置，并以智慧的方式分析它就可。这实际上是有利可图的，数据可使你的未来工作获得更大的优势。 248

　　如果你能使进程可预测且无风险，你就可以上百次地去执行。所有关于施工方面的经济争论也会变得更透明。

例如，用施工现场的平板电脑，我们追踪我们在使用平板电脑之前和之后每天去工地拖车的次数。结果表明，使用平板电脑后少了 1.5 次。多走的路每年耗费现场施工主管大约 900 个工时。对此，我们没有用基于 GPS 的追踪。

从根本上说，我们现在试图为我们所有的客户做到的两件事是：根据既定的采样率，尽可能实时地提供信息；获取尽可能接近工作面的信息。真实信息在经过处理转变为决策时价值最高。从概念上讲，我们认为，工作面不仅仅是最后一道工序，也是你进行信息交换从而为进程增加价值的地方。因此，"预算员"就是项目过程中某个时刻的工作面。进度制定者也是一个工作面。如果我们能使信息更接近工作面，那会有什么好处呢？在一项对施工主管的研究中，我们观察了 11 名员工，发现 6 个月内存在半个人－年（man-year）的运动浪费。你把这个数值按年度计算，乘以该地区施工主管的工资，将发现它价值 13 万美元。将该数字放到执行团队面前，不言而喻。他们为该地区的所有施工主管提供了平板电脑及数据基础设施。原本这些钱将花在匆匆乱转的主管身上，而不是花在那些真正监督工作的主管身上。

您曾经写过，那些乏味的数据收集能力和实践，阻碍了团队开发诸如预算、工序或设施管理等业务流程的集成方法。

TG：试图安装新的数据捕获传感器通常会失败，因为这是一项额外工作。这种情况将贯穿建筑生命周期的各个阶段，而不仅仅是施工阶段，如：价值主张设计、数据采样或任何花费你时间的事情。价值于你并非显而易见。虽然你可能会去做，因为你了解建筑生命周期的宏伟愿景，但你很可能会错过它。这意味着，你最终将获得模糊、不一致的数据。如果不是创造它的人的直接价值主张，你将无法获得结构良好的数据。

作为一个例子，我曾看到这类情况发生在很多有美好愿景和复杂流程的项目上。收集生产力数据的任务落到了一位不知道他们在干什么的现场工程师身上，他和一位现场管理人员一起开始测试——以定性的方式捕获那些数据。它变得非常模糊，并且经过一定数量的人之后变得难以规范和标准化。由于数据收集繁琐、费力，一旦中断就得不到完整的数据，无法使用数据做任何事。

因为钱就在那里，且存在风险，所以数据中存在特殊性和现实性的历史偏好。当你真正想挖掘的是增量 Δ 时，那么，在你"今天看到的"和"曾经看到的"内容之间的增量是什么？你能做些什么来确保你在历史基线上有所进步？

249　　当你开始考虑增量时，只要你有一致的数据结构、一致的数据模型，那么，不管实际成本是多少，只要你的数据纵向变好就可以了。我们设想的是电脑不能像一个有 30 年经验的预算员或施工主管那样捕获到数据的细微差别，因为它并不细微、精确和可靠，我不能信任它。它的好处在于，如果你日复一日地捕获相同的数据，你便得到了增量，这就是价值所在，而非现实本身。

我喜欢人们用已经存在的数据工作。如：使用视频——几乎不用什么额外费用就可得到；

使用那些每天被采用的数据。有许多技术处于被采纳的当口，将给我们提供更多、更好的有关建筑工地实际状况的数据。我们将能够对正在发生的事情做更详尽和更全面的分析。

> 它的好处在于，如果你日复一日地捕获相同的数据，你便得到了增量，这就是价值所在，而非现实本身。
>
> —— Tyler Goss，CASE

对于施工在数据的创新应用和建筑信息管理方面，您更看好哪个方面？

TG：当业主要求它时，我会很乐观。对我而言，施工企业还是老样子。文化问题的根基——缺乏新技术和新流程——皆因这一事实：施工是个传统行业，且仍然是客户驱动型和服务驱动型行业。除非业主要求，否则新技术不会被投资进入施工领域。大多数客户还不够成熟不会要求对他们的项目做 BIM 或数据分析。除非他们对此有要求，否则不会重视它，它总是在项目的预算之外。当总体目标是降低整体成本时，没有人会去要求增加技术或方法。我去CASE 是为了获得更好的客户群，包括施工经理及最终业主，以帮助他们得到数据分析带来的好处。因为最终它就是一个采购的问题，当涉及以数据为中心的项目交付过程时，它就是关于如何购买和购买什么的问题。

站在建筑学和施工管理的角度，以您的经验和见识，您会给今天进入建筑领域的建筑师什么建议？

TG：在我们的行业，交付方式将从"以文档为中心"变为"以数据为中心"，这是一个根本性的转变。除了少数例外，学校并没有培养这方面的人才。即便如此，越来越多的毕业生离开学校的时候，对 Grasshopper（一种基于参数、基于规则的设计过程）有着深入的实践知识。在这种从"以文档为中心的方式"到"以数据为中心的方式"的转变趋势下，成为一个能够引领业务实践进行转型的人，将会比其他方式更快地将他们自己置于权利的位置。在事务所或施工管理公司，BIM 人员或 CAD 经理这些与数据打交道的人，历来都是处于后方且承担管理风险的人。在 Turner 建筑公司我们发现，没有人在他们工作的头两年能够比负责构建数据资源的人接触更多的建筑过程。这就是我们在 CASE 要找的人，他们来自学校或行业的其他地方，对设计或施工过程乃至整个业务流程有着广泛的了解，因为他们一直在用数据进行建模和思考。

如果有一件事，那就是，学会以数据为中心的方式来思考。要学习以数据模式，而不是任何其他方式来构建设计逻辑。

请举例说明您所谓的"以文档为中心的思考方式"？

TG：我以 Revit 为例来说明。Revit 软件可以用于两种方式中的一种。就建筑逻辑而言，它可用来建立一个项目的基本逻辑。它也可以为合同目的方便地生成二维文档。往往，Revit 更多地用于后者。

回到 2001—2002 年，将 BIM 大力推向世界的努力，适逢经济低迷期。当时的承诺是，BIM 可使你更快、更高效地建立文档，我从这个销售口号看到，它可以让你省去工作队长。你获得了一个技术形式的承诺，其目的在于，在经济低迷期，解除公司中成本最高而利用率最低的员工。工作队长的工作是建立图纸集的逻辑，以使其便于使用和理解。因为在 Revit 里将图形绘在一张纸上的成本如此之低，所以你真的不必担心，你只需将它们放在一起。BIM 创造了一种文档方式，可为一个 100 万美元的项目发行 500 张图。失去的是所有的工作队长，他们被排除在行业之外。他们的知识很大程度上在行业中消失了——且无可替代。现在从学校出来的人并未意识到，不仅对文件有要求，还要求会开发文件集的内在逻辑。重要的，不是文件本身，而是使文件成为该过程的完美终结。我们应该努力的是，以一种合乎逻辑的方式在文件中表达数据。

对于变化的反应

施工行业复杂、琐碎，又充满问题，如延期、返工、停工、浪费材料、沟通不畅、冲突和超支，同时受到全球经济放缓和需要解决可持续发展问题的双重影响。[1] 施工行业同样需要规避风险。这个行业该如何接受变化？接受新的 app、工具、流程和数据？"施工行业与制造业及其他行业相比，在利用新技术和改变流程方面要慢很多，"Mani Golparvar-Fard 承认，"尽管它正在改变。"

案例研究 专访 Mani Golparvar-Fard 博士

Mani Golparvar-Fard 是伊利诺伊大学厄巴纳 - 尚佩思分校土木工程和计算机科学的助理教授，实时和自动化监测和控制实验室的负责人。他从事自动化建筑及利用可视化数据（图像和视频流）和 4D 建筑信息模型进行建筑性能监测的研究，获奖众多并被广泛认可。他目前担任美国土木工程师学会数据传感和分析委员会主席，并担任 ASCE 期刊《建筑工程与管理》和《土木工程中的计算》编委。

251　　**您认为数据对您实现自己的目标帮助最大的是什么？**

Mani Golparvar-Fard（MGF）： 在我职业生涯的现阶段，我最感兴趣的是使用图片、视频和 BIM，因为它们很容易使用，且无须培训。我也对使用智能手机越来越感兴趣，因为在工地它们正变得越来越普遍。我的研究重点是，通过为图片 / 视频分析创建基于模型的方法，为计算机视觉知识体作贡献，同时，通过自动化性能监控，为建设管理知识体作贡献。

2008 年，我在攻读博士学位时，开始在 Turner 建筑公司工作，在那里我说服他们在校园 Ikenberry Commons 项目上应用 BIM，我想知道承包商应用 4D 模型将如何扩展 BIM 的价值。

我们提出一个想法：如果 4D BIM 成为监控进度的基准会怎样？承包商现行的方法是什么？每天在工地上，这些人来来往往写下书面的现场施工报告，记录现场发生了什么。他们获得的信息未必可靠。他们也希望他们的分包商可以提交他们的《施工日报》（DCRs）。每一天，你最终得到的是一堆这样的 DCRs。对他们来说，准确获得所有分包商在工地的日常活动往往很不方便。事实上，负责 DCRs 的工程师更多的是将纸质文件放进系统，以至于他们常常甚至没有机会走出他们的拖车办公室来监察施工。你收集了所有分包商的一周数据（假设所有信息"完整"、"精确"），并参加了分包商每周的协调会议，这意味着，此刻你已获悉工地一周内收集和观察到的所有数据，所以你可以协调进度表中未来三周的工作。因为捕获的信息往往不够完整，有时还不够精确，项目经理会再次要求施工单位代表在施工图上手动添加彩色标记标注已完工任务——所以，该过程将发生三次：分包商在现场记录信息；现场工程师将信息输入系统；然后在协调会议上，分包商再次提交同一信息。这使整个团队对施工现场一周之内的实际进展缺乏清晰的认识，出现了一周的偏差，也就是说，从出现问题到项目管理者被告知至少滞后了一周的时间。

所以我想要知道如何应用 BIM—4D BIM，不仅能够帮助可施工性审查，也有助于建立正确的监测基准。我开始着手调查施工现场数据采集的实际情况和研究状况。如果你调查数据采集的实际情况，人们使用射频识别（RFID）、条形码或者激光扫描技术。激光扫描是一项非常有趣的技术，但是要付出代价。它的成本昂贵，在现场，需要两个人操作扫描仪，你需要提供动力，还需要有人为你做后期的数据处理。所以你不会频繁使用它。该应用只适用于重大项目，仅在少数情况下用于 QA/QC、现场核查和进度监控。这要回到 2005 年和 2006 年。所以我开始思考，施工现场可不可以利用其他方法来进行进度监控？我不想添加新技术，因为它会带来这样的问题：我们试图帮助人们用最少的时间来收集数据，我们只是希望他们专注于确定活动的替代方案、执行"如果这样会怎样"的假设分析，而（因为采用了新技术）我们却需要去要求他们花时间学习和使用新技术。相反，我想利用现有的东西，因为我真的不希望他们用另一种项目管理任务来替代现有的项目管理任务。我们提出了利用延时相机的想法。当时，延时相机还是全新的，刚刚出现在施工现场，承包商可以用它来捕获施工进度。今天，很多项目都有 10—20 个摄像头，在日本的一个项目，施工现场有 40 个摄像头（图 7.3）。

我们有 3D 和 4D 模型叠加在工地照片上而生成的增强照片。从这张照片，我们想进入进 **252** 度计划，看看能否使用简单的交通灯颜色的类比：红、黄、绿，来自动评估项目进展情况。如果你的进度提前，在协调会上该图的构件为绿色；如果滞后，则显示为红色（图 7.4）。

这里还有一些问题。要将进度状态可视化，我们可以使用延时摄影技术。很容易联想到 **253** 的是：它总是展现同一角度的场地。但是，如果我们希望自动化，我们至少需要 30 至 50 个

图 7.3 施工进度偏差的可视化：BIM 元素叠加在一张延时照片上，基于进度偏差进行颜色标记。进度滞后的被标记成红色，如期完成的被标记成绿色 © *MGF*

图 7.4 如果你的进度提前，在协调会上该图的构件为绿色；如果滞后，则显示为红色 © *MGF*

像素与每个构件相关联。同时，它需要花钱购买并在施工现场操作。Turner 建筑公司对工地上放置太多摄像头不感兴趣，所以我给他们出了另一个主意。他们在施工现场收集了很多照片。出于各种各样的目的（例如，安全文件、质量文件和生产记录），每个人都在现场拍照片。困难的是，我该如何使用这些照片，并使其自动对比 BIM 模型中的同一视点？（图 7.5）

我提出了"D4AR 技术—4D 增强现实"的主意。其过程是：给定一组现场拍摄的照片，在某天或某段时间，如果承包商没有获得巨大进步，我们会自动将现场的三维点云模型放在一起。这项技术目前可与激光扫描仪相抗衡。它成本不高。你需要做的，只是拥有一个摄像头、一个来回走动拍摄大量照片的现场工程师，然后再生成 3D 点云。每天你都在拍摄新照片，所以我们每天都要创建新的点云模型。但是我们想自动完成这项工作。所以我们生成独立的点云。我们有一项技术，可以自动生成 4D 点云。现在，我们每天都用一套照片帮助你生成当天的竣工模型。非纹理表面（如成品石膏板）难以用基于图像的点云建模技术来拣选。在点云中未拍摄到的，我们可以在图片中看到。BIM 向我们展示了预期的效果。点云和图片向我们展示实际的效果。现在我们可以创建我们的机械学习技术和自动评估进度（图 7.6）。

点云是由分辨率只有 200 万像素的 160 张照片生成的。在这种情况下，现场工程师在工地巡查只需带一个相机。这是一个三维场景，所以我们能够点击某一点并进行测量。我们可以添加用于形成点云的照片。当然，今天我们可以用录像机和花样百出的数据收集技术（例如，安装在空中机器人上的摄像机）来做这些。做这项研究时，我们只想使用现有照片。在任何位置，你都可以跳出相机的视角，然后看看照片是在工地的什么位置拍摄的。这是竣工后的拍摄。

254

图 7.5　一个典型的建筑工地的施工摄影日志。平均来说，该工地每天大约拍摄 200—250 张照片 © *MGF*

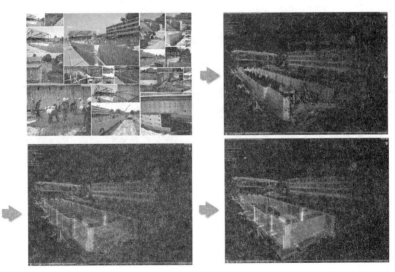

图 7.6　施工摄影日志与点云图像的对比 © *MGF*

我们还想将其用于施工进度监控。它具有语义功能——允许用户搜索和查询施工的成本和进度信息。例如，我们在 Turner 项目上使用这种模型来计算混凝土费用。我们使用 IFC 格式（工业基础类），这使我们能够整合进度和成本信息，这两者均被用于进度监测。这构成了 4D 增强现实。我们的系统，因其基于模型（即 IFC 格式的构件），所以我们知道是否为每个构件收集了照片。在 2009 年我们是唯一做这件事的人。今天，我们的系统可以运行为一个无须标记点的移动增强现实系统，我们称之为混合 4D 增强现实（图 7.7）。

255

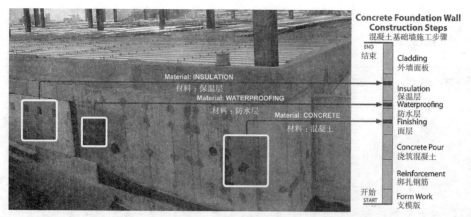

图 7.7 自动监测施工进度的工序级细节，要求对建筑构件外观进行评估。自动识别混凝土基础墙施工步骤需要能够区分保温、防水和混凝土的图像处理 © *MGF*

这个系统存在许多挑战。例如，它很难区分模板与混凝土。我们必须研究如何创建一个构造序列的本体。这导致了我目前正在从事的两个项目。其中之一是，从很小的图块（小到30×30）区分不同的材料类型。

另一个项目是借助 IFC 标准来探究我们如何提高 BIM 的 LOD 水平（深度等级）。例如，如果我们没有捕获到建筑物的地基图像，我们可以推断出那些构件。我们期待可以利用我们生成的点云，创建基于材料的识别。我已经从美国国家超级计算应用中心（NCSA）获得资金用于研究基于视觉的施工进度监控，通过在现场使用四旋翼飞行器和最新的基于 BIM/SFM 方法自动采集数据。现在我们有一个这样的系统：四旋翼飞行器可以使用手动收集的点云自主飞行。我们还需要考虑一些安全问题。我们之前从图片中收集的点云会引导四旋翼飞行器。当它移动时，我们实时反馈它需要飞往的区域。从收集的数据中，我们不知道模型是否已经完成。这是机器人和计算机视觉技术的现状。通过 BIM，我们知道其需要飞向哪里，因为我们期待在那里有个新元素。我们与 Turner 建筑公司、日本的 Okumura 公司和另一家美国的承包商（隶属于 NDA）正在合作开发一个新组件：可以自动实施质量控制。我们能否自动看见，比如，钢筋的配置是否符合规范——用视觉信息，或者文本信息？

256　　DC 大桥就是一个桥梁被替换的案例。这座桥是用来支持一条轨道的。以下是项目的简要描述（图 7.8）。

要确保符合合同文件和适用于在建项目的建筑规范，需要摄影文件和现场检查员的近距离目视检查。然而，在当前工作实践中，现场检查人员的视觉检查是非常费时和费力的，尽管每个项目都是重复的。

基于视觉的质量监控使用无序的数字图像，可以帮助降低成本，并有助于加快目前的现场检查过程。我们的研究集中在检测和可视化质量不合格的钢筋混凝土结构上。这有可能为钢筋混凝土施工带来显著改善，并最终防止因工程缺陷造成的费用和时间损耗。

图 7.8　基于三维图像的钢筋笼点云模型。使用 15 个控制点，达到一定规模的点云模型被转换成现场坐标系统。© *MGF*

　　在我们推荐的方法中，现场检查员可以谨慎地围绕结构慢慢行走，并录下完整的视频画面。利用由运动和多视点、基于三维重建算法立体图像所生成的结构管道，可生成一个密集的 3D 点云模型。使用检测不合格结构算法，检测竣工的三维点云模型。检测出的不合格的结构在移动设备上 3D 展示，从而帮助检查员识别需要立即注意的问题。

　　我们可以自动评估这个方法，它能以 95% 的准确率告诉你钢筋位于何处。今天，用 300 张图像，我们花 2 小时就能在云端做到这一点。我一直在使用图像，但是从数据角度来看，视频给我们的内容也非常丰富。

　　我对使用视频来监测我们在现场的资产和设备类型，也很有兴趣。当然，它也可用来监测我们的工人。它使我们能够专注于每一项资源，并确切知道我们正在寻找何种资源——不借助设备上的任何标签。单纯地基于视频内容和行动中的人：挖掘、倾倒、运送、空闲，在不使用 GPS 和无线电的情况下，它也能告诉你位置。我们计划用这个方法测量生产力及运营的碳足迹（图 7.9）。

　　我们根据可以识别的活动提出了一些公式：我们可以将它与温室气体排放相关联，所以我们可以用来衡量承包商的绩效。我们也可以将其与运营效率和包含的碳相关联。对于工人，我们可以做个员工平衡表来了解他们的生产能力。我们可以知道安全性。为什么？因为当工人在设备附近工作时，死亡率是第二高的。如果我们发现他们，我们可以提供报警机制。这就和给他们穿上安全背心一样简单。从数据的角度来看，我们可以设置一个约束。例如，如果有人进入距离设备多少英尺的范围内，或者，在 BIM 里，我们可以识别那些存在安全隐患的地方。如果有人进入某一禁区，我们能够识别到。为了三角定位，我们至少用两台摄像机将该区域映射到同一视频中。我们试图用 iPhone 来追踪人。现在，基于加速传感器来识别他们的活动非常困难。我们尝试过，我们在那个课题上花了一年时间。用单个传感器，我们可

图7.9 应该在现场工人活动中捕获细节，以便通过现场视频自动进行活动分析 © MGF

258

挖掘机摆动
Excavator swinging

挖掘机闲置，卡车移动
Excavator idle, Truck moving

挖掘机倾倒，卡车移动
Excavator dumping, Truck moving

挖掘机挖掘，卡车装填
Excavator digging, Truck filling

(a) frame no.150

(b) frame no.450

(c) frame no.500

(d) Frame no. 750

(e) frame no.1500

(f) frame no.1600

(g) frame no.3930

(h) frame no. 3050

Excavator swinging, Truck filling
挖掘机摆动，卡车加油

Excavator dumping, Truck filling
挖掘机倾倒，卡车装填

Excavator swinging, Truck moving
挖掘机摆动，卡车移动

Excavator swinging, Truck moving
挖掘机摆动，卡车移动

图7.10 计算机视觉和机器学习相结合的一个例子，随着时间的推移，该程序被训练用来学习某些行为 © MGF

以进行三角测量，但不能知道他们在从事什么活动（至少达不到合适的精度）。用单个传感器，我们可以区分行走的人和静止的人，但我们不能判断那些人是在振捣混凝土还是在处理材料。

我所做的一切，纯粹是从计算机视觉的角度，或者，我所谓的"基于模型的视觉感知"角度（之所以要"基于模型"，是因为我喜欢利用BIM作为性能检测的基础）。分析图像和视频数据（导致决策）。我想利用BIM，看看我是否能启用计算机视觉技术。我不认为我们只需解决图像和视频的问题。施工准备阶段的BIM已经足够丰富，我们只需扩展应用（图7.10）。

这是一个计算机视觉和机器学习相结合的例子，随着时间推移，我们训练该程序去学习某些行为。我们从计算机视觉中提取这些部分的特征。该模型仅训练识别站着的工人，并不训练识别工人是弯着腰还是坐着。身体会变形，所以我们需要学习可以捕获物体变形的模型。活动预测是利用这些机器学会的行为进行的，因此所得数据可以预测。在计算机视觉领域，这是一个非常热门的话题（图7.11）。

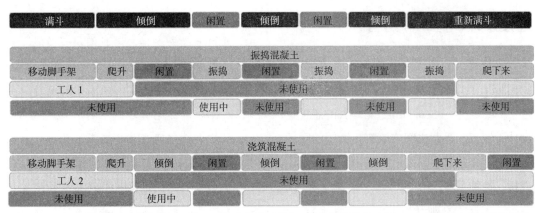

图 7.11　要知道现场每个人从事什么工作——他们使用了哪些工具？用了多长时间？——需要一个巨大的数据库。没有详细的数据，我们就无法开发出合适的机器学习算法 © *MGF*

很少有人去探索施工中基于视频的活动分析。我相信这在施工中会更有趣，因为我们有这么多的前期数据可以用。这就是我们要发展的方向：我们想看看我们能否从生产力的角度，在每天结束时给你提供些有用信息。

要知道现场每个人从事什么工作——他们使用什么工具、用了多长时间——需要一个庞大的数据库。没有详细的数据，我们就无法开发合适的机器学习算法。作为临时解决方案，我创建了一个驻留在云端的众包平台。我们要求承包商为我们提供视频，我们将它们上传到这个平台，我们计划聘请非专业人士为我们注释视频中的帧，为人物贴上标签：他们的角色，他们从事何种活动，有何种姿势，以及看起来是什么样子。这个云不仅帮助我们为承包商建立反馈（员工平衡图），而且还创建了丰富的数据库，用于培训和检验可以帮助我们自动完成任务的机器学习方式。

伊利诺伊大学厄巴纳－尚佩思分校的 David Forsyth 是第一批尝试使用图像进行众包注释 259 的人之一。这项工作基于视频—— 一个计算机视觉领域的全新概念。当我们让人注释视频时，我们需要对性能交叉验证从而保证结果是准确的。一天结束的时候，承包商关心的是：各项活动的时间序列、人员平衡表，我们会提供给他们吗？我们收集的是在此期间的数据。创建一个由非专业人士注释视频帧的数据库，对我们来说是个挑战。我们有添加标签的机会。如果我们没有合适的角色、活动或工具，我们可以将它们添加到系统中。

您正在教授视觉传感方面的课程，您能讨论一下这种网络对获取数据的影响，及其在施工中将如何应用？

MGF：我想培养下一代建筑信息专家。土木工程和建筑学专业的学生知道问题所在且能充分理解。我想向他们介绍计算机视觉的最新进展，以便他们能提出"正确"的解决方案。我不赞成那些纯粹侧重于技术应用的研究项目。我认为我们应该允许学生为手头的问题制定正确的技术解决方案，从根本上改变教学理念，开展问题驱动式研究而不是技术驱动式的研究。

连接设计、施工和运营

影响建筑生命周期的施工方面的数据给我们带来了什么机会？"说到数据，施工错过了一些机会，"Sam Miller 说，"我的意思是，设计、施工和运营之间应该有更密切的联系。当前的媒介是数字模型，利用模型进行设计、分析、性能研究和仿真，再利用模型进行数字制造。这才刚刚开始发生。之后就会过渡到运营。"（图 7.12）

将成本数据整合到模型

施工和施工管理公司可以站在成本预算的角度，从更广泛的项目背景中看待项目，从而获益。"Astorino 有一支包含成本预算小组的施工管理团队。"Brian Skripac 说。

我们正在考虑如何将成本信息整合到模型中。使用一个可以利用历史建筑成本数据的应用程序，可以在更大的范围内考虑成本。不仅仅只是基于墙或楼板的一般成本信息。我们以"功能"单位为基础考虑建筑构件及其成本。比如，你在建造一座具有 A 级装修的医疗保健设施时，你怎么理解医疗设施与出租 / 租赁办公空间在装修效果、系统、结构上的差异？我们开始基于建筑类型和位置（而不仅仅是设计早期尚未指定或正式确认的材料总数）对成本进行更广泛的研究。从公司的角度研究更多的项目非常有趣。

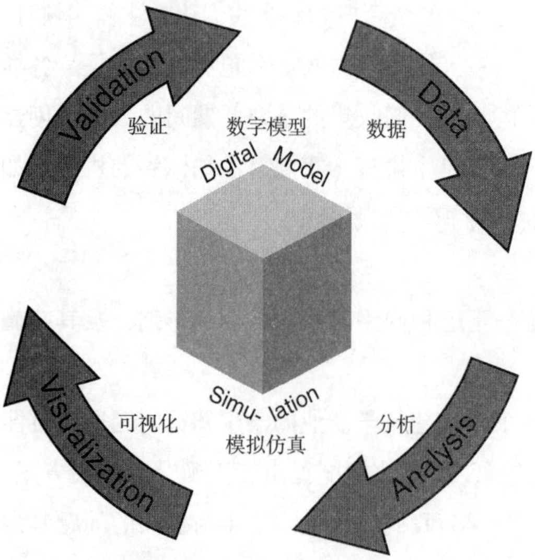

允许程序间交换模型的互操作平台

Thornton Tomasetti 有一个更好地处理和使用数据的方案：设计一个满足自己需求的数据库。按照这种方法，Jonatan Schumacher 将 TTX 描述为一个可在程序间互相对话的数据库。"TTX 主要由工程师内部使用，它是基于我们工程师的日常需求开发的。"Schumacher 解释道。

TTX 首先是一个互操作平台，可在各程序间进行模型交换。此外，它还能随时追踪模型的以往实例。所以你可以返回去说，5 月份发生的一切都比我们现在做得好。你还可以回退并更新所有程序中的模型，以反映 5 月份所做的工作。

我们经常同时使用多个程序设计一个建筑结构：SAP、Grasshopper、Revit、Tekla、ETABS、RAM 等。有些程序适合侧向力分析，有些适合楼板设计，有些适合文档生成，没有一个程序可以做到全部，我认为永远不会有。TTX 是所有这些程

图 7.12 展望未来，我们将在整个建筑生命周期中更充分地利用模型进行设计、分析、性能研究和仿真 © *R Deutsch*

序都可以与之交流的存储库，我们可以随时输入它们的信息。由于 TTX 在后端使用一个数据库，我们可以跟踪每个项目的改动：每当有数据从当前支持的程序中同步到 TTX 时，TTX 的项目中都会新增一条数据库记录。该记录包含有关应用程序同步到数据库的信息，如同步日期、用户名和描述最新变化的自定义消息。它看起来就像是这样：

用户：Kmurphy

软件：Revit 2014

同步日期：12.07，2013，21：15：23

信息：给模型添加了屋顶，把 1—10 的网格间距移动 6。

"除了这些信息，"Schumacher 说，"我们追踪所创建、删除或修改的每个元素。"他继续说：

> 对程序员来说，GitHub 和 Google Docs 是差不多的，主要供开源程序员使用。我们基本上是模仿 GitHub 来开发这些模型。像使用 Google Docs，能够追踪所有版本一样，我们能对模型做同样的事情。当模型发生变化时，可以持续追踪何时、谁做了什么改动以及是使用什么程序修改的。这样我们就能看到项目是如何演变的。这使你可以比较两个不同模型实例。我们不再只在一个设计模型实例上工作，我们可以追踪一切。

> 近期，CORE 工作室团队在 Grasshopper 里创造了一个修订历史界面，用户可以用它来分析项目的个人时间戳，审核何时、

何人、改变了什么？利用 Grasshopper 的这个界面，我们可以在不同的时间间隔对项目各阶段进行比较。还可对模型进行自定义查询，如"给我看我们在 5 月份所做的所有改动。"或者："给我看我们用 SAP 或 ETABS 所做的所有改动。"

策略 22　提取和转移重要的信息

您谈论了数据如何从一个软件转到另一个软件，您如何确保您和您的团队所用的工具能够互相交流？通过 IFCs 吗？

只关注重要信息，提取和转移重要信息……互操作性可以非常技术化，它就像在追求一种治疗方法却没有原始疾病……如果我是建筑师，你是工程师，我们需要在 Revit 模型上协作，就要确保我们的精度水平（LOD）保持一致。从技术上说就是：我们都需要使用 Revit，而且是同一版本的 Revit，我们都要使用 Copy Monitor，也要使用 Revit 服务器——这是一个技术性很强的方法，你将技术放在首位。如果你将互操作性归结为最基本的传输，那么我们真正需要知道的是它们每一个的精度级别。每周可能会有一封附有精度级别清单的电子邮件。如果我们能将它提炼成真正需要的东西，那就是在 Revit 之前的一个 Web 服务，以及一份审核人员给出的精度级别和名字的清单，然后提供某种方法为工匠们想要使用的任何平台获取这些信息，以创建你所认为的这个精度级别的原生版本。这将使互操作性达到了一个简单得多的水平。

—— David Fano，CASE

IFC 数据模型

工业基础类（IFC－Industry Foundation Classes）是一个与平台无关的开放文件格式标准，不由单一的供应商或厂商集团控制。[2] "今天早上我看到有人在 Twitter 上说，IFC 是反创新的，" Brian Ringley 说，"难道我们不应该始终追求创新吗？IFC 只是一种让事物说话的方式，这样 Revit 就可以和 Rhino 对话了。正是这种对话，促进了沟通和创新。IFC 不是规范我们使用 Revit 的方式，而是规范 Revit 本身。"

当重要数据从图片上消失时，伊利诺伊大学的 Mani Golparvar-Fard 教授采取了一种基于施工现场背景信息的解决方法。"其他项目是利用 IFC 来看我们如何提高 BIM 中的 LOD，" Golparvar-Fard 说，"举个例子，如果我们没有捕获到建筑物地基的图像，我们可以推测出这些要素。我们正在研究如何利用我们正在生成的点云以及创建基于材料的识别方法。"

262

"在决定开发自己的操作平台 TTX 之前，我们正在一个快节奏的大型项目上测试 IFC 文件格式，" Jonatan Schumacher 解释道，"有些公司，如 Autodesk，没有动力使用 IFC 工作。我们需要从 Grasshopper 和 SAP 中获得所有数据输入 Revit，但在项目要求的工作流程中这样做是不可能的。" 他接着说：

> 如果输入的几何图形发生变化，你就无法追踪 Revit 里的梁替代 Grasshopper 梁的轨迹。IFC 不会跟踪每个程序分配给其 BIM 元素的唯一标识符，所以我们不能很好地用它来更新现有模型，尤其

当该模型发生变化时。这也是我们提出 TTX 的原因，它是 IFC 的替代品。它最终是一个文件，一个包含了所有 BIM 信息的数据库。随着时间的推移，它不断增长，可以与我们所有常用的建模、分析、文档生成和构建加工软件进行对话。TTX 是一个通用的数据库。我们现在可以与所有程序中的单个元素进行对话，并不断更新。随着项目的发展，我们会不断扩大该数据库。

我问 Brian Skripac，如何描述一家专业齐全、使用内部互操作方法的建筑服务公司。他说：

> 在我们公司，我们的建筑师使用 Revit Architecture，我们的结构工程师使用 Revit Structure 及与 Revit 协同的模拟仿真软件，我们的设备团队使用 Revit MEP。在核心的设计关系中，这并不是什么大问题。在我们不得不与团队以外人员交换数据和信息时，每个人都使用基于 Autodesk 的产品。如果我们是工程管理方，我们将主导合作和冲突流程，我们会使用已经得到的（如来自钢构厂的）DWG 或 IFC 文件。对我们来说，信息的整合并不是问题。在设计和施工之外，COBie 通过以任何软件都可以使用的方式分发信息，将成为解决信息互用难题的非常重要的工具。通过与俄亥俄州立大学的合作，我们意识到，它将成为互操作性的重要组成部分。

案例研究　专访 Bill East 博士

Bill East，哲学博士，注册专业工程师，美国土木工程师学会会士（fellow），是一系列全球通用标准和系统的创新者。Bill 的《标准数据交换格式》为建筑业主提供了 30 年的挣值施工进度计划。最近，Bill 领导的标准工作导致了美国国家建筑信息模型（BIM）标准中的大多数技术内容。施工运营建设信息交换（COBie）已经在全球 20 多个软件产品和合同中实施。Bill 是一位国际公认的建筑信息学研究员。

有些使用 COBie 的人近乎狂热地认为它是行业中最重要的也是最全面的东西。

Bill East（BE）：COBie 是达到目的的一种手段。这种建筑行业的数据和大数据应用，实际上不是一个技术问题。整个问题实际上是一个流程和社会学问题。

您认为它不是一个技术问题吗？

263

BE：你必须将其放在业务创新的背景下来看。当你和我开始职业生涯时，那时还在用打孔卡和 Fortran 语言，我们要做的是让计算尺自动化，所以人们很好地使用了很多年。在施工中出现电脑后，人们利用电子表格进行土方开挖和回填的计算，且无须在测量时计算正弦函数和余弦函数。这实际上是将技术作了单一的用途：进行专门的运算。计算机成了计算器。这样做一直很顺利，直到你必须将你的结果提供给其他人的时候。

一旦你开始讨论必须信息分享，你就会遇到另一种问题。这不是一个用电动螺丝刀替代螺丝刀就能解决的简单问题。

当我从工地搬到实验室时，我开始思考一个问题：我们如何避免复述失真？这是一个通信问题，应该导致更频繁地更新准则的控制周期。首先要做的是：信息交换流程的标准化。这并没有对内容进行标准化，人们还是要看图纸，还是要给出自己的意见。

在您的职业生涯中，您有没有见到任何专注于流程所带来的反馈？

BE：是的，相当多。我们谈论的是手段和方法。你必须将这些内容放到你确定可以在合同中得到它的地方，否则人们就不会使用它。

这就是为什么我在美国陆军工程兵实验室的工作如此重要的原因，因为如果我一直在学术界对解决流程和数据问题感兴趣，我可以发表很多观念，却无法实施任何大规模的东西。

如果你有一个以流程为导向的工具，你还在谈论文件，那么你依然要分发文件。不论是 PDF，是电子稿，或是纸质稿，都是基于文件的。因此，所有的信息仍然受制于观看者的解读方式。

我们如何进行关于设计的讨论，并将其从对文档的讨论转化为更具实质性的、对设计内容的讨论？

这就是需要用到建筑信息的地方了。buildingSMART 联盟（bSa）的使命就是要创建开放的标准数据模型。[3]但是建立数据模型并不是每个人都需要的。你没有做任何人都想买的东西。除非他们遇到了问题，否则没有人愿意改变。如果发生了危机，人们就会想要改变。你有两个选择：一是等待一切崩溃，二是指出问题并给出解决方案。

只要人们得到了报酬，就没有人必须改变。所以，如果你希望 buildingSMART 组织对购买他们服务的人有意义，你必须告诉购买者：如果你使用这些东西，你将降低成本，提高项目质量。那么，早期采纳者可能会考虑这个问题。

我们管理什么呢？成本、时间、质量和范围。所有这四件事都可以通过共享的、结构化的信息得到显著改善。

264　　流程已准备就绪，现在我们要开始探讨信息内容了。信息内容的第一位是建筑物的运维手册。我们现在遇到的情况是，在工业化的世界中，项目一旦完成，一箱箱的文件需要用卡车来装运。

从 2007 年的报告中看，COBie 的初始设计表示，我们要求承包商提供的信息已经在合同中规定了。问题是，信息的形式不是我们可以使用的那种。我们需要哪种形式呢？ COBie 的开发是直接针对施工过程的，对于软件公司来说这有些复杂，他们需要一个精简的、综合的数据结构。

IFC 是面向建筑的唯一开放标准，但 IFC 只是达到目的的一种手段，而不是目的本身。我们的目的是交付关于如何管理设备的有用信息。

这是个工程问题，而不是研发问题。人们把问题复杂化了。COBie 是一组需要交付的信息。想象一下，你去验光师那里验光。你走进去，视线是模糊的。他们把镜头放到你眼前，这是你现在看到的方式，这是 A。然后他们转动开关、翻转镜头，这是你可以看到的方式，是 B。所以，B 就是 COBie。

COBie 是一种交换，而不是信息的使用，它是传递信息的方法。最终，实施格式非常重要，所以 Cobie 数据可储存于平板电脑和数据库中。COBie 是一种约定的信息交换，是用于信息的基于性能的交付工具。这与你用什么软件来创建它，或在后端用什么软件使用它无关。

　　COBie（施工运营建设信息交换），是一种约定的信息交换，是用于信息交付的基于性能的交付工具。这与你用什么软件来创建它，或在后端用什么软件使用它无关。

　　　　　　　　　　—— Bill East，哲学博士、专业工程师、美国土木工程师学会会员

大数据始于人们知道关于其所拥有东西的基本真相，这是一个数据源权威性的问题。

即使是像房间密钥一样简单的东西，我们也会需要在一个流程中共享结构化数据，每个组都可以访问维护属于它们的密钥。

在您的背景中，是什么引领您在建筑行业从事数据和信息方面的工作？

BE：当我在现场工作时，我利用晚上和周末设计集成的、多用户的施工管理软件来管理我白天所做工作的流程。我从那里学到了让流程正确的重要性。下一步就是解锁这些流程中的数据。通过将其分解成各组成部分，我们获取了大量的数据。你不会一下子解决所有问题，所以你要分解它。其中一个标准是找到我们在何处浪费了时间和精力？这是我们编制 COBie 时提出的标准。当一个设施经理接手一栋新建筑，他们必须梳理堆满纸箱的文件、重新键入信息，但是这些信息都来自最初键入信息的人，那我们为什么不在他们最初输入时就获取信息呢？所以看看那些箱子里的东西，你需要找到它们的关联关系，并为每一独立部分构建数据交换格式。

你交付的，不是一个建筑信息模型，而是一组始终需要的信息，唯一不同的是，这些交付成果的信息格式并不一致。

所以，我们有了 COBie 及相应的规格说明。随着 COBie 的使用，数据集被分成几个部分，以前以纸质文件交付的成果现在将以 COBie 子集的形式交付。承包商不必关心 COBie 是什么，他们只需要正确填写安装设备列表模板、备用零件模板、运行与维护模板，然后通过数据模型的魔力将所有数据收集到一个数据文件中。这正是 COBie 的优势所在。既然我们有了数据模型，并已有 30 个不同软件使用了这一模型，现在在我们知道如何真正使用它。没有人直接使用 COBie，就像没有人会直接购买数据模型一样。他们会使用工单系统，或维护管理系统，或 CAFM 系统，或设计系统，或施工系统。

如今 COBie 走到了哪一步？它在英国已成为一项要求，在美国即将成为一项要求，在新加坡和新西兰的合同中也能见到它，也可能还会出现在其他地方。

掌握这些信息意味着什么？在项目的整个生命周期中，有效地利用这些资源意味着什么？我对可持续发展的定义是，有效利用资源以完成建筑的使命。如果建筑不能做人们想让它做的事，就没有必要建造房屋了。

我们如何解决在需求不断增加的背景下，建筑的设计和建造问题？对我来说，解决这个问题的办法是，找到回答该问题所需的数据是什么。这样，它就简单地变成了一个设计或工程问题，而无须送人去学校学一周——他们本来就懂设计，只需为这一额外的分析准备额外的 10 组数据。就业主的总体成本而言，这是一个任何人用电子表格都能解决的工程经济问题。只要给他们一个建筑模型，然后说：把预期寿命重置成本添加到列表中。

您认为工程学思维和数据收集方法足以解决当今复杂的建筑问题吗？

BE：我介绍 COBie，有人说我们不需要全都那样做。然后他们提出了一个定制方案——变更了一些东西——几年后他们意识到，他们当初以标准的方式处理就好了。因为现在我们需要额外付费来解决我们的定制工作。人们需要亲自尝试，这样他们失败时就会意识到，唯一的方法是通过基于性能的标准来交付建筑信息。为了回答这个问题，如果你想让你的软件协同工作，你就必须表达你需要的是什么。

在 90% 的人心目中，IFC 是有缺陷的想法。因为根本就没有什么 IFC 文件，只有一种特定格式的 IFC 模型视图定义。像 COBie 这样的"信息交换"模型，从 IFC 的角度看，就是模型视图的定义。美国 BIM 标准已经开始定义这些模型视图。美国 BIM 标准 v3 版（NBIMS-US v3）已投票表决并批准模型视图用于建设规划、暖通空调、电气及水系统。当然，现在这一版的 COBie 就是 v3 版美国 BIM 标准的另一个模型视图。我希望人们会利用 buildingSMART 联盟的工作成果，而不是推倒重来。

要想超越我们目前的情况，唯一的办法就是共享结构化数据。而这样做的好办法是拥有开放的标准，因为这是实现目标的最便宜的办法。因为每个人都可以根据标准进行创新，而不是争谁的格式比谁的好，这才是达到目的的有效方法。

266　当人们想到工具时，他们想到的是，用电池驱动的电钻换掉螺丝刀。他们常常意识不到信息也是一种工具，不同的人需要不同的信息。符合美国国家 BIM 标准 3.0 版的 COBie 和其他信息交换项目，是制定我们行业全套信息标准的首次尝试。在未来几十年里，这些标准将通过从我们的图纸中提取信息内容，来改变我们的业务。合乎逻辑的结论是，这种共享的结构化信息终将帮助我们创建一个更高效的环境。

标准和互操作性

为了实现生产力的提高，建筑行业必须在标准创建及数据链接和软件互操作性上取得重大进展。数据链接、兼容性和同质化是这项工作的关键。

数据链接

创建大数据的使用和软件的互操作性标准将为各个阶段的数据利用奠定基础，数据链接和软件的互操作性是确保整个建筑生命周期都能利用数据的关键。"我记得 Ecotect 刚出来时，大家都有点不适应，因为以前用手工做的枯燥的太阳图，现在用软件就可以做了。发展到现在，它已经可以进行即时分析了。" Brian Ringley 说，"重点不是分析本身，而是对于沟通和可视化的

巨大贡献。事实上，我现在可以将这些数据与几何图形联系起来了。"他接着说：

理论上说，它会影响制造和使用的整个过程。它显然很重要。这是我们正在努力的方向。就互操作性而言，重要的内在几何数据可以通过不同工具、软件和标准的工作流程流动，但是，预示最初猜想的数据也可通过数据集流动。

"互操作性对我们来说是一个大问题。"Sam Miller 说。

能够跨平台并用相同的模型做不同的事情是重要的，这将有助于促进互操作性。另一方面，每次 Autodesk 收购一个分析

工具，就有可能压制探索和创新。当将一切整合在一起时可能存在风险。但总的来说，这种趋势是积极的，如果不同的平台间能够良好配合，对我们是有益的。并且每个人就都可以脱离共同的平台来工作。

建筑行业互操作性的现状

应用程序编程接口（API）规定了一些软件相互互动的方式。建筑行业在互操作性方面走到了哪一步？各种软件可以交互吗？"这个方法可以笼统地理解为胶带和吸蜡。"数据管理人 Jonathon Broughton 说，"这需要黑客心态。"他接着说：

267

我知道我需要去哪里，我知道我确实有些工具、设施或 API。它们谁都不能保证完成我要做的事，但是我知道，我可以从 X 得到 A，从 Y 得到 B，如果我把它

插入 Z，我会得到 D。令人惊讶的是，不仅可以公开访问数据，还可以公开访问 API 转换协议数据。我可以在这边插入东西，从那边得到不一样的答案。假如你可以将一个"如果这样，就会那样"插入 CAD 软件包，再插入建模工具包，再将它们插入成本分析包，那就太棒了。我正在尽我所能，建立一个工作流程，一个进程，而不是一个工具。它能够同时利用很多工具。因为如果我们完全依赖软件供应商，那就永远不会发生了。

我们可以把建筑元素提炼成数据。墙是点、线、属性，地板也是一样。只要软件有某种编程方式与之交互，我们就可以重建几何体。"只有 Revit 而没有 API 的话，有些事情我们是做不了的。"David Fano 解释道，"但是有了 API，我们就可以完成。"

案例研究　专访 Greg Schleusner

Greg Schleusner，美国建筑师学会会员，负责指导 HOK 设计事务所涉及项目交付的新技术的使用。他在公司与各种项目团队和领导合作，了解工作流程和交付的挑战。然后，他与研究人员、开发人员、软件公司和其他人一起寻找解决方案。一旦开发完成，他负责解决方案的初步实施，以证明其价值或进一步开发的需要。在整个职业生涯，他坚信开放源码和开放标准，并参与了 OGC、buildingSMART 和 IES 标准的开发。

在标准以外，未来的焦点在哪里？

Greg Schleusner（GS）： 对 buildingSMART 来说，有两部分。第一部分，确定是否有适用于我们的技术，这不一定是我分内工作的重点。我工作的重心是解决技术驱动的业务需求。其工作方式是：找出问题，并与内部的知识小组合作，定义专业知识，然后与他们及其他人一起努力在市场上找到解决方案，或者看看我们是否能找到对同一问题感兴趣的人。如果问题不大，我们可在内部开发工具。

是什么方法让您处于新技术的顶端？

GS：虽然我没有出现在推特和其他社交媒体上，但我确实关注它们了。我会直接接触到人并提出问题，如果有我们感兴趣的事，我会联系他。人们知道这是我的职责，所以他们会通过多种方法把东西传给我。对于我真正需要花时间去研究的问题，我会很谨慎。如果他们给我看的东西很棒，我会告知，但除非有潜在的价值否则我不会努力去联系他们。

268　　　**当时，美国建筑师学会就有 CAD 标准，它们经常被忽视或修改为个人用途。如果有人关注标准和数据，会是谁呢？**

GS：在 HOK 设计事务所的结构中，Lee Miller 负责实施 buildingSMART 标准。HOK 设计事务所大多数在当地的分公司都有 buildingSMART 标准实施负责人，某种程度上，这是他们的责任。我们现在的世界观与我们的技术负责人保持一致，他们是当地 buildingSMART 标准实施负责人的主要联系人，他们负责交付。我不是一个为了标准才做标准的人。标准因一致性和高质量而有价值，这就是它进入流程的方式。

谈谈 buildingSMART 给 HOK 设计事务所客户带来的好处。

GS：高质量和一致性。你可以在非农业生产力图[4]中看到我们行业的情况。最终，我们行业的生产力可能赶上其他行业。我们做的很多次迭代的事实并没有反映到最终的产品里。这当然有好处，也有坏处。客户当然希望进展神速。这是有利的，否则我们不会有竞争优势。

长远来看，我们所目睹的最有价值的事情之一，就是一些定向业务的开发，这些业务都是可能围绕设施管理（FM）交付信息的不同类型数据管理任务。现在这些都是刚起步的事情，但在一些选定的项目里，我们开始盘算如何做，并为他们提供潜在的服务。

它遇到了什么挑战？

GS：在我们的行业，唯一的挑战就是，确定我们是一个利用科技的设计公司，还是一个当今世界要求我们理解的，满是建筑师的技术公司？或介于两者之间？

您认为答案是什么？

GS：最好两者都是。这很难平衡。没有想象中那么复杂的原因，我当时学习的是为了成为一个建筑师，没想到会从事技术工作。这种情况也发生在很多人身上。这只是对期望的调整。

作为雇主，您必须管理组织内部的期望。

GS：最大的挑战不是：这是我们用的软件，你也应该用它。最大的挑战是，梳理出我们朝这个方向发展的更有趣的原因，这也是设计行业没有做好的事。如果有人认为我们使用

Revit 的理由是，我们再也不必费力编排轴号了，这是可悲的。但与此同时，我们也未能看见有长期效益的示范案例。这是我之前讨论过的内容之一，为未来的战略制定业务路线。一旦你准备就绪，就会处于这种状况：如果我做了 X、Y、Z，我就可以得到 2 个、5 个或 10 个其他的东西，不同于，我做一得一，做二得二。

CAD 没有提高我们行业的生产力，看来 BIM 技术也不能单独完成这件事。如果我们更多 269 地协同工作，可能就会开始看见效益，生产力也将提高。

对于数据或数据的互操作性将如何帮助我们扭转行业现状，您有何猜测？

GS：从软件公司和我们的现状来看，对于数据，有这样一个不连续性的事实：如果我建立一个模型，我应该能用它做 10 件事，而不是 1 件。目前，很多程序和工作流程要求，即使我有一个模型，设计过程中还有 10—15 件事你需要评估和分析。最终，你有一个模型，但你仍需为其他两三个用途建立模型，这就是最大的问题。

使用模型的，可能是其他公司，所以互操作性就很重要。我们为施工图建立 Revit 模型，很难用一种有用的方法从中得到其他东西，不论是用来制造、分析还是任何具体的建造过程。这就是我看到的生产力上不来的原因。

最近看到建筑师杂志的一篇文章，《设定标准》[5]，说："虽然使用 BIM 工具的项目团队逐年增加，这些工具的变革潜力仍然受到阻碍，这些阻碍来自参与者之间和不同软件平台的信息交换障碍。发挥 BIM 的最大功效需要公开的信息交换，而这又需要定义和实施公共协议和标准。但是谁会接受这个艰巨的任务呢？"看来，您和 HOK 设计事务所接受了，为什么？

GS：对于确保每个人在每次信息交换时都遵循同一标准，我们真的不感兴趣。我个人认为，这永远不可能涵盖每个人的工作。拿一个网络的 API 来说，它有一个标准结构，有一套与之相应的文档，但有一套已知的工具需要与之交互。这更符合我对这些事情的兴趣。

当我们能够很好地阅读一个东西，并用一种方式操作从中得到多种结果，这就是最成功的。这些结果并不标准，因为你只有一个方法来操纵它。但当你以相同的概念、稍有不同的方式一遍遍反复操作时，结果就标准了。Jon Mirtschin 在 Geometry Gym 建立自定义的东西，其中的传输机制是最顶尖的标准 IFC，因为他用的是他知道如何创建数据结构，也知道如何诠释的标准。

您关注的重点是什么？几何？数据？还是工作流程？

GS：这些都是。在一个模型多种应用的案例中，我以黑客心态中没有看到的一点是，具有专业知识的人总是坐在一起，使用同一套工具。工作流实际上非常重要。当我们在项目过程不停地生产出东西，那么允许不一定熟悉 Revit 模型的领域专家介入的工作流程就出现了。

即使他们的专业知识不是模型驱动的，他们仍可以访问这些数据，与之交互。然后我们有某种形式的循环，可以把数据带回我们需要的地方去。这些工作流程很少有接近完美的。

您和 James Vandezande（HOK 设计事务所 buildingSMART 的策划主任），应您的新的战略软件合作伙伴 dRofus 的邀请，访问奥斯陆。HOK 设计事务所和 dRofus 近期更新了他们的企业许可协议，允许在 HOK 设计事务所大多数建筑项目的集成管理上使用客户端 – 服务器数据库解决方案。结果如何？它改变了您处理数据的方式吗？

GS：从软件和实施的角度来看，我们对于当时所发生的一切感到高兴。挑战始终是在实施层面。这是一个很好的例子，如果我们继续专注于核对设计的程序，我们将投入很少的人员。如果我们寻求将 dRofus 作为所有关键信息中心的解决方案，我们需要开启一个项目，不是因为它最简单（尽管我们会让它变得最简单），而是因为它的可靠性。这也是我们目前正在深入研究的部分。所谓"可靠性"，是指：项目的材料清单在哪里？对于我们正在做的项目，材料清单可能存在某个目录中的一个 Excel 文件中。如果有人将它放在不正确的地方，它就发挥不了作用了。或者，如果需要 2 个、3 个甚至 10 个不同的人来做它，你通常会有不同的版本来应对不同的事情。而且，当撰写规格说明书的人试图回答关于清单的问题时，他就要到处搜寻。

说到材料，接受上述观念并将其放在某个特定项目的数据库中，让每个人都可以访问它，并知道它在哪里。它有一个定义明确的数据结构，"定义明确"是指在一个项目中保持一致性。在这方面，我们投入的不仅仅是几个检查规划或建筑面积的人。这就是我们现在所做的。我们已经在项目上做了一些 beta 测试，但从实用性的角度来看，这不是需要做的。

buildingSMART 数据字典是实现 buildingSMART 互操作性愿景的关键之一。它有多有用？

GS：我们需要了解同一概念在不同国家的表达方式。无论怎样，这意味着，我在我的模型中用英语单词来描述我所用的东西，然后，其他人通过流程接收模型，可以用法语知道我指的是什么。我认为这种方式成功的原因是，如果你构建一个模型，并开始为建筑中的元素定义语义，那么，即使没有手动链接的过程，你也能得到相同的结果。拥有字典非常重要，以便全世界的人都知道模型里面的东西是什么。举例来说，你可以告诉这扇门"我是这种类型的门"，"lift"是否是电梯，以及两种语言中与"lift"相关的属性是什么。如果我的结构工程师是法国人，我不应该期望他阅读英语来理解钢板的负荷计算或材料定义。

从这个意义上看，数据成了通用语言。

GS：是的，在某些方面有一个元定义。比如，我们正在说"硅酸盐水泥"，就会有一个满足"硅酸盐水泥"这一概念的"元概念"。如果你说英语，并能翻译它以理解我所指的是什么，那么，如果我知道我的语言里，这个概念是唯一的，属性就会被正确地传递过来。

您曾经使用过大数据吗?

GS：我希望用。这是我正在努力达成的目标之一。现在，行业的运作方式是大量分散的小数据，且没有真正好的办法将它们整合到一起。需要一段时间才能看见结果。在公司，我们会先解决一个片段，进而解决一个部分。长远来看，它必将朝着大数据的方向发展。无论是想要搞定大数据的行业内的现有公司，还是对此不屑一顾的来自其他行业的人，如果你使用了正确的技术，这都不是难以解决的问题。

---

271 *兼容性是关键*

像 Thornton Tomasetti 这样的公司，如何确保内部和外部团队的互操作性（即不同软件之间良好的对话与互动能力）？"在我看来，互操作性是关键。"Jonatan Schumacher 说，"25年前，当我们第一次进行 3D 结构分析时，我们公司创始人 Charlie Thornton 有一句话，他说：'尽管过去十年取得了巨大进步，但仍有许多障碍要克服……我们现在必须把重点放在关键问题上，即：（结构性的）计算机程序的致命弱点……兼容性！'"

2013 年，Schumacher 和 Gregor Vilkner 在史蒂文斯理工学院教程序设计、BIM、大数据。在那里，有个名为"太阳能垄断"的作业，是关于"存取所有的数据、所有的数据库，创建可以让不同参与方在互不了解的情况下相互交流的数据表，"Schumacher 解释道，"就像今天的设计 – 施工场景，人们几乎看不到全貌，也不了解参与的各方。"

如今我们有了 buildingSMART、IFCs、COBie 和黑客方法（即设计和施工的专业人士利用变通方法，提取自己需要的数据）。如果可以从互操作性的前端提供一个报告卡，互操作性会如何？"它有时会很好，有时真的很糟。"Sean D. Burke 说，"这取决于任务、经验和团队愿意承担的风险。"他解释道：

当我们使用了很多这样的技术，包括能够来回传输数据的开放源码工具，它就运行得很好。在这种数据移动中，BIM 和计算设计开始结合在一起，要分别考虑这些工具将变得越来越困难。它们都要处理大量数据，处理的方式各不相同。不同工具之间的协同性越好，数据和几何在工具之间的移动就越简单。在互操作性上不成功的团队，是那些对其能够支配资源了解甚少的团队。这是学习的问题，可能是因时间导致的，他们没有很多时间去学习这些东西。很多人是通才，也有很多人专注于自己的专业，例如，计算设计师，他们从来不做建筑文档或可视化研究，而有些人则只做这些事。寻找到适合两端的工作流程，以确保有一个良好的切换，这很重要。你必须雇用一批管理者，以确保一开始就安排妥当。如果你打算做这些切换，你可能要对工作做些微调，以免每个人都毫无约束，创造出大量无效数据。

"实施数据是我们的工作，但我觉得我们还需要一些建筑业的企业家，和教育工作者来激发好奇心，谈论可能性，也需要建筑行业去集成技术，"Ringley 说，"对于预包装和规范数据集的 IFC 来说，标准化非常重要。有人认为标准化对创新来说是个问题。首先，不要再纠结于创新了，我们只要试着把事情做好。"

互操作性就是数据均质化

互操作性，本质上说，就是试图让所有工具互相交谈。据 Gehry 技术公司的 Andrew Witt 说，"互操作性就是一种数据的均质化。"Gehry 技术公司的 GTeam 是利用什么技术使工具之间互相交流的呢？"我们的系统是符合 IFC 规范的，"Witt 说，"尽管我们的系统更通用，也更优化。某种意义上说，事物的清晰度越高，就越容易实现互操作。"

注释

除非特别说明，本书所有引文均来自作者 2014 年 2 月至 7 月所做的采访。

1. www.adjacentgovernment.co.uk/pbc-edition-004/bim-community/
2. http：//en.wikipedia.org/wiki/Industry_Foundation_Classes
3. www.nibs.org/?page=bsa_about
4. Teicholz mission statement，2008.
5. www.architectmagazine.com/bim/setting-astandard-in-building-information-modeling_o.aspx

第 8 章

业主和最终用户的数据

你可以有数据没有信息，但是你没有数据就不可能有信息。

—— Daniel Keys Moran

我们已经看到了数据在规划、设计和施工中所扮演的角色。数据本身在业主的设施中为业主发挥着什么作用？当其他类型的建筑还未从数据中获益时，某些特定类型的建筑（如技术类项目）会让自己成为数据驱动型的吗？建筑的消费者（即住户和使用者）如何从建立数据的意识中获益？

对业主的好处

- 数据帮助客户以数据驱动的方式了解其设施。
- 数据有助于更好的理解所求目标的意义。
- 数据几乎可以让业主即刻看到结果。

迄今为止，我们所看到的数据的收集、分析和传输最终都是有利于业主的。利用可视化数据帮助非专业人士（包括业主）了解和评估诸如原始数据传达的抽象概念，还有很长的路要走。Vornado 房地产信托人 Sukanya Paciorek 有高水平的方法来评估他们的投资组合。"我们使用 Energy Star Portfolio Manager®，这是美国环保署提供的基准工具。"Paciorek 解释道，"所以，我们总是很清楚我们建筑物在他们的评价中所处的排名。"她继续解释说：

我们清楚问题何在，也清楚高性能建筑的关键是什么。在低性能建筑中，我们常常怀疑问题出在租户空间，而不是基础建筑。一旦我们有了更多的数据，我们几乎可以即刻看到问题的所在。当我们的网络工具建立和运行时，我们首先要做的，就是以图形方式展示基础建筑与租户空间的能耗组合与差异。解析大量数据，能够准确地提示我们：应该改进哪些建筑。

Paciorek 很好地总结了这一观点，她说："有能力证明节约的成本，是一个真正的成功。它不仅帮我们讲述了一个极好的故事，也让我们为将来的项目奠定了基础。必要的数据，支撑了我们无穷的潜力，让我们不仅可以展示成功，也可以在成功的基础上进一步发展。"

274　**案例研究　专访 Sukanya Paciorek**

Sukanya Paciorek 是 Vornado 房地产信托公司的企业可持续发展高级副总裁，该公司是美国最大的房地产投资信托公司之一。在这个岗位上，她发展和监督 Vornado 公司的企业战略和目标、计划和政策、收集数据，并披露与能源效率 / 管理及可持续发展相关的信息。Paciorek 还管理着 Vornado 纽约分公司的公用事业集团，并担任多个集团的董事和顾问，其中包括 REBNY 可持续发展委员会的联合主席，Greenlight New York 的董事会成员，纽约市建筑弹性工作组商业建筑小组的联合主席，全美建筑科学商业员工资格认证协会 / 能源部的董事会成员。

作为该领域的先行者，贵公司提交的数据对各方都有意义，其中包括：租户、建筑运营商和工程师、物业经理、投资组合经理、会计团队。那么最终谁从数据中获益最大？

Sukanya Paciorek（SP）：我们收集的数据，对于选择使用它的任何一方都是有价值的。事实上，我们之所以建立一个面向多用户的系统，是因为我们觉得其最终的用途非常广泛。比如，作为业主，我们从中受益，因为我们的运营商和建筑工程师有像我和我的团队这样的人来研究它，以增强我们的运营能力，改善我们每天所做的工作。我们的租户可以从自己的角度来研究相同的数据，并找到更好的运营方式，以降低开支和电力需求。一般来说，收集的数据越有意义，能操作数据的人就越多。随着我们的建筑变得更高效，电网和整个社区都将受益于此，因为我们无须向我们所处的广泛的社会要求更多的资源。总之，受益面相当大。

您曾提过，您一度认为自己没有充分利用好自己的数据。那么，您利用现有数据都做了些什么？您做了什么使之对需要它的人有意义？

SP：对于我们是如何做到这一步的，这里有必要提供一些背景。在大多数商业市场，电力资源或受到管控或不受管控。纽约是一个不受管控的市场。以往，房地产市场的做法——在美国大多数市场仍然如此：房东将支付全部电费，然后向每位租户按照统一标准（每平方英尺 1 美元）收费，或以每个租户单位为基准计算费用。所以，如果你租住了总建筑面积的 20%，你将每年支付总电费的 20%。

大约 10—15 年前，公共服务委员会允许我们分户计量，这种计量方式使我们能够分配和收回每位租户的具体费用。假如某租户在某月使用了 10 千瓦小时的电，那他在当月只需支付这 10 千瓦小时的电费。

在 2007—2008 年，我们意识到，所有这些通过电表得到的宝贵数据可以用在很多的方面，而不仅仅是计算电费。当然，收回成本非常重要，我们的业务核心，就是收回我们的运营费用。但是除此之外，数据也让我们有机会识别我们需要改进的地方，从而可以更加高效地运营。我们从研究计量表上的数据开始，再将其转化为基于网络的工具。最后，任何对该项工作感兴趣的人，

或对提高能源效率感兴趣的人，都可登录并查看数据，并做出合理的改变，以产生有意义的东西。　275

您说，您目前处理的事情会被认为是大数据吗？

SP：我们当时决定建立自己的基础设施和系统的原因之一，就是我们在市场上没有找到我们要找的东西。我们环顾四周，看看谁能帮我们建立一个适用于房地产的基于网络的工具，然而没有。那么，你现在再去市场看看，你会发现几十家专门提供此类服务的初创公司。此外，我们的分户计量合作伙伴还开发了一个平台，因为他们意识到：这项服务在目前确实是有价值的。所以，是的，2008 年前后，我们确实向大数据的提供商提出了关于如何使我们的数据收集更有意义和更可操作的问题。

不仅仅是租户节约了成本，对吗？

SP：绝对的。在我们为租户推出我们的系统之后，我们开始建立计量基础设施，以便更清楚地了解我们作为运营商应该如何管理我们的建筑物。我们这样做，既可用于建筑物中的电力使用，也可用于蒸汽的使用。在纽约，我们有相当大的蒸汽能源优势。该系统为我们提供了新的视角，可以观察在会议室或管道中将发生什么，使我们能够修改技术或运营计划，以便显著改变建筑物的能源使用情况。

例如，我们的总部大厦在我们的总工程师首次登陆时提供了一些证据，使我们意识到，我们夜间消耗的蒸汽比我们想象得更多。通过清楚地了解正在发生的事情，我们可以回拨指针以节省大量的蒸汽。可视性使我们能够产生更有意义的影响，因为我们可以清楚地看到正在发生的事情。如果现实不符合我们的预期，我们可以迅速做出改变。

除了可视化，另一重要优势是有助于我们在提升建筑品质方面的投资。我们在纽约的建筑平均楼龄是 50 年。我们的目标是把我们在能效方面的支出投入到强有力的监管和验证过程中。我们的计量手段是该过程的关键，这使我们可以为自己的项目创建基准，从而证明我们在降低能耗方面确实取得了有意义的成效。我们不仅可以将其作为复制成功案例的好工具（如果我们一而再地重复做某事，就能了解它），而且还能向高级管理层和投资者展示我们的投资产生了可测量的结果。我们不仅在投资方面占据优势，更重要的是，我们可以证明，我们正在谨慎、周到、有条不紊地做事，而且我们正在获取最大的价值。

您是否发现，您对不同的租户讲的是不同的数据案例？

SP：总体而言，在高层级上，信息是相同的。即：我们有工具使您能够访问数据和信息，以便更有效地管理运营，并可根据情况进行更改。重要的是，应注意，在运营层面与租户层面，我们促进变化的方式是有区别的。因为运营商是为了我们而工作，我们可以控制所花的费用、工程师所接受的培训、他们在可持续性方面所花的时间、我们所提供的激励政策，以及所有

276　因这些事情而使我们获得的各种结果。与租户相比，这一切完全不同。对于租户而言，其动因更多在于：合伙关系、做一个好公民、更大的愿景及节省开支。这是完全不同的两种对话。除此之外，租户可以采取的行为方式也非常不同。他们关注的是诸如热负荷以及夜间是否关灯之类的问题。因此，虽然高层级的信息是相同的，但是我们要使用的工具是非常不同的。

您的数据被用来向您的总裁提供在 LEED 改造计划中节省贵公司资金的案例。对此，您说："这让我们能够把资金分配在有用的事情上。"

　　SP：我们正在评估我们希望项目组合在可持续发展方面做什么？我们最终决定，做一些涉及 LEED 的事情，投入巨大努力使我们的项目组合获得 LEED EB（既有建筑）认证。经过最初一年至一年半的工作，我们发现，每当我们研究一栋建筑，运营商都会说，他们有个一直想做的项目，但当高层管理人员不能理解该项目的目的时预算就得不到批准。因此我们要做的是，创建一个独立的能效资金预算，以帮助我们在我们的投资组合中资助和实施节能项目。我们集团的一个好处是，我们掌管着纽约的可持续发展预算，也管理着公用事业。我们负责支付所有的账单、分户计量，并确保我们拥有正确的技术和基础设施来实现这一目标。当我们开始通过资本运营计划来研究 LEED 改造项目时，首先研究的场所就是我们的办公室。我们为办公室试验了十几种不同类型的照明方案，直至选出一个能令每个人都满意的。项目完成后，拥有所有这些数据的好处是，在项目就位一周后，我们在纽约负责可持续发展的经理走进我们的办公室，并获取了项目完成前后一周的快照。根据我们的初步调查结果，我们计算了一年内我们的能源节约情况。我们看到的是，我们位于总部的办公室减少了 30% 的电力负荷。在花几分钟整理必要的数据后，我们给总裁发了一封电子邮件，解释了上周和改造后这一周的情况对比，结果显示有 30% 的差异，每年可节省数万美元。能够证明省钱，是一种真正的成功。这不仅让我们有了一个成功的案例，也使我们在未来的项目中得到支持。必要的数据，支撑了我们无穷的潜力，让我们不仅可以展示成功，也可以在成功的基础上进一步发展。

您与租户共享这些数据吗？为了什么目的或结果？在某一点上，您让租户可以看见自己空间中正在发生的事情。如果可能的话，这将如何帮助他们？

　　SP：每个租户都不一样。租户利用数据进行更改的能力直接与负责运营的人、知晓能源并知道如何查看数据的人有关。我们构建的数据可视化工具很容易理解和操作。唯一能使这些数据产生变化的人是，支付账单并对减少能耗非常感兴趣且有积极性的人，有运维背景因而可以为此做些什么的人。就像我们在运营计划和建筑管理系统中会发现错误一样，租户也会发现同样的事情。他们会通宵开灯，通宵运转设备。租户能否采取节能行动，与在他们的办公室或公司是否有人愿意处理这些问题以做出改变有关。我将首先告诉你，我们早期的成功是因为我们找到了合适的合作伙伴——租户。

自从您取得了最初的成功之后，有没有发现其他可能与租户分享的数据类型？　277

SP：我们一直在思考一个问题，我们是否希望租户了解他们在建筑中与其他租户在能效方面的相对排位。我们知道，人天生具有竞争性，能够以这种方式管理能效会产生巨大影响。我们面临的问题是：我们的资源有限。为了能花时间去思考它，需要反思我们的角色。

我们甚至不需要向租户提供其他租户的具体数据。例如，我们可以按照每年每平方英尺的用电从 1 至 35 名对他们进行排序。向他们提供这些信息就需要我们提供资源帮助他们变得更好或更糟。我们需要培养这种能力，来有效地做到这一点。

您提到过，您曾每年可获取 600 万个数据点。您花了多少时间分析这些数据？您需要 600 万个数据点吗？

SP：我们一直在谈这个问题。上周我刚刚和我们的总工程师谈过这个问题。我们现在正在建立一个建筑管理系统。研究人员过来说，这是所有我们推荐你使用的、部署在建筑管理系统中的数据点。后来，我们的总工程师对我说，我们真的不需要所有的数据点。我们需要的，我们都有。我们现在所看见的，以及行业发展所要应对的，既然数据存储是开放的，那么真正的问题是，哪些数据是有用的，哪些是无用的。找出所需的数据需要一个切实可行的方向。目标是什么？我们努力的方向在哪里？因为更多的数据并不代表更好的数据。除非有一个寻找数据的方向和目标，否则，更多的数据只能是阻碍。在我们的案例中，目标和方向可以增强每个人所做的事情。他们因此能获得更好的信息，从而可以在日常生活中做出更好的决定。从分户计量角度来说，我们的目标往往是收回能耗的成本。是否有更好的方法使我们在获得信息的同时收回我们的成本，同时也使来自该过程的数据更有意义？我们所拥有的目标和方向非常重要，正如我们做事的方法。怎样才能收集有效数据以实现目标而不让我们自己被海量数据所拖累？

使用数据的方向

对于在建筑项目中实施和使用的数据，通常业主需要去索要。然而，即使要，他们也需要知道自己要的是什么？业主需要了解相关数据，以及这些数据将如何在业务上帮助他们。业主还需要了解，数据在建筑竣工后的设施运营中是如何帮助他们的。USGBC（美国绿色建筑委员会）的 Chris Pyke 坚信，整个行业将被数据，以及越来越多由数据支持的循证实践，所塑造。"我相信，从业主、投资者和其他利益相关者（具有其他行业的数据和分析经验的实体）的期望出发，这种潮流势在必行，" Pyke 说，"传统的建筑企业最终会响应这些机遇，在某些情况下，会满足这些需求。"

怎样才能让其他人在他们的项目中使用278数据？ CASE 的 David Fano 说："客户的需要

会迫使他们使用数据。而不是以规定的、合同的方式。"他继续说：

> 但是，当客户想以数据驱动方式来了解设施时，他们会去找一位建筑师询问：在你过去设计的若干个校园里，学生的流通率是多少？我想知道你最近设计的 10 个校区的学生流通率是多少。现在，人们不能这样做。就像我们在购买一台相机前会去网络上研究一样，我们会访问 15 个不同的网站，并阅读大量评论，建筑的采购方式将会发生改变，成为一个更明智的过程。这将是一种建筑的 Billy Beane 主义（Billy Beane 是一家职业棒球队的总经理，采用统计和数据分析的方法，运用最少的资金购买配置那些被其他球队低估的球员，最终使球队赢得一场又一场的胜利——译者注）。这即将发生。有些业主会抛出一个关于他们因思考设施的使用方式和利用数据做一些事情而节约了多少成本的故事。其他业主也想要了解这些技术，进而会逐步影响到整个行业。这就是我认为它会发生的原因。但我不认为这会成为一个明确的要求。

Chris Pyke 同意道："外在的因素将迫使行业变革，利益相关者（业主、投资者和公众）要求建筑行业提交更加有效和可靠地满足公共和私人利益的建筑，如节能和优越的居住体验。"他补充说：这些利益相关者的期望，是基于在诸如 Amazon、Netflix 这类建筑行业以外的公司的体验。利益相关者会合理期望建筑也能具备

这种基于证据的、数据驱动的行为。建筑行业将有望达到这一标准。

用数据来缩小建筑性能的差距

让业主了解数据以及据此所做的决定，有助于其实现能源目标 / 预期，并帮助业主预测实际结果。"有大量数据显示，建筑物在运营过程中的能耗往往高于我们设计时的预期。"AHR 的研究员 Greig Paterson 说，"产生这种'性能差距'的原因有很多，如设计过程中的偏差；设计变更；施工质量差；暖通空调系统调试不充分；入住模式改变；建筑进入运营阶段后各个系统不按照预期运行。"他继续说：

> 建筑物的性能一直低于预期，是因为缺乏透明的设计和管理数据，而且鼓励检查建筑项目是否达到预期性能的激励措施不多。这种性能差距的后果是，建筑的年能源消耗成本往往出人意料的高。这应该向项目团队，尤其是业主，明确说明。根据这一信息，运营阶段的能效目标应该根据建筑物运维阶段的运行方式在简报阶段设定。
>
> 考虑到所有这些，我们将需要更多关于设计、建造质量、建筑管理、居住者行为和建筑系统的数据。随着这些数据的增长，研究它们将使我们了解建筑性能与决定因素之间的复杂关系。

工程师和建筑师越来越意识到基于充分数据的设计的好处。因此这些学科必须促进客户和业主的利益。建筑物的年能耗成本常

279

常出乎意料的高，这应该让项目团队，尤其是业主，明确知道，然后制定计划以降低这些能源的消耗和成本。

数据可以有多种途径影响延长建筑寿命的方式。NBBJ 的 Ryan Mullenix 解释说："目前我们正在研究单租户和多租户的房间使用率、采光、地面能见度及房间净高在未来的灵活度。我们直觉地知道这些属性有很多方面。现在在我们将它们放进一个复合变量系统，与估价单绑定，并评价如何创造为业主和租户提供短期和长期回报的建筑。对我来说，这就是数据影响建筑寿命的正确方式。"

案例研究　专访 Peter Pellerzi

Peter E. Pellerzi，美国注册工程师，谷歌数据中心高级工程师，就职于谷歌数据中心设计与施工集团，他负责全球数据中心建设项目的设计、标准及技术执行。谷歌建立了大量的全球中心，需要一套能用数据驱动决策的工具。这些工具包括能够优化流程的机器学习，可以快速处理重复性项目的 BIM，能够评估选项的可靠性和模拟程序，以及实时分享回馈和变更的在线协作工具。加入谷歌之前，Peter 在建筑和咨询行业担任过不同的职位，包括十几年在 IBM 数据中心设计集团的任职。

您会怎样描述您在谷歌的工作？

Peter Pellerzi（PP）：我在谷歌的工作，始于数据中心研究团队，随后更多地参与数据中心的运营和建设。现在，我作为数据中心工程部的经理，全面负责数据中心的设计、开发和建设。

您的典型一天是什么样子的？

PP：简单地说，早上 6 : 20 离开家，8 : 00 到办公室，8 : 30 与团队一起用早餐，午餐一般在公司附近或办公桌上吃，下午 6 : 30 在办公室吃晚餐，晚上 8 : 30 到家。在往返的火车上阅读邮件或文件。在办公室，第一件事是浏览一夜间来自不同时区所有团队的邮件，立即处理任何紧急事件，剩下的时间就是参加各种各样的项目会议、员工会议，每两周和我的团队成员举行一次一对一的会议。从 2014 年 1 月 21 日至 2 月 17 日，我的个人统计数据是：发送 458 封邮件，收到 5038 封邮件，耗时 113 个小时参加了 82 次会议，并拒绝了 98 个会议或活动邀请。

您工作的公司非常重视数据的作用，为什么其他公司却难以认识到数据的价值？

PP：自我来谷歌工作后，大大改变了我对数据的认识以及我解决问题的方法。我逐渐意识到，大多数人，包括以前的我自己，都不明白在大多数学科上可以获取多少数据，以及这些数据的作用有多大。

280   我无法想象在做所有的项目决策时不使用数据会是什么样子。

—— Peter Pellerzi，Google

您能在您的项目中选一例运用数据来作决策的案例吗？

PP：我无法想象在做所有的项目决策时不使用数据会是什么样子。就像油漆颜色这样简单的事情，稍有变化就会影响项目的效果，会影响日光的吸收以及设备的工作效率。当然，你也要平衡作决策时所花的时间和潜在的回报，这通常很容易，只要问你为什么选择这个产品？并花 5 分钟去讨论下。

策略 23 有了数据，问题的核心就在于文化

现在市场上有很多工具，所以我认为，现阶段选择某个或另一个工具并不是问题，选择一个让你和你的客户都满意的即可。

问题的核心就是文化。最成功的公司是在流程中嵌入开放的反馈回路的公司。

我们从过去的十个项目中学到了什么？

什么可行？什么不可行？

我们将这些经验教训融入我们下一个设计中了吗？

一旦这种文化开始扎根，就会枝繁叶茂。

—— Peter Pellerzi，Google

您对那些有兴趣参与数据中心项目的设计公司，有何建议？

PP：不要仅是数据中心方面的专家。未来十年，业务将迅速发生改变，数据中心的运营商将面临更多挑战。仅仅作为数据中心专家的公司可能无法提供长期价值。比如，以前，像低能耗设计、低碳足迹和节水技术之类的事，都不是数据中心专项设计公司要干的。我鼓励在公司成立一支承担关键使命的设计师核心团队，在保持广泛参与各类项目的基础，借鉴医疗、制药及其他精密制造设施建设的成功经验，不断生成新的创意。

如果您打算设计和建造一个数据中心，需要知道的最重要的东西是什么？

PP：是你的客户试图为其终端用户实现些什么？而不是你所认为的，他们需要达到某个行业的标准或水平。如果该设施是一个灾难恢复中心,而你的设计看起来像他们的主数据中心,那可能就不是终端用户所希望的。

您经营的公司是否使用 BIM？您的项目和作为业主的您,如何在使用 BIM 的项目中获益？BIM 是否匹配数据中心的设计？或者，您还发现了其他有助于创建数据中心的技术和工具？

PP:是的。我尝试用 BIM 来做我所有的工作。我已经在工作中看到了一些立竿见影的好处，它可使一些不同空间——设备室、电气室、网络和服务器机房等，相互关联起来。BIM 对于协调这些随时变化的空间之间的接口非常有用。

您能谈谈数据中心的能源需求吗？设计师们做些什么可以确保能源的有效利用及建筑物的高效运作？　281

PP：你应该将整栋建筑视为一个集成组件。应该首先做一些简单的事情，如利用服务器机房的余热加热你的办公区域——这似乎很简单，但很多公司并不这样做。你必须支持公司内部的努力，以提高能源效率和可持续性。关键是要将其作为你文化的一部分。当你坐下来开始一个新的数据中心项目时，首先要做的事之一，就是确定你所规划的这个数据中心的电力使用效率（简称 PUE）。数据中心所在地的 PUE 大概是多少？你如何以可持续的方式做得更好？*

您预测在不久的将来，对数据中心的需求会不会减弱？

PP：不会。我不敢想象短期内，比如未来十年，会减弱。超过这个时间，我就不敢预测将会发生什么激动人心的事了。我认为，业界正在看到使用大型数据中心整合和执行以往他们在较小的分布式数据中心所做工作所带来的好处。

将 AECO（建筑设计、工程、施工和运营）公司当作数据中介

设计师和施工人员可以被视为数据中介—— 一个包括业主在内的大型系统的一部分。USGBC 的 Chris Pyke 说。"AECO 公司仅靠一己之力无法促成这个转变，但能加速（或减缓）这一进程的发展，"Pyke 解释说，"它们是新兴的信息生态系统的一部分。"他补充说：

> 从根本上说，AECO 公司就是介于项目开发者的资源和需求，以及业主、住户的预期和体验之间的信息中介。AECO 公司通过在需求、设计方案和成果之间建立强大、系统的联系，来发挥作用。他们可以通过各自为政及规避运营绩效关键分析，延缓数据驱动方式的增长和影响。

Astorino 的 Brian Skripac 认为整个建筑行业都应该使用数据。"如果每个人都能解析数据，他们就可以定义自己的流程来利用它，"他说，"但是如果你将业主也加入进来，而业主也拥有解析能力，那么它就会更加强大。"Skripac 提供了一个有关业主发挥作用的例子：

---

* 经原作者同意，以下删除一段，因其与原书 p.165 倒数第一段内容相同。——译者注

业主为我们提供了有关空间的信息。他们告诉我们他们正在处理的具体问题。他们的建筑要求他们必须以特定方式运行。他们需要改进特定的构件。作为建筑师，你的工作就是处理这些问题。我们将如何做？如果我们要拆除和翻新整个楼面来做到它，那又如何改进业主的特定需求？这与有形资产相关，需要双方共同努力。这不仅涉及设计师或承包商对某事的应对措施，也涉及业主和运维人员对该措施所造成的影响的理解，以及将这种理解分享给他人，这样团队成员才能够采取些行动。对于设计团队来说，这些将成为能够提升竞争优势的可量化的解决方案。

282　案例研究　专访 Brian Skripac

作为 Astorino（现在的 Astorino-Cannon 设计公司）数字实践部的主任，Brian Skripac 已经接受了建筑实践的转型，将 BIM 技术融入传统的设计和文档处理过程，包括如何利用建筑数据优化可持续设计成果。最近，Brian 专注于 BIM 的集成，捕获和构建相关的设施数据，采用可互操作的生命周期管理策略实现 BIM 带给设施所有者的价值。他是 2014 年美国建筑师学会建筑实践技术知识社区的全美主席。

在 AECO 行业中，对于数据的使用，尤其是大数据，您有什么看法？

Brian Skripac（BS）：我不认为数据和大数据的使用已经全面渗透到 AECO 行业。对于很多的人和公司来说，它仍然处于较高层次，差不多还停留在理论阶段。今天，要了解大数据在建筑行业的应用，更多的是看一些大设计事务所的表现，如 SOM 和 HOK，它们正在生成性与性能设计中利用数据。同时，你也能看到那些思想领袖，如在 CASE 工作的团队，也在使用数据。他们从建筑信息模型中挖掘各种相关信息，以备日后使用。从主流设计公司来看，这似乎有点偏离未来，因为仍有许多公司试图实现 BIM。这让我设法把它应用到我公司的日常工作中来，因为它的功能如此强大。从分析和模拟的角度来看，我觉得，这里的数据变得易于获取，且可感知；但是，要想真正深入探究数据及传播数据，需要在使其更具信息性和可管理性方面进一步努力。

另一方面，来看看我们在俄亥俄州立大学所做的工作，从业主的角度来说，我们所收集、审查和努力构建的信息，即所有的设施信息，也都属于大数据。仅仅不同而已。当大数据被呈现时，表现出庞大的数据量，数据之大令你惊叹！它是如此包罗万象，势不可挡，你会震惊不已。

我认为，在相对小的范围内理解大数据的概念非常重要，它容易加深你对人们在行业中所做工作的理解，并推断出大数据对你和你的实践有何影响。你不能仅仅使用或运用你所读到的东西。这种理解和特定的应用是建筑公司在大数据方面取得成功的前提。

初次见到它，你可能会说，不，不能，我做不到，只有大公司才行。而你必须突破它，将其视为一个想法，并懂得如何使用它。这就像 10 年前的 BIM 一样。噢，这家公司做了，所以我需要做……或者，我不能做，它对我没用，它不适用于我的项目。就这样往复循环。我正在努力掌握和探究行业是如何应用大数据并理解它的。

对于很多设计专家来说，数据的主题并不如有趣的模式生成那么有吸引力。您认为这会 283
阻碍数据在建筑行业的应用吗？

BS：当然会有一定数量的人着迷于形状生成，是的，如果建筑行业仅仅将大数据的应用限制于形状生成，那它就会变成一个障碍。我曾经听过这样一个论点：建筑师为了"生成形状"而放弃"生成形状"，尤其是，当他通过模拟或生成，未能解决具体问题或达到某个标准时。尽管这一过程可能利用了大数据，不应该被排斥，但这种观念依然存在。

你必须认识到大数据是一种可扩展的解决方案，其基于应用程序的应用将是独一无二的。有些人利用它来生成严格的形状，另一些人则在研究形状生成的同时，研究日光的影响、相邻建筑的阴影、风环境、建筑结构构件的优化或立面墙板的合理布置。这些都是大数据，且非常实用。

就像有些建筑师只想纯粹地当设计师，有些希望弄清楚构造原理一样，当你谈到"技术"时，也是如此。有些人认为它只是达到目的的手段——一个生产工具而已，有些人则视其为一种设计工具。你需要尽一切可能来整合它，以使你解决问题并获得高质量的成果。这就是大数据的价值所在。

Astorino 在其 110 名员工中没有一支研发团队。但是一家如贵公司那样规模的公司，可
能需要一个像您这样的人，能够甄别某人是有才干还是在瞎捣乱，因为这个人可能去一个不
一定知道他是如何运用数据的组织中的其他部门，做一锤子买卖或走进死胡同。

BS：确实如此。有机会跨越不同的团队去搜寻、倾听和沟通信息——并在办公室分享它们——变得非常重要。这将成为我们成功开发的一部分。他这样做了，你听说了吗？你可以去传播那些知识。这不是将一个装着 BIM 资料的小口袋运去那里。人们通过彼此分享获得更多知识。分享得越多，你的 BIM 创新能力就越强。

公司在建筑行业实践中，怎样迈出采用大数据方法的第一步？公司能靠自己做这件事吗？

BS：是的，他们可以自己做。你只需意识到：大数据无处不在，且并非遥不可及。你对它了解得越多，就越容易掌握它。最初，你必须有一个亟待解决的问题或疑问，并意识到大数据有助于提供答案。它是关于如何使用技术并将其与组织中的能力相融合的思想和文化的转变。一旦你能做到这一点，公司内部人员将会变得更专业，因为它的价值会立刻显现。

这当中有多少是心态的问题？

BS：绝大部分。有人出主意，就得有人去完善，有人去应用、去诠释。你必须有这样的思想：最初的问题，即挑战，如果你不是解决问题的人，而你有了解决问题的主意，那你要和谁一起去做？这就是它的文化方面。你必须了解人的个性，如果我必须这样做，我肯定知道我要去找谁。你必须有这些关系。工具是用来做事的，你必须识别出谁想利用它们来调查并解决问题。

284 **您认为，要与数据打交道，需要培养什么样的品质？**

BS：一种对"认知"的渴望。他们要勇于实验，而无畏出错。因为通过"实验－错误－再实验"的反复过程，他们终将解决问题或找到更好的解决方案。要有解决问题的动力。要秉持"一定会有更好的解决方案"的心态。

您是否能想起一个这样的项目：您在其中运用了数据从而得到了优化的结果？

BS：我们最近有两个项目，需要在设计过程早期研究被动式太阳能战略的影响。在用Autodesk 的 Vasari 软件（能够优化建筑物朝向、形状及光线分布的软件）对体量模型进行一系列的迭代性研究后，设计团队有意从美学和性能两个角度探索外部遮阳板的价值。我们能够迅速建立概念设计模型并测试结果，从而发现，基于我们为特定场地所做的建筑设计，其投资回报（ROI）并不如意。错失在整个冬季捕获太阳能的机会，其损失将远远大于在夏季遮挡不需要的阳光所节约的能源。

在另一个项目中，我们开始从成本估算的角度去使用工具。我们尝试考虑如何将成本信息集成到模型中，使用一款允许利用以往建筑成本数据的应用程序，在更广泛的范围内去考虑成本。你不仅要为那么多英尺的墙或平方英尺的地板赋予一般建设成本信息，还要情景化建筑构件，并基于其"功能"来确定其成本。例如，你正在建一个医疗保健设施，其空间内有那么多平方英尺的 A 级装修饰面。从装修，到系统，再到结构，你如何理解医疗设施与出租/租赁办公空间之间的区别？我们开始基于建筑类型和位置进行更广泛的研究，而不仅仅是在设计初期无法确定的建筑的整体材料用量。从这个角度看，公司内会有更多的项目团队对此感兴趣。

闯入大数据领域了，您正在考虑上下游业务的数据传递。

BS：这种情况下，我们使用与我们正在做的项目类似的其他建筑的历史数据。为此，我们使用了一款叫作"Building CATALYST"的工具。我们首先在我们正在做的一个项目中并行使用这个工具，看它如何验证我们正在做的事情。我们目前正在研究如何将该技术集成到我们项目交付的全过程中。我们试图找出如何将我们的模型数据与下游应用融合的方法。这不仅仅是为了弄明白如何编制一个初始计划，而是要知道：如何验证我们正在创建的东西？如何架起通往下游的桥梁？我们与程序开发者共享历史项目数据，共同探讨如何解决数据传递遇到的问题。此外，我们还研究如何在后序进程中链接数据。这需要不断的验证与平衡。

共享数据时会遇到多少安全和隐私问题？

BS：共享的数据来自我们担任施工经理（CM）的项目，并且，作为施工经理，我们拥有所有的竣工信息。我们不是发送别人的数据，而是共享自己的数据，所以没有问题。

我们没有遇到任何问题。你填写的总是合同语言，这类过程／共享／法律责任文档已经变得较为完善。没有人会拿走我们的图纸来建另一栋建筑，真正的问题不是安全问题，而是人们可以自由地使用数据和模型来完成特定的任务。如果我要构建某个模型，我将定义它的应用范围——你可以在什么程度上信任这个模型。我们称这种做法为"指定可靠性"。

我们将其视为令行业更加完善的信息分享。如果它能使项目变得更好，并对社会有益，我们愿意分享它。我们看到了其中的价值，愿意帮助推动这一变化。这也许有点理想主义。你获得知识，再分享知识。我曾经在没有这种文化的环境中工作。

数据是令人信服的，因为它是数字的和可感知的。这是简单的数据，不容辩驳。你试图以某种方式验证设计策略，但是最后，你必须用数字来做这件事。

—— Brian Skripac，Astorino 公司

您是如何利用 BIM 数据的？

BS：BIM 信息和数据必然涉及连通性，而不仅仅是产品信息和用户指南的存储器。我们在俄亥俄州的项目在这方面让人大开眼界。我们把所有信息放到模型中，再将其交给业主，这不是他们想要的，他们希望模型以他们能够使用的方式来构建。身在建筑行业，我们需要了解业主真正需要的是什么，这样我们才能帮助他们。他们希望通过与我们的合作能够解决他们的问题，而不是"被告知"如何如何。这就是问题所在：他们需要 BIM——其中无所不包，同时也要祝他们好运，他们将被所有的数据淹没。他们不会，也不愿用那种方式使用它。你必须规划每一资产需要的数据、数据来源（来自谁或哪？）、数据的使用／分享方式、数据的最佳交付结构与格式。这就是目前我们正在做的工作：生成电子数据表以了解大学使用什么数据来维护他们的设施。你可以告诉他们 40 个有关变风量空调系统末端装置的信息，但是，如果他们只需要 9 个，那剩下的就多余了。他们也许只想知道：制造商是谁？我可否访问电子操作手册？我能否获得零件清单？它是什么时候安装的？能够用多久？如果它坏了，我该找谁修？

这涉及以结构化方式配对几何体与数据使其能够与其他应用程序连接；（模型之外的）其他数据可以来自 COBie 电子表格。一旦我能以有用的方式匹配上该信息，我就可以用 CAFM、CMMS、GIS、BAS 技术在我的 iPad 上分享它。我不需要在一个 BIM 建模平台上看东西。我可以利用以任务为中心的技术，在手机上获取我平板电脑上的信息，并确保我正在从唯一真实的 BIM 源提取链接的数据。

数据可视化有利于业主决策

第 4 章中，Brendon Levitt 谈道，可以利用数据可视化来帮助理解大数据。在此，我们重点探讨数据可视化是如何帮助业主进行决策的。引入各种分析和数据可视化工具，确保了信息传播的透明度，以及向业主实时传达设计问题与建议以建立互信的能力。"现在，利用这些可视化方法，"Jonatan Schumacher 说，"我们就可以舒舒服服地跟业主交流，传达我们的研究成果，从而在一开始就建立互信。"

286

如果数据有助于业主制定决策，那么数据可视化则可以帮助业主理解这些数据。正是以这种方式，数据可视化使决策得以制定，项目得以推进。Schumacher 提供了一个案例，其中，直接用 3D 可视化图形展示分析结果，而无须生成额外的报告。换句话说，就是将结果转化成独立的可视化图形，以便非专业人士理解——表面上将其转化成柱状图——其中的工作就是可视化。"这种情况越来越多，"Schumacher 解释说，"在理想情况下，工程师更多专注于分析，而不太注重用报告和图纸记录结果。我们离这个目标越来越近——主要工作是将 3D 模型的信息转换为嵌入了性能反馈机制的可视化图形。"

LMN 是另一家利用数据可视化做些有趣的事情的公司，它试图以一种可使观众迅速评估性能并辨识出有利于进一步探究的子集的方式输出图形。Sam Miller 说："它甚至会进入文件命名协议。"

> 我们正在采用的一种方式是：文件一生成，性能就确定，即在文件名中嵌入表示性能的代码。所以你甚至无需打开文件就能知道工作性能如何。如果你早上收到一份经过一夜运行产生的 100 个文件的清单，你就能迅速分类排序，并找出最有价值的文件来做进一步研究。

Erik Olwen 说，Transsolar 公司的员工花了很多时间来思考该如何向建筑观众展示成果，当然，介绍应越清晰越好。"尤其是，高质量的数据图形，以确保可视化足够清晰。因为那样我们更容易被设计观众所理解。"Olsen 继续说：

> 我们的团队中没有平面设计师。我们是一群假装自己是平面设计师的工程师。我们当然会制作清晰简洁的草图和图表。我们正在努力确保用创意和数据本身来说话，从而使我们的介绍尽可能地清晰。我们试图尽最大可能从数据可视化这类领域中学习知识，而不必为此增加额外的人员。我们正在优化我们的图表。我们让公司的每个人都知道不要只是展示图表而不去思考图表中每一处墨迹的含义。图表需要设计，它不是自动生成的副产品。

案例研究   用 Revit 实现数据可视化

Michael Kilkelly，Space Command 的负责人，目前正在运用 Revit 做一个有趣的数据可视化项目，他分享了以下内容：

该客户是一家在全美拥有 50 多家仓库的批发公司。我用 BIM 软件对其仓库的库存数据进行建模和可视化。鉴于已有数据的容量及其更新的速度，他们需要一套系统来快速识别和可视化仓库中的问题区域。电子表格及典型的 2D 报告对这类工作没有什么帮助。幸运的是，BIM 非常适合这类工作。虽然这不是典型的建筑业务，但我认为，这是数据驱动的建筑师能够真正帮助客户了解其数据并将其转化为可操作的业务知识的领域（图 8.1）。　287

我曾经在以前的建筑公司与一位数据分析师合作过。他最后离开了。他有丰富的 IT 和商业背景，在数据库相关领域也有一定背景，他最终成为一名数据分析师，做了很多分析报告，处理了大量数据。他们试图弄清楚如何才能更好地可视化那些来自仓库的数据。他们必须对它进行解析，因为它是一张严格的表格。他们无法判断仓库的通道是否有全局性问题，因为它只是以数字的形式出现。你可以对数据进行排序，但这并不能让你更好地了解真实发生的事情。

在内部，他们正在寻找方法来可视化一些数据，我的这位前同事看到我开始自己工作了。我有很强的技术背景，即使我在该公司是一位建筑师。我走马灯似地一会儿做 IT 工作一会儿在项目里做设计。他知道我在技术方面有一些优势，或许是心血来潮，他打电话　288
问我这是不是我感兴趣的事？ Revit 能够在其中做些什么？我建立了一个严谨的仓库模型（图 8.2）。

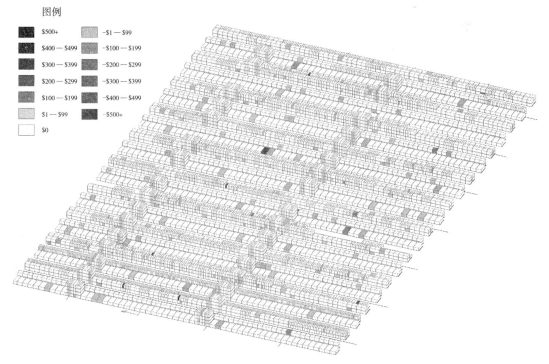

图例

■	$500+		−$1 — $99
■	$400 — $499		−$100 — $199
■	$300 — $399		−$200 — $299
■	$200 — $299		−$300 — $399
■	$100 — $199		−$400 — $499
	$1 — $99		−$500+
□	$0		

图 8.1　我们可以帮助客户可视化问题区域。建筑物仅是一个成果。数据可视化是另一个成果 © *Space Command*

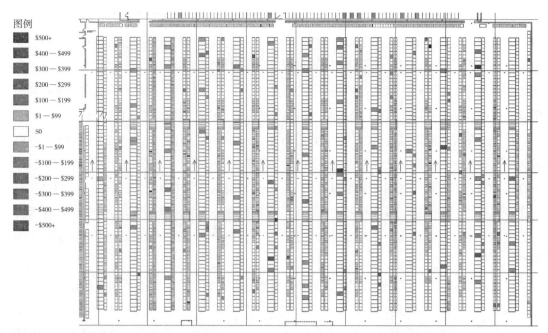

图 8.2　与可视化工具相比，BIM 软件的主要优势之一是，既能在三维中也能在二维中查看数据，以帮助客户更好地理解他们的数据在物理环境中的应用 © *Space Command*

要掌握某些技术本身，其实很简单。以 AutoCAD 为背景，我在 Revit 里建立了一系列立方体，代表所有产品。这是同一个（Revit）族，可根据大小设置各种变量。这些立方体约有 100000—200000 个，文件相当大。它是一个仓库。通过存放产品的每个立方体，我们可以追踪我们想要的任何数据。他们有一对指标要看。Revit 模型中的族本身就是一个承载数据的容器。他们给了我一个 Excel 文件，虽然我们可以从数据库中直接提取某些数据。然后我可以将"值"直接赋予对象。在此基础上，我们可以基于它们的"值"对它们进行过滤和色彩编码。

当我开始着手这项工作并与他们合作时，一直想知道是否有什么公司或现成的工具能做这类工作。肯定会有数据可视化公司。也会有一大堆现成的数据可视化产品。知之不多而深陷其中或全力以赴了解它，是一件有趣的事（图 8.3）。

我一直是个对数据感兴趣的人。研究生毕业后，我在一家初创公司工作。我开始玩数据库。
用这种格式处理原始数据感觉很舒服，我没有回避它。当我在 Gehry 技术公司工作时，我为他们建立了数据库。为了监测施工，你必须要有房间数据。我们必须为非常大的项目做房间数据表，这在数据库中做起来比在 Excel 中更容易。有过一些接触后，我就不那么惧怕大数据了。

就纯粹的数据点而言，100000—200000 个对象是很多的。他们在 Excel 中给我原始数据，哇，那是一个很大的 Excel 文件。

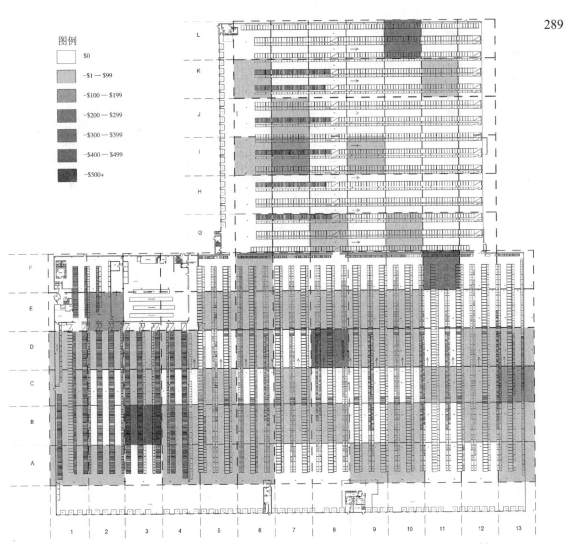

图 8.3　市场上有些很好的数据可视化应用程序，如 Tableau 和 Spotfire。然而，这些产品最适合 2D 数据　© *Space Command*

　　数据在抵达我这里之前，需通过一系列的过滤器。这听起来似乎它们的后端有点复杂。我感觉它们有很多遗留系统。要获取信息，需要他们从一个数据库进入另一个数据库，然后再从中提取。他们将信息给我，我再对它做清理——清除掉那些我不需要的信息。我仍留有100000 条数据，但我可以用它们来工作。在某个时刻，我们能将其加入到实时数据中，然后进行近似实时的演示。这仍处于研发阶段。我感兴趣的是：看看这可能对整个组织带来怎样的影响（图 8.4）。

　　我一直都喜欢"信息架构师"这个称号。在很多方面，这就是建筑师要做的事。我们管理信息、信息流及信息的分布。糟糕的是，这个称呼被那些搞网络的家伙先得到了。收回它也未必是绝对机智的策略。在 Gehry 技术公司工作时，我被聘的职位就是"信息架构师"。他 291

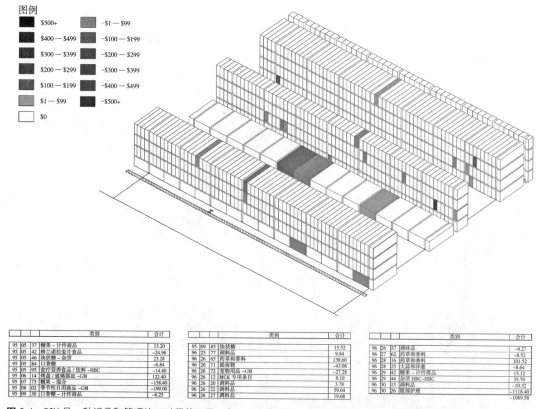

图例	
■ $500+	■ -$1 — $99
■ $400 — $499	■ -$100 — $199
■ $300 — $399	■ -$200 — $299
■ $200 — $299	■ -$300 — $399
■ $100 — $199	■ -$400 — $499
■ $1 — $99	■ -$500+
□ $0	

			类别	合计
95	05	37	糖果 - 计件商品	13.20
95	05	42	格兰诺拉麦片食品	-24.96
95	05	46	块状糖 - 杂货	23.28
95	05	84	口香糖	-6.84
95	05	95	食疗营养食品 / 饮料 –HBC	-14.40
95	06	14	烤盘 / 玻璃器皿 –GM	122.40
95	07	73	糖果 - 混合	-158.40
95	08	02	季节性日用商品 –GM	-199.00
95	09	30	口香糖 –计件商品	-6.25

			类别	合计
95	09	85	块状糖	15.52
96	25	77	调味品	9.84
96	26	65	药草和香料	138.60
96	26	71	提炼物	-43.08
96	26	72	老物用品 –GM	-27.28
96	26	12	MCK 专项条目	8.10
96	26	20	调料品	3.78
96	26	27	调料品	59.04
96	26	27	调料品	19.68

			类别	合计
96	26	37	调味品	-9.27
96	27	62	药草和香料	-8.52
96	28	16	药草和香料	101.52
96	28	25	大蒜和洋葱	-8.64
96	29	42	糖果 - 计件商品	15.12
96	29	44	杂项 HBC–HBC	35.70
96	30	15	调料品	-10.32
96	30	26	眼部护理	-1118.40
				-1069.58

图 8.4 BIM 是一种记录和管理施工过程的工具，也可以用作数据可视化工具 © *Space Command*

们想要一个既有技术背景又同时是建筑师的人，一个能够真正管理该特定项目信息流的人。这就是当我看见招聘广告时吸引我的地方。这是一个两者兼具的职位。

谈到"数据"，大量来自这个仓库项目。他们确实有这方面的需求。因为这符合他们的业务目标。这将是以我的技能满足业务需求的一种途径，而这并不一定是我去设计一栋建筑。

挑战是：为我自己工作，只管理自己的时间。这个客户是个大机构，所以他们的行动没有那么快，他们认为这是一个研发项目。这次有机会迅速扩大规模，我需要确保自己可以根据需要扩展规模。我已经有能力自己处理这件事，其中有时需要输入大量数据。这是一个挑战。我可以在该领域得到帮助。客户派了一个人去仓库沿通道逐一调查，因为他们没有一套好的系统来记录仓库里所有东西的位置。我收到一个 Excel 文件，列出了所有的产品编号和过道号码等信息。将其转换成 Revit 非常耗时。并且，因为这个老仓库太特殊了，我无法使之自动化。这真的是低级的技术。

其中有些部分很耗时，并且，因为我将该项目与其他项目混在一起，所以构建 Revit 模型花费了比预期多很多的时间。

只要有可能，我尽量使它自动化。如果我能写一个脚本让它自动建造仓库，就太棒了。

每条通道内的一切都略有不同，所以这是不可能的。

当我第一次与客户会谈，与他们讨论他们想要做什么时，他们说想做一些热图以便他们可以识别问题。他们想要查看的数据可能会改变。对我来说，这似乎非常适合使用 BIM 软件，因为我可以创建非常通用的对象，再为它们定制数据类型。我们还能在三维里查看它。我可以创建 3D 对象并给它们添加信息，可以对这些信息进行过滤和色彩编码，也可以从多个视图查看它。这些都是应用 BIM 的标准做法。我今天和某人谈起数据主控面板软件 Tableau，我看到了一个潜在问题：因为它不是 3D 的，所以我创建的热图，仅仅是基于 x / y 坐标的。而仓库是三维的，会有叠放的产品，所以我不知道它该如何工作。主控面板让我喜欢的一点是，它可以让你实时获取数据链接。你可以部署主控面板，以便没有专业知识的人能与数据交互。你也可以移动滑动条和修改参数，它会实时更新信息。

BIM 模型非常好的一点是，我可以在平面中观察它；也可以在立面中创建它。要发现仓库中潜在的问题在哪里，拥有这些多维视图确实很有用。你可能在平面视图中看到一些东西，也可能在立面或 3D 视图中看到完全不一样的东西。

这超出了建筑业务的典型范围，但它解决了业务中一些有趣的问题。我正试图推广这种方法。例如，在医疗保健领域，他们试图追踪医院内的各种东西，在这方面有类似的应用程序吗？有谁知道还有哪里需要？应该有很多行业可以受益于这样的可视化。

292　*可视化能让数据自己讲故事*

Gregory Janks 描述了他在 Sasaki 事务所关于数据可视化方面的角色。"在我的脑海中，我力图了解哪类事情可以度量，哪类不能，以及这两类事情如何帮助人们制定决策。"Janks 说："我努力工作，使数据在不定量的情况下能够定性地'说话'，尤其是，通过可视化技术来访问数据，并使其通过故事来表达自己。最后一点是最根本的。我们都经历了一些没完没了地陈述。如果该数据毫无意义，那就留给你自己吧。去寻找有意义的数据，并说出它的故事。"（图 8.5）

"这一切都关乎数据，"仲量联行的战略咨询师 David Sawdey 说，"如果你有很棒的数据，就会有很棒的、好用的可视化工具。有了数据可视化工具，你可以用来发现机遇、开阔视野。"他继续说：

> 通过数据来讲故事，不是用你讲述 293 生意中的奇闻趣事时所用的煽情方式，而是以可度量的方式。基于事实的业务都与数字相关，它们都是可度量的数字。这样，你就能正确了解业务中发生的事情。在与我们的客户合作中，我们超越了思维定式。我们的客户已经知道自己在"旅途"中的位置，以及想要去的地方。

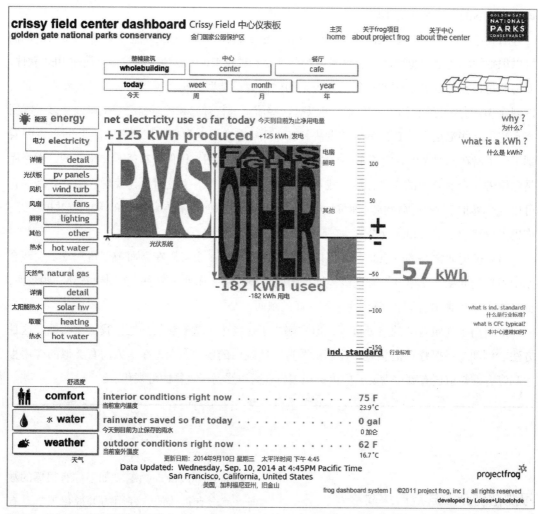

图 8.5 用于金门国家公园保护区为 Crissy Field 中心开发的 Frog 项目模块化建筑的面板。面板讲述了有关这座建筑的故事 © *Loisos + Ubbelohde*

案例研究 专访 Evelyn Lee

Evelyn Lee 是 MKThink 的高级战略师，注册建筑师，持有 MPA/MBA 双学位。Evelyn 曾获得美国建筑师学会的年度奖，目前任美国建筑师学会加利福尼亚理事会的区域总监。

您是 MKThink 战略组的成员，您如何描述您和数据的关系？

Evelyn Lee（EL）：我们所做的与战略相关的所有工作，都是以数据为基础、以人为中心的。在很多情况下，我们使用数据来帮助消除决策过程中的情绪干扰。当我们使用助推项目前行的数据来帮助客户创建最终的解决方案时，它能帮助我们的客户找到客观的思考过程。

很多时候我们只是将自己视为这些项目的负责人，我们所做的是帮助客户了解当前资产组合的最佳结果。我们使用很多不同格式的数据——从进入建筑物的刷卡记录，到学生的路程远近，以及某个学区是否有足够的学校，在常规设施基础上，有多少办公室可以被紧急占用？或者，他们是否人人都需要私人办公室？——所有这些，都是不同的数据类型。

您已和 Zigmund（Zig）Rubel 谈到过关于 MKThink 所做的一些数据驱动设计方面的工作。Zig 说：“这家公司确确实实在做这个——将数据应用于日常实践——他们在做真正的项目。”这听起来像是对贵公司的一个准确描述吗？

EL：MKThink 是个有趣的地方。我们也许不像有些工作室那么新潮，因为我们的建筑工作室更像是传统的工作室。在战略方面我们始终要做的是，战略响应。例如，为校园规划或新建筑的规划提供 RFP（项目建议书）。每一次提交 RFP 时，我们都会为自己可以提供的服务感到高兴（你想过这样做？）。我们花在 RFP 上的投入与回报相比，不是很好。这需要有聪明的客户真正理解我们带来的价值。很多时候，我们要求他们提供支持，且需要花点时间去调查他们的流程。这意味着我们必须在“签约”之前与他们握手 20 次。换句话说，我们一直在大海捞针，直到客户拿到它为止。

与此同时，我们是一家中等规模的公司，有着其他公司可能模仿的模式。这是很有可能的。很多公司都在关注自己的业务，而“战略”是你能够实现目标的一种办法。

员工需要具备哪些品质才能在 MKThink 这样的环境中成长？

EL：建筑师是糟糕的沟通者，尤其是与大众沟通时。我们在新人招聘中要求应聘者具有用图表来描述一个令人信服的故事的能力。我们需要他能很好地融入我们的团队。我们愿意培训他。我们寻找有敏锐眼光的人。我们聘请了具有建筑学背景的建筑师，其中有些更具城市规划背景，有些更具设计背景。我们寻找具备这种能力的人：可以将我们的数据整合并提炼成简单的图表，以讲述一个可以让客户看一分钟就能明白的故事。因为很多时候我们所做的事情客户难以理解，所以，近来越来越多的学校开始培养这种沟通能力。

我称这种能力为数据可视化。我们没有专门的数据可视化人员，因为我们最近雇用的人员将数据可视化视为其工具包的一部分。因为我们规模太小，从事策略工作的人都顶着很多不同的头衔。我们寻找那些能够用图形来思考的全面人才。

您能否举例说明，在 MKThink 如何利用计算机采集、挖掘、分析或应用数据？

EL：根据项目特点，我们会要求客户提供各种不同的数据点。在美国自然保护协会（TNC），每个人都声称需要自己的办公桌。但他们也是科学家。我们在他们的建筑周围收集刷卡记录。在任何日子，甚至是有个全体会议的忙碌日子，他们的占用率也仅为 80%。这类数据完全不同于我们用于学校或教室分析的数据类型。我们采集各种各样的数据。我们把 4Adaptive 软件作为平台，对数据集进行交叉比较。我们开始用高超的技巧创建可视化，然后，以客户能够理解的方式诠释它们，或者，我们将它们转换成图表。

例如，我们正在为一个每个人都在往里搬的学区工作。一所高中预计 5 年内，其学生人数将从 1200 增长到 2000。学区有意在其拥有的毗邻高中的地块上建设另一所中学。该高中说"不行，我们超容了，我们需要扩建。"他们把我们请来。我们无须参观学校就可以完成设计。但我们做了可视化和占用率研究，结果显示：80% 以上的教室上课时是超容的，但在白天，几乎每一个时间段，每个老师都被分配一间教室，导致 40% 的教室是空的。在这里，我们用数据说"是"，"我们理解为什么你们会觉得超容，但是，如果你们改变学校的某些管理规定，就能获得更高的教室使用率。"我们分别调查了家庭教师协会（PTA）、校长和教职员工，他们都认为学校已经超容。但在看了那些数据后，他们发现，学校并没有超容。

在美国自然保护协会，人人都声称"我们需要自己的办公室。"办公室的尺寸只是一个数据点。我们采集了许多其他数据点。我们对数据点进行了大量观测，例如，30% 的人每周都有 3 天不在办公室。租金上涨了这么多，如果我们能够通过共享办公空间缩小办公面积可省不少钱——并且，你可以打破壁垒与他人交谈——没有自己的办公室反而可以得到更好的研究成果。所以，现在没有人有自己的办公室。

我们所做的另一件事，是关于我们的数据源，以及我们可以从那里轻松采集数据——我们挖掘公共数据，从自己的客户那里获取数据，并且，在很多情况下，我们去现场采集自己的数据。

如果数据给出的答案不是新建或扩建，MKThink 会不会做这样的提议？即使这意味着事务所将失去一个潜在的项目。

EL：当然。从战略角度。我们的口号是：我们相信，最高级的可持续建筑，就是"不建造"。我们发现，平均而言，与我们合作的很多客户和机构，仅仅利用了其建筑的 60%，我们可以帮助他们把空间的使用率提高至 80%—85%。

295   **您觉得，业主是否愿意接受你们分享给他们的数据？**

EL：他们被数据说服了。事实上，我们可以把看似主观的解决方案，变成以数据做支撑的客观的解决方案，对他们来说非常有意义。最后，他们认为，他们正在减少与未来建筑项目相关的风险，因为我们做了研究，并以数据挑战他们。我们发现，站在 CFO（首席财务官）的前面，是我们最好的切入点，尤其是为大学做项目，因为他们立马就能接受。

谈一点 MKThink 的数据分析人员的情况。不久的将来，建筑师会与数据科学人员比肩而行吗？

EL：负责运作我们战略小组的主管，来自一家大型咨询公司。如果你不在现场了解你的客户，就会给他人窃取你项目的机会。他宁愿我们走出办公室而不是待在办公室。从策略到计划，直至我们所谓的"实施"阶段，我们能将这些知识带到整个过程中去。从策略到建筑，我们以这种能力，充当某一种形式的客户代表，并向他们提供我们在过往研究中发现的所有信息。这有助于把项目做得更好。

我个人认为，传统建筑公司的理念不会持续太久。传统的建筑实践将难以为继。作为建筑师，我们经常抱怨没机会上谈判桌。但为了上谈判桌，我们必须提供一些特别的东西。如果建筑师想上谈判桌，当涉及可持续性或我们城市的未来发展时，他们将发现，他们必须与来自不同背景的人合作。如果公司的合伙人不都是建筑师，公司将会出现更多的模式，他们作为公司的合伙人，可能会是社会学家、生物学家或经济学家。这使他们能够以更广泛的角度思考那些对客户有价值的东西。这是我觉得正在发生的事情。

我们需要在网站上做得更好的一件事是，展示我们的团队成员持有各种各样的学位，尤其是当我们参与询价（RFQ）之后。我们拥有一位火箭科学家、若干分析师、一位心理学家、一位文化人类学家和一位数学家。这真的是一个多元化的公司。我相信，吸纳来自不同背景的人才，将会让更多的公司受益匪浅。

在设计中与硬数据一起工作是否需要一定的勇气？

EL：数据是不同的——它是新的、惊人的。它与设计师的所见不同。以当前的建筑学课程体系来看，我不认为，现在毕业的学生与数据打交道会存在问题。很多程序与 GIS 及能源模型相关，这些都需要数据。如果你询问这些毕业生中的任何一个，他都会告诉你，他愿意找一家可以将其所学付诸行动的公司。当你询问大多数建筑行业的公司领导——并且，我们都知道，建筑行业正面临代沟问题——他们并不知道如何使用数据，尤其是，如何以一种有意义的方式应用它。有 10—20 年从业经验的公司领导都无法接受它。在很多情况下，他们害怕，"使用后评价"的结论告诉他们：他们的设计很糟糕。同时，我认为，这也许是那些他们用来做设计的程序所导致的后果。因为很多建筑师都没能获得正确的程序。

MKThink 是如何处理大数据的？

EL：要在每件事情中找到正确的平衡。我们试图从大数据中提取智能数据。开发人员说：如果你想在街区拥有最具可持续性的建筑，千万不要开灯，不要运行任何机械系统。同时，我们正努力为你的员工创造一个富有成效的工作场所。每件事情正确的数量是多少才能使你达到最高的生产力水平？我们确实使用了大数据，我们有一套可以迅速挖掘它的系统，但它是对你所收集的数据的智能化，所以我们称之为智能数据。

由业主主导的数据驱动设计

当设计、施工和运营向创新使用数据和建筑信息管理发展时，我们应对哪些方面持乐观态度？数据将在建筑的全生命周期发挥作用，何时我们才能乐观？"当它被业主要求时，我才会感到乐观，"CASE 公司的 Tyler Goss 说，"对我来说，这一切在建筑行业都没有发生改变。文化问题的根源——缺乏采用新技术和新流程——是源于这样的事实：建筑行业老式、落后，仍然是以客户为驱动、以服务为导向的行业。除非业主提出要求，否则，无法有偿采用新技术。"

建筑业主需要了解他们的受众及其对数据采取行动的动机。Vornado 公司的 Sukanya Paciorek 指出，基于每个实体与业主的关系，以及可以采取的行动类型，业主在运维层面和租户层面促进变革的方式是不同的。房东和业主得益于通过访问建筑物数据来改善设施的维护、管理和运营。终端用户，如房屋租户，发现访问建筑物数据可以降低他们的开销和能耗。访问和使用建筑物数据的好处是广泛的。正如 Paciorek 所说，"随着我们的建筑变得更加高效，电网和整个社区都受益于我们未向我们所生活的社区要求更多的资源。"

建筑物的数据为建筑业主和终端用户提供了一个识别高效运营建筑物的方法的机会。建筑业主得出结论：对终端用户来说，数据很重要，但租户是谁，以及谁在现场监控数据，同样重要。数据提供了一种反馈机制，使建筑业主和用户可以循环往复地调整他们的习惯和使用模式。降低能耗和成本也造就了成功故事——关于数据的故事——让领导和营销者反复述说的故事。业主的底线是利用数据来确保利益相关者和股东们获得可衡量的成果。人们开始认识到：数据的收集、分析和可视化（最重要）可以帮助业主解决表现不佳的建筑物的问题。这些数据有助于业主识别和展示所节约的能源；同时，定位问题所在，确认问题的级别、范围或影响；从而确定应对问题的措施。

注释

除非特别说明，本书所有引文均来自作者 2014 年 2 月至 7 月所做的采访。

第 9 章

建立一个数据应用的案例

> 数据是一种宝贵的东西，它将比系统本身持续更长时间。
>
> —— Tim Berners-Lee

除了帮助设计和施工人员，在组织内是否还有实施数据变革的最佳案例？我们已经看到，设计和施工人员正在利用数据创建高性能的建筑物，并利用大量的数据建立建筑信息模型来帮助创建更安全的建筑和施工工地。尽管本书至此已经介绍了所有这些，但是很多设计专业人士仍然希望能够更好地了解数据在推进他们实际项目中所起的作用，以及数据是如何提高投资回报率、增加价值、减少浪费和提高生产力的。

商业智能（BI）现状评估

在技术和数据方面，建筑行业绝对不是第一个应用的行业。"如果你想知道建筑行业以后会如何发展，只需看看 TechCrunch 博客 5 年前的文章，"David Fano 在策略 3 中提到，"你可以看到世界是如何发展的，而我们这个行业正处于落后的状态。"

"商业智能出现有多久了？"Fano 问。"商业智能并不是新的东西。对于建筑行业来说，

商业智能是一个新兴的、创新的、开创性的东西，但其实并非如此，其他行业已经为我们解决了这个问题。技术问题已经解决了，软件问题已经解决了，流程问题也已基本解决。我们只需将它应用到我们行业中。"Fano 继续说：

> 我们面临的数据问题并没有那么大。现在大家都在讨论 Hadoop（一个能够对大量数据进行分布式处理的软件框架——译者注）和 R（一个用于统计计算和统计制图的软件工具——译者注），但我们不需要这些。我们用 Microsoft Access 就可以解决非常复杂的问题了。你可以使用 Alibre、Office 或者 Google Docs 来解决一些相当复杂的问题。一旦你开始谈论一个建筑工程公司的完整的项目组合，你会有传感器数据、入住数据、能源数据等——如果是谈论一家零售商，就会有他们所有的 POS 数据——那么是的，那就是"大数据"了，我们就不能再用 Excel 这样的软件了。那时，我们要考虑的是一个庞大的、用得上 MapReduce（一种面向大数据并行处理的计算模型、框架和平台——译者注）的、全面的商业智能。

为了能够开始这样思考，我们不能主次颠倒。建筑师和业主需要表明空间的含义可能会导致这样一些商业结果。那么需要我们做什么呢？仅仅是像从你的企业资源计划系统（ERP）中提取一些已经合成的报告那么简单吗？恐怕许多建筑师都会要求他们的客户提供销售记录，这需要建筑师转变为业务顾问，而数据将会在很多的决策中发挥重要的作用（本段为原书p.301策略24的主要内容，但为保持章节内容的连贯性，未作删节——译者注）。

一种关注项目结果的方式是利用监测数据的可视化工具，如项目主控面板。"我们正在密切关注 CASE 项目的主控面板，"NBBJ 的 Sean D. Burke 说，"把多个项目的数据聚集起来，然后把它放在类似项目主控面板的界面上，这样你就可以在项目团队层面和企业商业智能层面上发现很多不同的东西，这是很有趣的。"

"那些已经理解这一点的人会发邮件或打电话给我，我没必要告诉他们商业智能和数据分析有多重要，"仲量联行的战略咨询师 David Sawdey 解释说，"他们已经理解这一点了，因为他们来找我的时候，是想知道从技术角度出发应该如何着手去收集和整合那些数据。"他继续说道：

他们拥有空间及其使用情况的数据，有租赁数据和关键业务的数据，也有财务管理系统提供的使用成本数据。他们还会从某些地方得到财产清单。如果这些系统不是相互关联的，他们不可能一下子就得到人均成本、每平方英尺成本等能够帮助我们对投资组合中不同项目进行比较的指标。他们没有办法计算出总成本，一个建筑的成本可能是另一个的两倍。因此，我们使用一个可视化工具来显示数据中蕴含的内容。

"我认为，如果你想对未来进行有意义的探讨，你必须先意识到自己今天身在何处，"Page 公司预测分析总监 David L. Morgareidge 说，"令人惊讶的是，很多组织没有监测和报告体系去定量和详尽地说明他们企业的运行情况。"他继续说：

偶尔会有客户找我做现状评估，因为他们目前并没有一个全面的、综合的现状评估系统。现状评估能让每个人都了解到团队的未来发展方向。一旦奠定了这样的基础，我们就可以运用预测分析和仿真技术来规划未来。

成本和盈利数据的案例研究

这里有一个具体的例子，非常详细地讲解了 Allies and Morrison 建筑师事务所的 Jonathon Broughton 是如何捕获、挖掘、分析和应用数据的。

"在数据挖掘这方面，我曾在跟踪行业盈利能力这方面做了大量的工作。有一个观点流传了很久，它认为只有我们做了足够的高收费项目，我们才能有机会去做那些我们真正感兴趣的事情，如艺术项目或精品小屋等。"他继续说：

　　我最近最有趣的工作之一是挖掘项目的所有成本和盈利数据，并对比那些不满意这些项目的项目成员的工作时间绘制了相应的图表。我发现尽管那些项目负责人对项目盈利有着不同的观点，但他们都认为：无论这些项目是我们喜欢做的，还是能够带来高盈利的，我一定会得到应有的酬劳；我付出了一定的金钱成本，所以我一定会有利润回报。这还没有包括每天额外加班 3 或 4 小时的人，或者一周加班 12 个小时的人。

　　我发现的最有趣的事情就是不管项目大小团队的努力程度都是不变的。虽然大家都喜欢完成小规模的项目，但相应的得到的利润也较少。这就是事实。有趣的是，你是否满意你的工作并不重要，或者你能投入多少精力也不重要，重要的是你会成为奋斗在前线的步兵，无论什么项目你的关注点永远是你的下一个期限。你要知道这些东西。无论项目有多好，这些影响因素都是不会变的，因为大家都完全平等地投入到项目中。既然规模越大的项目会得到更大的利润，我们应该怎样看待这一点呢——如果我们不喜欢这些大规模的项目，我们只是靠着我们的良心和专业素养去完成，我们凭什么要求我们的员工和我们一样呢？为此我得到两个结论：一是人们并不喜欢做太多的工作。另外一个就是，如果一个项目已经为我们带来了很多利润，这些利润允许我们去做那些我们真正喜欢的项目，那我们不如就去做那些我们喜欢的项目吧。我们要挣更多的钱，以便于能做更多的我们喜欢的项目。这个过程的重点是我们能够利用数据，去检验以前从未被验证过的假设。

通过追踪"2030 年挑战"数据来监控事务所绩效

　　为了减少排放量及减缓其增长速度，Architecture 2030 提出了"2030 年挑战"，旨在呼吁全球的建筑设计公司和社区达到各种各样的目标。[1] "NBBJ 作为参与'2030 年挑战'的成员之一，必须向美国建筑师学会提供每个项目的能源使用跟踪报告。但我们现在面临的一个挑战就是每个项目的分析方法和分析工具并不统一。"NBBJ 的 Sean D. Burke 说。他继续说：

　　　　一些人可能使用 Green Building Studio，IES，或聘请咨询工程师来做能源建模。我

们可以获取数据，但都是从这些没有关联的报告中得到。我们试图弄清楚，我们应该如何整合这些数据呢？我们应该如何合理地使用这些数据，如何通过不同的方式分解这些数据，以便于我们能在项目初期就能作出相对较好的决策？目前这都需要人工去完成，但我们希望通过从模型中直接获得足够多的数据来替代人工。如果我们做不到，那就不得不反省一下自己了。

　　在本章后面，Solomon Cordwell Buenz 的 Mark Frisch 将讨论如何通过捕获"2030 年挑战"数据，展现他们事务所的绩效。

300　**案例研究　专访 David Fano 和 Daniel Davis 博士**

　　CASE 的创始合伙人兼董事总经理 David Fano 领导公司的战略举措，重点是业务发展，知识获取和共享以及数据管理工作。作为一个建筑师，David 的兴趣和专长在于技术和数据与建筑行业的结合。通过与领先的建筑公司合作，他对技术的知识管理提出了新的见解，并提出了利用数据创造价值和推动业务绩效的方法。David 获得了哥伦比亚大学建筑学硕士学位，并自 2007 年起担任哥伦比亚大学建筑、规划与保护研究院（GSAPP）的兼职教授。

　　Daniel Davis 博士是 CASE 的高级建筑信息专家。他最初是新西兰的建筑师，曾在皇家墨尔本理工大学（RMIT）获得计算设计博士学位。他目前领导 CASE 的研究项目，重点关注数据、计算和技术对建筑行业的影响。他的研究成果已发表在 AD、ACADIA、ArchDaily、建筑杂志、AUGI、CAADRIA、ENR、IJAC 以及相关书籍中。

CASE 整个业务计划的基础是否建立在设计师对数据的掌控能力上？

　　David Fano（DF）：我们希望整个建筑行业都能掌控数据，而不只是设计师。我们认为建筑师是构建建筑信息更广泛的生命周期的一个非常重要的部分。如果你这么问我，我的回答就是肯定的。我们正在改变建筑信息咨询的方式，这是我们的业务的核心价值，因为我们是建筑信息这方面的专家。

未来我们是否会更加强调数据，而不是技术？

　　DF：我曾经看到一篇文章说"科技"真正的定义是"让过程更好"。如果你需要对我们的工作下一个核心定义，那我们的确是在做技术，但它实际上是关于建筑过程的分析方法，而且我们离不开数据这个媒介。数据本身只是原生资源，建筑行业的专家则是利用这些数据做出相应的决策，以使得人类最终得到更好的居住场所（图 9.1）。

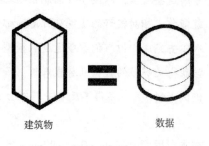

建筑物　　　　　数据

图 9.1　CASE 是一家建立于"数据是建筑行业的媒介"的理念之上的公司。图像由 CASE 提供。版权所有 © *CASE*

技术和数据的出现导致我们行业中出现了新的人员角色。Daniel，您作为高级建筑信息专家，主要专注于研究技术对建筑行业的影响。那么您认为在这方面的研究对研究型角色的需求会增加吗？

　　Daniel Davis（DD）：我们的大多数行业都基于知识和信息，从中我们获得洞察力——无论是从数据还是从计算工具中获得的洞察力。

策略 24　大数据在实践中的应用

如果你开始讨论一个建筑公司的完整的项目组合，你就会用到传感器数据、入住数据、能源数据等——是的，这就是所谓的"大数据"。这时 Excel 这样的软件已经不在我们考虑使用的范围内了。

建筑师和业主需要表明空间的含义可能会导致这样一些商业结果。

那么需要我们做什么呢？

仅仅是像从你的企业资源计划系统（ERP）中提取一些已经合成的报告那么简单吗？

恐怕许多建筑师都会要求他们的客户提供销售记录，而这就需要建筑师转换成为业务顾问的角色。

数据将会在很多决策中发挥重要的作用。

你首先要知道你想解决的业务问题是什么？然后就去寻找相关的数据吧。

我不认为这些大数据能够给到我一切。我们甚至不知道该问什么。直接收集数据吧，因为现在数据存储的成本已经下降。但在你开始任何探索之前，你应该至少对你想要解决的问题有一个假设。

—— David Fano，CASE

企业是否坐拥一些他们甚至并没有意识到的数据？

DF：当然。BIM 数据、企业资源规划（ERP）数据，以及网站访问量、工时表、客户行程表等大量数据，许多公司都没有使用或把它们看作有用的信息。

公司可以独立完成这件事情吗？

DF：是的。这不仅是技术和技能，更是一种思想。他们都需要在财务软件上花费一些有效时间，这是最基本的。如果你去看管理顾问进行的任何行业调查，那么企业在建筑行业的盈利数字就不存在了。企业需要将其经营目标与业务目标保持一致，采取一种全新的方法来处理业务。他们必须对自己的业务进行思考，真正地去理解效率，真正花时间去分析企业资源计划的数据，真正去捕获自己业务的信息。这样他们将能更好地与他们的客户联系，更好地完成建筑的建设。他们需要能够根据建设项目的业务影响来谈论他们的设计项目。

其他行业早已经为我们解决了很多问题。技术问题已经解决了，软件的问题已经解决了，整个流程也逐渐趋于完善。我们要做的，只是将它应用到我们这个行业当中。

—— David Fano，CASE

可以说 AECO 行业经历了一个历史性的转变,从以文档为中心转变到以数据为中心的方式。但是文档难道不能成为数据的一种吗?

DF:一切都是数据。我们并不是对文件或者纸质材料不满。纸质材料很好,也很有价值。我们不满的是,为什么现在 24×36 或 36×48 尺寸的纸张是传递信息的唯一途径?这是过去生产模式遗留下来的过时的信息传递方式。我们现在有 iPad,在现场有激光打印机,为什么不能使用一本书那样大小的东西来传递信息,而且可以任意放大或者缩小?以前信息传递的规格是由笔的尺寸还有纸张的容量决定的,我们需要认识到当前媒介工具的能力。

文档也是很好的资料。如果你关注数据库的最新趋势,你会发现它们是基于文档的数据库,而不是基于表格的关系数据库。

我们想要挑战的是信息的表现形式。行业中很多人都是"CYA"式的思维,他们认为用文件记录下来就可以追踪他们做过的事情。如果能在对的时刻给对的人提供对的信息,那么我们就能对创建传统的建造建筑所需图集(drawing set)的生产方式提出挑战。如果需要视频,那么我们就创建视频,而不是局限于二维的抽象表达(图 9.2)。

如果你关注其他行业,你会发现数据可视化已经成为非常强大的东西。这意味着你现在可以用很简单的方式了解很复杂的东西。因此纽约时报将斥巨资创造世界顶级的数据可视化工具。对我来说,图集就是数据可视化。我们正处在数据可视化演进的时代(图 9.3 和图 9.4)。

考虑数据可视化的使用者重要吗?

DF:这绝对是至关重要的。你可以进行一些探索性分析,以使设计变得更好。我们创造的东西都是为了其他人。如果你正在设计将要建筑的大楼,那你做的一切都是为了别人。

能够做到设计与施工结合的建筑设计公司将是成功的;那些不能这样做的建筑设计公司将成为施工公司内部的一个设计部门。

—— David Fano,CASE

过去	数据	vs.	几何
	数据	vs.	文档
现在	数据	=	几何
	数据	=	文档

图 9.2 如果你关注数据库的最新趋势,你会发现它们是基于文档的数据库,而不是基于表格或关系数据库 © *R Deutsch*

您认为别人是如何接受"数据是好的设计和施工的基础"这个观点的? 303

DF:业主的期望正在变化,他们要求 BIM 作为中间环节。他们会问:这座大楼的这种布局如何帮助我拥有更好的业务?我认为另一种方法是利用数据来论证。当谷歌计划要建立一个新的建筑,我想给他们一个关于底线成本、建设成本、运营成本、维护成本、流通成本等

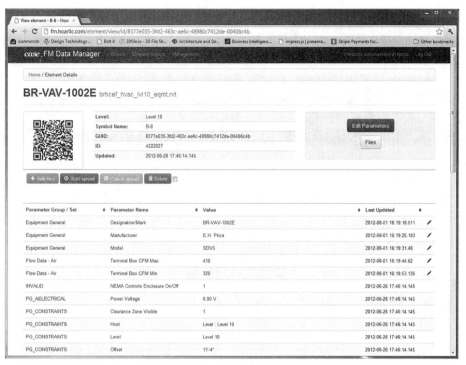

图 9.3 每个资产都有自己的网页，展示从 BIM 模型中提取的数据，包括资产的位置、唯一标识和制造商。它允许人们从这里访问数据，而不需要打开 BIM 模型 © *Hoar Construction and CASE*

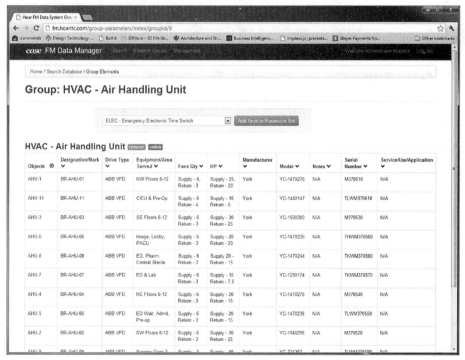

图 9.4 把相同类别的资产放在一起对比更容易有所发现。例如图中所示，所有暖通系统的空气处理机组都在一起呈现 © *Hoar Construction and CASE*

内容的电子表格。业主都将会有这些要求，这是不可避免的。在这方面，能够做到设计与施工结合的建筑设计公司将是成功的；那些不能这样做的建筑设计公司将成为施工公司内部的一个设计部门（图 9.5 和图 9.6）。

305

图 9.5 HOAR FM Data Manager 提供建筑物内资产的数据。用户可以从主页搜索某一个特定的资产，系统会自动从 BIM 模型中提取所有与该资产相关的数据 © *Hoar Construction and CASE*

306

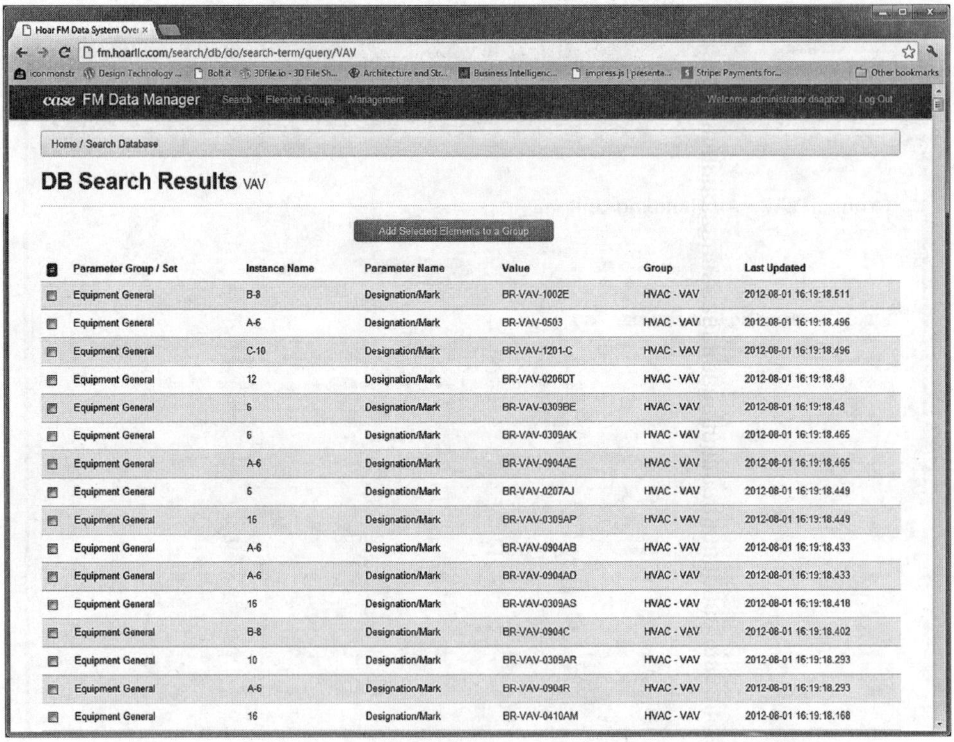

图 9.6 用户在搜索"VAV"之后，页面显示出建筑物暖通系统的所有可变风量控制器。用户也可以使用产品名称、说明、序列号和其他相关数据进行搜索 © *Hoar Construction and CASE*

除了完成特定的任务，数据能够帮助人们作出明智的决策吗？

DF：他们可能会误导决策。无用数据入、无用数据出。但是我认为从一个更高的层次来讲，数据能使决策更有效。当然了，是对数据进行处理之后得到的东西使决策更有效，数据本身只是一种原生资源。从概念上来讲，我坚信"数据，信息，知识，智慧"（DIKW）进阶。一个行业需要了解的就是他们一直在做的事情。一些有价值的建筑师会在事业上遭遇到一些瓶颈，一部分原因是因为他们积累了太多的智慧。我认为这个问题是不可以轻视的，因为这些被动接受的"智慧"现在只需要通过搜索就能得到，并且我们能搜索到更多。不是说智慧没有用，每一人群都应充满"智慧"并以不同的方式思考问题。但我真的认为传统工作模式的结束与转变和数据应用的开始是建筑行业的一个分水岭。

数据还能提供更多的帮助吗？

DF：数据使决策更加合理，也增强了我们的信心。数据可以让设计师设计出更多确定的东西。现在有些设计存在不合理之处，原因就是这些设计仅仅依靠设计师的一句"我认为这是一个好主意"。这是我的观点，我认为客户既然付了钱，就有权利提出自己的想法。如果是我，我会基于过去的项目的经验和从 20 个项目中获得的传感器数据，告诉客户这样的空间配置将会导致怎样的结果。我们并不缺少数据源，而是缺少利用数据的思维。数据能提供的另外帮助就是验证。尽管我们都害怕验证，基于建筑模型的所有的能源计算都需要验证。我们需要不断地验证，通过返工和测量，看我们是不是接近理想值。我们不能害怕验证，我们必须接受失败并从失败中学习。

对设计师来说，数据是不是也有不利的地方？

DF：是的，像所有的东西一样，如果使用不当，就会导致不好的结果。

有这样一种描述：让事情保持简单，专注于事情本身，不要为了让它们变得"更聪明"而使事情复杂化。您认为这会不会是对 CASE 理念的一个更为准确的描述呢？

DF：是的，这个描述基本准确。在大多数情况下，我们需要做的所有难以置信的事情都有人尝试过了。我们只是要找到正确的人。我不知道你要如何说服一个在谷歌上班且想要从事数据科学的人对城市问题有兴趣。人是最重要的组成部分，CASE 的成功是因为我们所拥有的这一群人。我们没有开发任何软件，我们不是在发明编程语言，我们只是在使用现成的东西。我们做的所有东西都是使用开源的技术，包括 PHP 和现成的框架。我们没有为我们做的申请专利，我们是站在别的行业的"肩膀"上，我们使用的都是现有的甚至是免费的技术。

作为建筑信息顾问和专家，CASE 着眼于人们如何使用数据和信息。那么在运营过程中会使用多少模型中的数据？

307　　**DF**：那还没有发生。

CASE 已经和一些客户开展了合作，帮助他们从使用项目主控面板开始，把大数据的方法应用到各种建筑项目中。对一些缺少这方面技术的公司来说，这是一个开始使用数据的好方法吗？

　　DF：从更广泛的意义上来说，它就是数据可视化的一种形式，图纸实际上就是数据的可视化。Eero Saarinen 对数据有惊人的感觉，他的图纸简洁、精确、美观。他能够简洁地展示数据，以便在没有电脑的情况下完成建筑设计。因此，实际上沟通才是关键。这就是为什么数据可视化和信息图表得到了保留，因为人们可以更清楚地了解信息和知识。项目主控面板就是数据可视化的一种表现形式，图纸也是如此。我们处于同一个行业里面，就应该认识到所有的问题都是沟通的问题。图纸的概念面临挑战，我不认为纸张就应该消失，但是纸张只是一种媒介。如果图纸在 iPad 上或云端上输出，或通过 Oculus Rift 投影在空间中，都是可以的，这些都无关紧要。但采用的沟通方式应使信息更加丰富，这也就是为什么项目主控面板要有条形图和扇形图等统计表图，因为这能够让你更好地理解建筑物里面有什么，以便在现场精确地把它们建造出来（图 9.7）。

　　BIM 只是一个电子表格，一个公司可以从他们所做过的每一个项目中挖掘 10 个关键数据点，所以他们拥有的信息量很大。但是大多数公司不会这样做，他们的每一个项目都是从零开始，因为建筑学院的老师都是这样告诉学生的。

从原始数据到知识和决策，这一转化过程中，数据格式的重要性体现在哪里呢？

　　DF：有多少家公司拥有撰写规格说明书的全职员工？包括有从事文字和数据的员工。又有多少家公司因为不想公司内部有这样的人，而解雇了这些角色？然后再看看它们的规格说明书写作团队的规模。规格说明书是最有价值的东西之一，在纸上用图线表示比在纸上写文字和量化一些东西要容易得多。你要解释的东西越少，你就越要保证信息的正确。这就是人们害怕做的事情。因为只要你告诉我一个数据，我就可以通过实际测量来推翻这个数据。比如你说这里有 32 个灯对吧？但实际上这里有 36 个灯。因为这个错误，我会因为返工而向你收费。这是你的错误，我可以因为这个起诉你。

在我们的行业中使用数据的最大障碍之一就是接受确定性。

—— David Fano，CASE

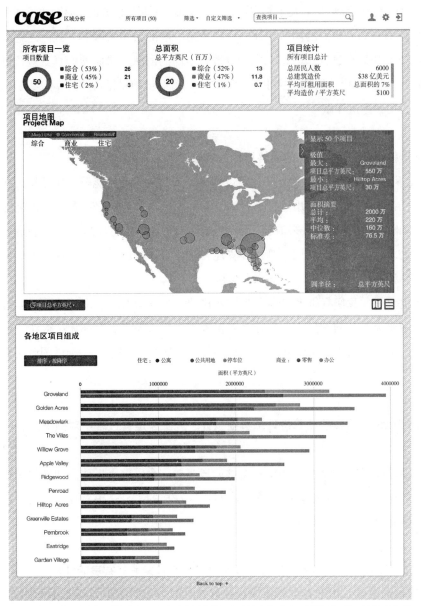

图 9.7 CASE 建筑分析主控面板的早期版本。这个主控面板帮助建筑师和业主看到他们项目的地理位置、规模和项目类型的趋势。© *CASE Inc.*

这里要强调："在我们的行业中使用数据的最大障碍之一就是接受确定性。"我们会说，是的，我知道是这样。大多数人会说：可能是这样，也可能是那样。

这就是我们现在遇到的挑战之一。我们有技术布道者，说这种确定性在模型中。但这不一定是真的。你可能聘用了一个实习生，并不知道应该放置哪种灯具，或者仅仅将它画出来了，而没有做成模型，那是错误的。这是一个建筑师与团队正在做的事情脱节的例子。这里还有一个劳动力质量比劳动力数量重要得多的例子。我真的相信，我们两个非常非常好的人所做的东西,其他建筑公司需要 8 个人才能完成。一个全是"明星"组成的小团体与一个由一位"明星"和一群还不错的人组成的团队相比,后者才是一般的公司采取的方式。这些公司通常会有 2 个或者 3 个 BIM 专家,然后把专家们分散在不同的团队。然而他们真正应该做的是把这几个专家放在一起,组成公司的"突击队",这样他们就会把项目做得很好,不会出现任何问题。但是很少有公司愿意这样做。

实现数据捕获和应用自动化的最终目标是解放人类的工作吗?

DF:我不是这样认为的,我坚信建筑设计需要人类的思考。能够应用数据去优化决策的人固然是成功的,如果人们都用这种方式来运营,那么这对建筑是有利的。但是建筑就像是乐器,就像弹钢琴那样离不开人来演奏,而不是能够完全自动化的东西。我最近遇到了一些人,他们从技术的角度强烈要求利用计算机计算能力将建筑业推向自动化,这是不切实际的,这与我们的目标相去甚远。

在理想世界里,我们有很多数据,当你要移动一个房间的时候,就等同于运行一个谷歌搜索,在索引了无数的网站后告诉你什么是正确的。我认为你永远都无法构建一种方法来获取这种体验。你不会愿意坐在那里(在那里会感觉很糟糕),去想出一种试图解决错误问题的算法。

像 Grasshopper 这样的计算设计工具在设计、施工和运营过程中对数据的利用到了怎样的程度?

DD:如果你正在处理数据,你会在某些阶段需要一台电脑来操作。如果你正在处理大数据或者实时数据,电脑就更加必要。像 Grasshopper 这样的工具是很有趣的,因为它们使得计算更便利,从而使数据更易于访问。

是否仅仅科学技术需要具有灵活性,还是技术人员也需要具有灵活性?

DD:从长远来说,技术人员必须要善于变通,因为他们使用的科学技术是不断变化的。但在一个项目的时间尺度上,我认为技术人员必须要小心过于灵活。技术专家需要一点刚性,一点苛求,并且不满足于现状以推动行业向前发展。

您能谈谈在 Rhino 和 Grasshopper 里,数据是怎样用于设计分析吗?例如,可视化编程。

DD:在 Snohetta 项目中,他们尝试利用 Grasshopper 定义了百叶窗的不同朝向,通过分析并利用电子表格将结果呈现出来。[*]

---

[*]　经原作者同意,此处后面内容删除,因其与原书 p.200 倒数第二段内容相同。——译者注。

您如何描述您论文的主要研究成果？

310

DD：对于我来说，我研究的主要成果是提议在项目中加强建筑师和程序员的联系。我预计，随着建筑行业出现越来越多的数据和计算，这些联系将变得更加紧密。所以我的建议是跳出我们的职业圈子，多看看"外面的世界"，因为我们正在尝试的很多事情已经在别的行业取得成果了。

安全和隐私

私人信息的安全现在是讨论的热点，我和书中的大部分专业人士讨论到这个话题时，他们都对此有不同程度的关注。但是我认为数据和信息的透明度才是最关键、最重要的。

在关注数据安全的同时，人们会有很多疑问：谁拥有数据？在数据分享和项目团队信任感建设的过程中，安全和隐私起到了怎样的作用？共享私人数据是否需要道德评判？谁应该为安全和隐私负责？我们如何得到获取、分析、存储或使用一些私人建筑数据的权力？什么时候数据分享带来的好处能够超过这些潜在的风险呢？

如果数据不是隐私，而是公开的、开放的，并且每个人都能够随意地获取数据，那会发生什么变化？"数据匿名化是隐私保护的一种有效手段。"在哥伦比亚大学、Proxy 设计室和 Morpholio 项目任职的 Toru Hasegawa 说道，"但关键在于真正可靠的数据是什么？这才是大家关心的事情。众包模式就是一个例子，当你为自己收集了很多数据而感到激动时，你知道这些数据的可信度吗？你最终得到的数据大多可能是不可信的——这就是开源数据的风险所在。"

在应用数据时，其安全或隐私是否成为隐患取决于当前研究所用数据的类型。"我们使用的大多数数据类型并不能真正地对安全或隐私产生影响，"Andrew Heumann 说道，"但是与医疗或企业相关的项目中，保证包含人员信息的数据百分百匿名是非常关键的。"

关于人口的统计数据是最容易存在隐私安全隐患的，特别是在教育行业。"作为一个教育工作者，我对学生的隐私权和个人信息保护权非常敏感。"Brian Ringley 说道，"个人而言，我觉得这个问题很纠结——作为 X 世代和千禧一代之间出生、对两者都没有认同感的人，在当代技术、政治和市场视野下，我十分理解那些渴望拥有隐私的人，但我自己并没有真正期待它，也没有考虑到它适合我自己。"Ringley 继续说道：

> 另一方面，我们贡献的个人资料也可以用于改善他人的生活，无论是医疗数据在疾病治疗中的贡献，还是我们对不同空间的态度和情绪数据为建筑设计带来的改进。但不幸的是，即使我们使用数据的出发点是好的，这些数据也可能同时被用于营销。

前端办公室往往要承担数据分享中的法律责任。"合同经常使我们怯步——每个人都害怕因提供错误信息而被起诉，"Jonatan

311 Schumacher 说道，"我们能够实时地自动计算每根梁和柱的尺寸，但是实际上除非合同非常可靠，我们不会提前与客户分享这些数据。因为这些数据可能在施工招标阶段被滥用，然后我们将受到牵制，设计过程的弹性也减少了。因此，我们必须选择哪些信息可以共享。我们当然倾向于签署共享三维模型数据的合同，并且想要看到更多这样的合同。"

对于 SOM 建筑设计事务所来说，保密性是重中之重。"有很多例子可以说明我们项目使用的一些工具不能保证数据的保密性。"Robert Yori 说道，"也因此使得利用现有技术成为一种挑战，这也一直会是人们关心的问题。"他继续说道：

> 我们所做的很多事情都是有针对性的。我们和我们的客户会有一个保密协议，有时这也是一种斗争。也许这也是为什么我们会比其他公司更关注信息的收集与维护，因为这是我们最关心的问题。我们不能因为数据存储在自己的电脑上，就认为它们的保密性不比图集或与特殊客户合作的保密项目中的文件重要。它们也是信息，也是数据，只不过是恰好存储在我们自己的电脑上而已。它们与其他任何信息资源一样，我们仍然要保持同样的谨慎和珍视。

安全隐私问题是处理大数据绕不开的一个部分。"我们做的每件事情都要碰到这些问题，但我不认为它们是真正的障碍，"美国绿色建筑委员会（USGBC）的 Chris Pyke 说道，"他们是技术和操作上的挑战，并可以通过技术或者合适的商业规定来解决。"他补充道："对于大数据来说，最根本性的挑战是使数据创造的收益大于数据处理的成本。"随着安全隐私涉及的问题越来越多，Pyke 提到了公众利益和私人利益的平衡：

> 最近很多关于私人建筑数据特别是能耗数据隐私保护的争论都无果而终。这样的讨论十分有用，但经常会不顾现实中的公众利益与个人利益之间的平衡。实际上，能源消耗往往会对当地、附近地区甚至国家的社会、经济和环境造成影响，公众也对了解和消除这些影响十分有兴趣。作为一个社会整体，为了解决这些影响，我们应该一起讨论如何平衡隐私问题与合法需求之间的关系。

透明与风险

据 Pyke 说，房地产行业需要有一个关于信息透明与风险之间关系的讨论。"在大多数财务状况中，信息透明度与风险调整后的收益成反比，资产或交易的透明度可以被用来对风险做出大致的评估，"Pyke 说道，"这同样适用于建筑物和其他建成环境。对于投资者来说，不管任何理由，资产的不透明就是一种风险。促进信息的透明化——最理想的情况是可以电子访问——是降低投资者风险的一种方式，并能让市场更合理地分配资本和价格风险。我们现在面对的是由来已久的建筑运营绩效缺乏透明度的问题。展望未来，业主、投资者和所有的利益相关方都应该为建筑运营绩效的透明化承担起重要的责任。"

案例研究 专访 Mark Frisch（美国建筑师学会资深会员，LEED 设计与施工认 312 证专家）

Mark Frisch 是集成项目交付研究领域中处于前沿的、有创造力的思想领导者，获得过无数的荣誉，主要研究如何加强设计方、建造方、设备制造方和预制构件加工方之间的协作。Mark 能够实现整合的建筑系统，先进的可持续设计解决方案和巧妙细致的建筑。作为 Solomon Cordwell Buenz 的技术设计负责人，Mark 负责建筑系统和材料的创新，技术的监督和制定所有客户项目的交付策略。意识到数据的应用在现在的建筑项目中非常重要，他开发了应用程序，用于访问监控项目、市场工作和驱动循证设计、验证建筑性能所需的信息。

Mark Frisch（MF）：我真的对一个办公室中各种类型和规模的数据的产生和获取，以及如何最好的收集和应用这些数据很感兴趣。根据我的经验，似乎最有效的方法就是从不同的工作小组中找到那些可以从中受益的人，并让他们行动起来，例如工作室技术总监（图 9.8）。

我曾经尝试收集"所有被认为需要的数据"。正如你所料，这超出了我们的能力；最终的结 313 果就是投入很多没有产出。我们反思过后认为，我们的问题是试图收集所有的过于细节的数据，

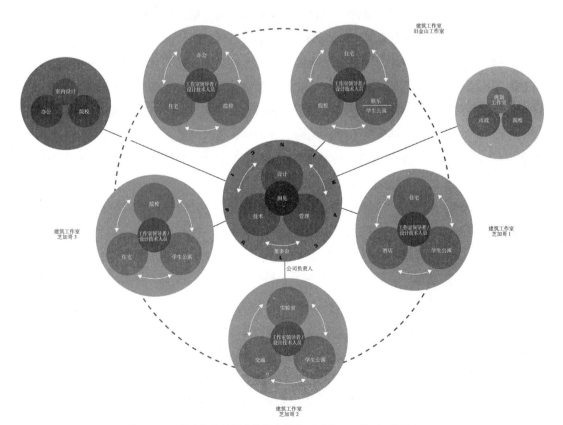

图 9.8 Solomon Cordwell Buenz 工作室和设计服务的基本架构 © *Solomon Cordwell Buenz*

其中部分原因是办公室中的每个人都有自己的需求，这导致我们对数据的需求没有尽头。就好比我们曾用十年的时间尝试去解决全球性的问题，但最终我们连核心数据库都没有搭建好。

> 如果我们请求那些已经从使用数据中受益的人帮助收集数据，那么我们成功收集数据的机会也可能会更大。
>
> —— Mark Frisch，SCB

如上所述，我最近更加专注于研究单个项目的数据。我问自己，如果我们收集了那些无用的或者闲置的数据，我们应该怎么办。虽然我们作为专业人士，已经了解办公室的实用性指标，但我想知道：如果我们对每个项目的标准都是一样的，那么这对项目是否会有积极的影响？此外，如果我们叫一个小团队——这么说吧，每一个团队——收集一部分数据，那么我们成功得到有效数据的机会也会更大。如果我们请求那些已经从使用数据中受益的人帮助收集数据，那么我们成功收集数据的机会也可能会更大（图 9.9）。

例如，与可持续相关，我们要从我们的项目中收集数据汇总到 2030 年国家数据库。收集 2030 年数据是为了反映事务所的日常运行，而不是从项目的层面去理解数据对设计优化的促进。虽然我们明白数据整合的作用，但这不足以提高建筑物的性能。我相信我们需要将重点放在项目层面上——我们作出的决策如何影响建筑性能，这才是有意义的事情。

我要求负责这方面工作的项目人员把信息进行分解，并且要具体到项目的一个部品，了解它是如何影响建筑性能的。此外，我建议收集建筑物的信息时，需要知道这些数据将被怎样运用，这些信息是否有用，同时也要知道性能的发展趋势。举个例子来说吧：如果我们对建筑外墙的设计有兴趣，或者说对围护结构的详细做法以及性能标准的应用有兴趣，我们知道建筑外墙与机械系统是紧密相关的，如果改变了建筑外墙，那么机械系统也会相应调整；但是你可能也会对此抱有疑问。因此我们在工作中需要这个项目数据，而且需要一种简单的抽象方法去理解它，或去学习它。最后，我觉得如果我们还没有听到工作室的员工们讨论这些，我们就还没有达到我们收集数据的目标（图 9.10）。

接下来，如果你有三四个项目的数据，你可以用图表来展现数据的发展趋势以及过程是否有效或促使你得出相同的结论。如果我们三次使用同一种部品：就要看它在这三次使用过程中是否都有相同的效率？外墙和机械系统之间是否具有相关性？如果没有，原因是什么？你在最开始就应该这么做。举个例子来说，如果我们在和业主面谈时，业主想要知道我们建议在建筑物中用什么玻璃，我们最好是根据我们收集到的既往数据来做出回答，而不是深入调查研究后再得出结论。我们应当能够在一些项目既往数据的基础上实现一定程度上的建筑智能化。总的来说，我们是在为 2030 年数据库收集大量的数据，但真正的挑战在于收集那些对建筑决策有影响的数据。

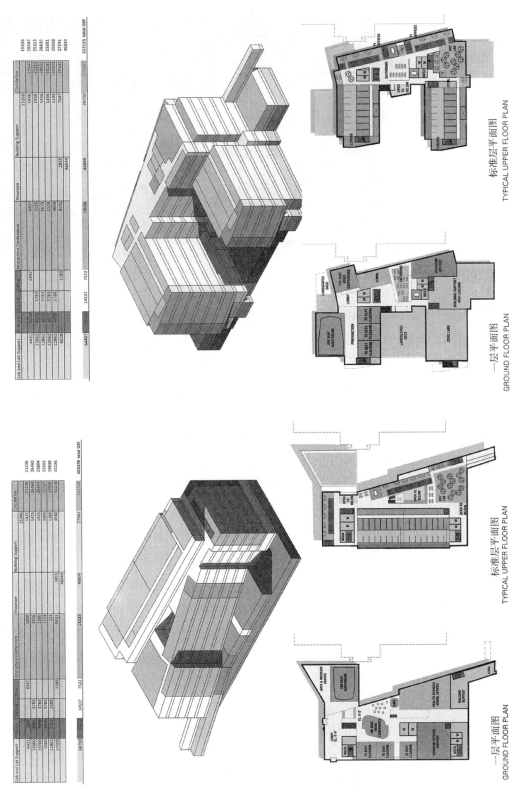

图 9.9　动态区域分析 © *Solomon Cordwell Buenz*

315

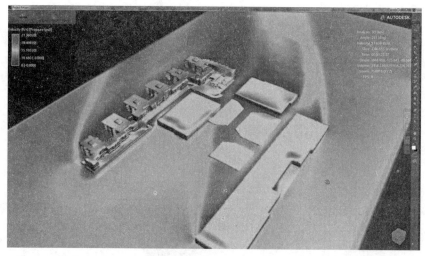

图 9.10 自然通风分析
© *Solomon Cordwell Buenz*

　　回到责任方这个话题，我坚定地认为我们需要设计一个数据收集系统，用于收集那些对决策过程有用的信息；同时，我们还需要本地数据的协调人。在我们的案例中，每一个工作室作为一个子事务所，都有一个技术总监，同时他们也是默认的主导者。此外，每个工作室的技术总监都有自己的专业领域，有擅长建筑内核的，有擅长施工管理的，还有擅长建筑围护的。这样一来，他们收集的数据将用于他们的专业领域。因此，他们不仅仅帮助团队收集项目数据，他们还把具体的数据信息抽象化来帮助他们自己的工作。

　　另外，我们不仅收集内部生成数据，还接受外部生成的数据。尽管有些只是简单的来自分包商或承包商的招投标数据和建造数据，有些是建设成本和可建性，但这些都是有效的数据，能够改善我们的流程，改进我们的设计。这些数据将在很大程度上影响社区对我们工作的看法、如何调整设计使其精确满足预算限额，以及最终设计的建筑性能（图 9.11）。

　　我们至少会与两种数据打交道，即建筑项目数据和办公数据。我认为，我们对于所谓的办公数据，也就是我们常说的商业上的业务流程，会更加熟悉。有趣的是，相比于建筑项目方面，我们这个职业知道更多关于业务方面的东西，而办公数据相对来说比较复杂。那么建筑数据会不会也变得更加复杂呢？我的经验告诉我不会。我们对这两者之间关系的认识还处在初步阶段，在我看来我们还需要进行更深入的研究（图 9.12 和图 9.13）。

316

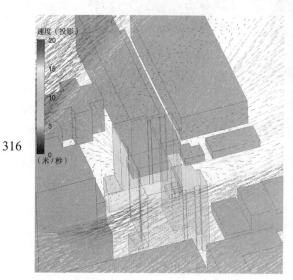

图 9.11 风速分析 © *Solomon Cordwell Buenz*

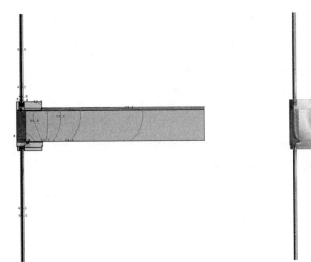

图 9.12　传热、色阶和等压线分析　© *Solomon Cordwell Buenz*　　图 9.13　传热、色阶和等压线分析　© *Solomon Cordwell Buenz*

　　在办公数据这方面，我比较感兴趣的是如何把在业务中学到的知识运用到设计中。例如，在设计阶段，我知道如果工作越来越繁重（如文件增大，视图和详图数量增多），或者在项目中花费的时间过长，这表明我们的设计过程存在漏洞。因此，我们需要对此进行调整。在施工管理阶段，我们可能会关心我们收到了多少工程联络单（RFI），例如，平均每 1000 平方英尺收到多少，以及施工方问的问题，从中可以看出我们对设计的理解深度和对设计意图传达的准确度。

我们是否应该培训技术协调员收集数据的能力呢？

　　MF：工作室的技术总监普遍都是拥有 15—20 年经验的熟练的项目经理。他们在我们擅长的业务方面（高层建筑、公共建筑）有着娴熟的技能，能够很好地理解项目，所以我们不需要告诉他们哪些数据是重要的。但我们会安排相关的人员指导他们如何有效地收集数据，　318
如何储存它们，如何更好地提取和使用它们。我们事务所有很多人都在收集数据，但很少有人只对数据感兴趣。[*]

　　　　这个过程需要专业人员，我认为高等教育应该培养这方面的人才。

　　　　　　　　　　　　　　　　　　　　　　　　　　　　—— Mark Frisch，SCB

工作室之间不会存在竞争吗？

　　MF：当然，我们都想在工作中好好表现，都想要被别人说工作做得有多好。但是如果数据能够改善我们的产品，我们愿意经受这个过程。我们发现好的同行评议都有两个组成部分，

* 经原作者同意，此处下面删除一段，因其与原书 p.324 倒数第一、第二段内容相同。——译者注

有用的信息和客观的评论。我们根据反馈不断对同行评议流程进行改进。目前我们的项目团队都认为能从同行评议中获益，并对此抱有积极的态度。

我不同意机械化和手工工艺是相互排斥的这一观点

—— Mark Frisch，SCB

在您的职业生涯中，您是怎么对数据产生了兴趣？

MF：我意识到我们面临的许多问题都需要用数据去解决。通过收集数据，我们可以增加解决方案的速度和质量，能够引发人们共享知识的兴趣。坦白地说，这个过程需要专业人员，我认为高等教育应该培养这方面的人才（图 9.14）。

为什么您认为建筑行业是最后一个发现和利用数据的行业？

MF：尽管数据很重要，但建筑行业起源于手工工艺，因此，推动机械化和信息化的进程十分缓慢。不过我不同意机械化和手工工艺是相互排斥的这一观点。

您会怎样利用好事务所的信息专家呢？

MF：我所说的一些技巧是每个人都应该熟悉的技能。项目对信息的需求是始终存在的；为了能够收集、存储和利用它，每位建筑师都需要对信息处理过程有基本的理解。更进一步

319

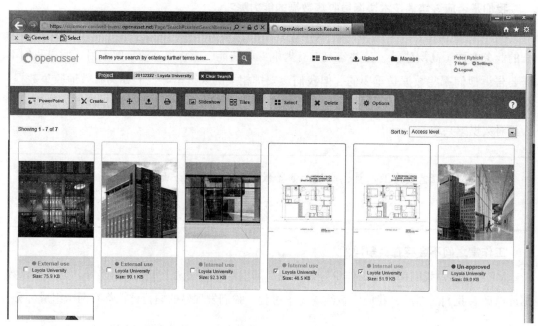

图 9.14　OpenAsset 可视化数据库 © *Solomon Cordwell Buenz 和 Axomic 的 OpenAsset*

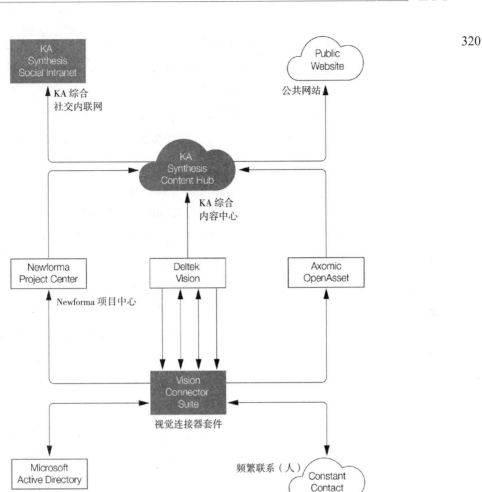

图 9.15　连接系统图 © *Knowledge Architecture*

来说，许多事务所都应该有信息专家，而且他们最好具有信息管理和相关工具运用的深厚背景。为了制定战略，他们需要了解如何应用信息，这就要求他们了解建筑设计需求；也就是说，他们应该非常熟悉建筑设计流程。我认为这个职位与传统的信息管理无关，但与图书馆的信息管理密切相关。在设立一个全新的岗位时，我会感到来自同伴的阻力，并不是因为它的管理费用，而是因为他们没有理解该岗位的价值所在。处理传统的密集数据的人，例如我们的首席财务官，是能够理解这个岗位价值的人。另一方面，事务所开展项目数据管理工作的时间尚短，还不能让管理层认识到它是否适合，以及它适合用于哪些地方（图 9.15）。

　　与聘用一个数据科学或数据分析领域的员工相比，聘用一个具有分析技能的建筑师是有利的还是不利的呢？

　　MF：这个问题同样可以这样来问：数据可视化专家的知识背景最好是什么呢？是那些接受过制图训练的建筑师，还是那些在建筑领域工作的制图专家？我们的团队里这两种类型的人都有。事实是，那位没有建筑背景的专家更适合于处理需要图形感性能力的工作，那位有建筑背景的专家会对最新的技术更感兴趣。他们都很棒。他们之间会有很好的合作，他们能力的互补会为我们带来丰富的不断进步的产品。

至于数据这方面，我不知道是应该选一名能够理解我们做的所有事情且对数据有亲切感的建筑师，还是那些懂得分析学并能把它应用到建筑领域的人。如果我只能选一个，我大概会选择前者。

我曾参加美国建筑师学会的大公司圆桌会议，现场有超过40人，我们在会上交流自己内心的想法。轮到我时，我说："我想说的是数据，我知道我们拥有数据，我知道它可以帮我们，但目前它是停滞的，是未被利用的资源，我们没有给它以足够的重视。"说完之后我对此就更加感兴趣了，从那以后我就一直在反复思考这个问题。

所以我们做的许多事情都是优化：表格、材料、进程等。我发现我们处理这些事物最快的方式是去尽可能多地理解它们的背景。我认为，使用从知识和经验中提取的数据对优化决策非常有帮助。我们今天已经有了更好的工具来处理大量的数据，并仍然可以将数据以及数据科学应用到我们的项目中。

当我在Murphy/Jahn公司时，我和同事在工作中遇到了一个难题。我经常会说："把你得到的一切信息给我吧，我不害怕那些信息。"我直觉中意识到从那堆数据中的某处我们可以看见一条通路，并且能够用它来解决问题。那时我们有的是数不清的文件和文件夹，老实说我们要管理这些信息是相当困难的。我想说的是许多人仍然还害怕大量的信息，但尽管信息的数量在以指数方式剧增，我仍然坚信它是解决更大、更复杂问题的资源而不是障碍。我们已经有了工具，我们现在更需要科学理论来进行指导。

数据是驱动还是辅助您完成决策呢？

MF： 我想说的是数据的作用是辅助我完成决策。比如说你对设计一扇门的详图感兴趣，那么会有人问你："空金属门框的标准是什么？"只要你准确知道了着手的方向，你就能轻松地找出它，而不需要把那信息记在脑海中。你可以把注意力放在最合适的设计方案中，当需要的时候再去查阅适合的门框标准。这两者都是重要的，但驱动你的是详图，而不是门框的标准。我认为在建筑领域解决技术难题的过程中，你的思维要发挥主导作用，数据只是为你提供制定决策需要的信息。

您是怎样在不使用厨房、浴室之类的模板的情况下使得BIM进程更快的呢？您有没有别的办法能使BIM进程更高效？

MF： 建筑信息模型（BIM）就是信息的管理。任何时候想要把信息管理得更高效，你都必须去组织好它。对我们来说，仔细检测我们所有的进程和运用更为严格的标准能提高效率。

最近关于我们如何优化 BIM 流程的两个例子是整合超链接标准和建立 Revit 分解标准。凭借这两个标准，我们能在事务所内部流畅传递信息。它使得应用信息的过程更加有效，并且减少了错误的发生。

我们仍在开拓的一个领域是我们的快速设计 / 可视化工作流。一旦我们在进程中引入 Revit 软件，传统的工作流就会停滞。尽管 Revit 是我们默认的生产平台，但是它还是不够完备，我们也还不确认是否非得把它作为我们默认的建模或可视化平台。

您是否曾经观察过某个项目的指标，然后意识到您所做的一些事情是可以节省时间的？

MF：我们知道建筑维护结构是一个大"文件"，建模和画图的过程的确会很慢，这取决于你设计的建筑维护结构的详细程度。倘若这样，模型应尽量"小"而不是"大"。

另一个利用指标促进效率的例子是族库的创建和存储。建立文件库、族标准化和信息的有序化，使得信息容易被读取，都是节省时间的重要方面。

允许个人拥有模型，可使团队成员之通过协作会议容易地分享彼此的信息，并且保证了企业官方标准能被应用到每个工程项目。中心模型管理是我们用于连接各团队、各工作室、各事务所之间的分散信息的一个工具。

您提到设计和管理在您的事务所中配合的相当好，而其他事务所的情形却不总是这样的。在其他访谈中，您曾说过一个事务所只是存储大量数据的仓库。您可以详细地解释一下这个观点吗？

MF：我们也并不是每次都做到很好的配合，但我们的目标终究是合作。应该建立起这样的氛围：当一个项目没能在设计、技术或财务层面体现出良好的性能时，应当激励高层领导并帮助他们突破瓶颈。当展示项目中的合作时，最好是通过不同团队的合作来体现。更好的工作室资源，如技术总监，有助于整个工作室的成功，并可以帮助裁决那些可能成为责任性结果的问题。

对于那些刚刚入门的人，在心态和技术上有什么好的建议呢？

MF：要了解解决问题所需信息的种类。要熟练掌握快速收集信息的能力，并将信息放在易于检索的地方；要学会观察项目中如何使用信息以及信息对决策的影响；要看看不同的信息是否会带给你不同的解决方案，并问问自己，不同的解决方案是否代表解决问题的不同方式？使用的信息是否存在缺陷？评估一下在信息收集方面是否存在一个合适的时间分配，制定好应该花在信息收集上的时间。测试你的设想在该流程中是不是可行的，最后评价你的流程的有效性。

请记住，你将会在你的职业生涯中做许多事情。当你在一个领域变得自信，要问自己接

322

323　下来是什么？不要自满，我们都知道，如果一个人的能力一般，他能做出的贡献就没有那么大，尽量避免这种情况出现在你的事业中。要自律，在不同领域提升自己的知识水平。要耐心一点，你不可能一口吃成一个大胖子；把你接触到的项目分解成一个个可以理解的部分，记住他们，但是一次只解决一个问题。找到最吸引你的问题，先解决一部分，然后再整体解决；当你解决了这个问题之后，就去寻找下一个你感兴趣的问题。解决完这些项目难题后，你可能又会看到你感兴趣的东西，一定要继续前进。

在你的职业生涯中，你的知识会通过不断解决问题而得到增长。你要处理好这个过程，要强迫自己去体验新事物。

在我的职业生涯中，当我在一个刚成立不久的外墙设计公司工作时，获得了非常好的学习经验。我们设计的是一个玻璃幕墙建筑：我设计详图，我相信我有一个很周到的设计方案。公司表示我们可以这样做，但是成本太高。他们告诉我一个新的设计思路，按照这个方案我们可以更容易地建造它，并且成本会降低。我停止了之前的设计，和他们一起到工厂工作，开发出一个新产品。我永远不会忘记这次经历，我明白了设计必须考虑到建造。后来，这家公司成为世界知名的外墙设计公司。

我的兴趣很广泛，我喜欢建筑设计。我对设计过程感兴趣，对信息技术如硬件、软件、网络和通信等也非常感兴趣。同时，我对设计技术十分好奇，如可视化和物理建模是怎样影响设计过程的。我很想知道：怎样才能站在技术发展的潮头，如何获得信息，以及如何使用信息？最后，通过研究和调查，你如何发现问题，怎么样花时间解决它们？在我看来，这些问题都是相互关联的。

跟踪数据能够让您在项目人员安排、项目结算和员工招聘方面做出更佳的决策吗？

MF：这种类型的信息有两个方面需要关注：一个信息的相关性，另一个是信息的及时性。简而言之，这些数据当然能帮助我们作出更佳的决策。

您之前提到"我们已经准备好挖掘数据了"，为什么这么说呢？为什么是"现在"呢？

MF：由于挖掘数据需要时间和资源，我认为我们行业已经认识到数据对各种流程带来的积极影响。此外，现在，能够开发管理数据集协议和技术的人员已经具备。

就像您描述的那样，您能不能举一个在您组织中实现数据转型的业务实例？

MF：它可以让行业更好地了解问题，着重这些问题的解决方案，更有效地分配资源。如果做得正确，我们会有更多的时间来完成更有创意的设计和更美观的产品。

分享数据

尽管技术进步了，分享的机会也多了，许多公司对于共享数据和信息仍持谨慎态度。"我认为这将会改变，"Jonatan Schumacher 说，"我们自身没有太大的影响。但是，通过在网络和研讨会上公开对话，并从计算机科学家的开源思想中学到更多的东西，我们终将能够实现这一点。"他继续说：

> 如果人们不分享，我们彼此就不了解。想象一下，如果我们行业中的所有人像计算机科学行业那样开始分享他们的知识，会发生什么？我认为从科技的角度来看，我们会进步得更快。这也是我们正在组织建筑行业技术研讨会和编程马拉松等活动的原因。我们真的希望人们公开分享想法，甚至在企业外部组建团队开发软件和解决方案！

为了得出结构的设计，Thornton Tomasetti（TT）开始利用数据库。这些数据库属于业主吗？是否有能让 TT 定期获取的公共资源或私人资源，还是依靠项目而定？TT 收集和存储的数据是用于项目还是用于提高性能？Schumacher 解释说："我们的内联网解决方案是这样的，我们为每个项目专门建立一个网页，其中包含高层次项目信息：主要联系人，提供的服务，建设日期等。"他补充说：

> 我们可以使用这个内联网来搜索：我们做过哪些医疗保健方面的项目？我们做过哪些高层建筑的项目？我们在迪拜做过那些项目？每个项目页面也可以查询项目的结构体系、每平方英尺平均重量，甚至隐含碳（embodied carbon）量等。我一直在考虑要不要为每个项目添加 TTX 模型，这样在未来，我们可以随时查看并提取 BIM 和分析数据。它只是一个数据库，我们可以打开并阅读它；它不会过时，就像 Revit 模型或 Grasshopper 模型那样；而且它不会占用很多存储空间。我们希望做到 10 年后，我们仍然可以利用它对构件或结构分析节点进行查询。

"对于分享工具和想法，我们的领导没有太多的担忧，"Schumacher 说："如何创造更好的建筑，是每个人都感兴趣的，分享让这个过程充满更多的乐趣。这就是为什么我们鼓励分享。"

> 分享数据之前必须先让这个数据易于理解。这个数据对于你来说是很好理解的，但对别人来说却不是这样。
>
> —— Andrew Witt，Gehry 技术公司

Mark Frisch 也更倾向于分享。"我了解数据透明和不透明的利弊，但我更加倾向于数据透明化。信息透明在推动创新和提高产品质量这方面发挥的作用不可估量。"Frisch 这样说道。他接着警告：

> 发现问题和解决问题才能促进进步。这是一个"关键"的过程，具有复杂的业务后果，有些与专有信息相关，而有

325　些与关键评审有联系。这些促进产品改进的信息同时也会带来诉讼。特别是在这方面，我们的行业会因保护公司同行评审数据的保护性立法受益。我们相信积极地评审我们的工作，这也使我对这些评审数据的共享方式十分谨慎。

Andrew Witt 曾经说过，十年后，人们分享的信息将远远超过现在。这主要是归功于什么？Witt 说："这将归功于数据的可用性和数据分享工具。"他接着补充道：

> 这不一定是基于一些新的分享要求，而是对有效沟通的期望。人们会想办法让沟通交流更加有效。人们不一定会沟通得更频繁，但会对沟通的效率提出更高的要求。

圣母大学（University of Notre Dame）建筑学院的 Aimee Buccellato 教授认为，无处不在的数据成为问题的症结所在。"我们做了很多工作，并希望人们能够看到。但我们行业中又有多少人知道我们收集这些数据背后付出的时间呢？" Buccellato 问道。

> 我们都需要从相同的数据流中提取数据，并将数据推送到相同的结构化流中。是什么阻止我们这样做？什么才是障碍？
> —— Aimee Buccellato，圣母大学

就数据共享而言：我们收集的一切数据，包括我们将要使用的建筑材料和方法，都是通过人工完成的。坦白地说，这就是目前的事实。即使使用了一些工具，我们仍然觉得它们很不灵活。但是，我们想说，在这个行业共享数据具有很大的回馈潜力，特别是在改进建筑物建造方式和提高建筑性能方面。不过随着回馈的增加，成本或风险也会增加。你如何让数据匿名化？你如何平衡"收获与付出？"在"理想"与"现实"，以及我们目前用来整合这些信息的工具之间，会有很多矛盾。

案例研究　专访 David Sawdey

Dave Sawdey 是仲量联行（Jones Lang LaSalle）企业解决方案集团（Corprate Solution group）的高级副总裁兼商业智能总监，负责开发和领导公司商业智能卓越中心。他是商业智能和数据分析的倡导者、顾问、培训者以及促进者，致力于获得一些可行的观点，形成更智能的业务决策并改善客户的整体成果；同时他提出了基于数据的方法，用来提供相关投资组合的咨询、报告、分析和商业智能服务。在他的职业生涯早期，他帮助过许多公司进行 CAD 图纸与数据库的链接。

我们行业中的大多数人还未使用 BIM 作为一个数据库。

David Sawdey（DS）：我们正在做这件事情。预测分析和统计模型也是我的工作，但我最重要的工作是数据可视化。比如说当我第一次和客户接触时，他们能给出的只是建筑四周

墙体的信息。这些信息通过表格来呈现,十分难以理解。从这里我们看到了 2D CAD 平面图与 326 数据库链接的契机,我们知道这样的链接是非常棒的。这样一来,你可以更好地了解饼图或条形图中的财务数据,可以在平面图上更好地了解你的设施资产。

我最早是从事数据库开发的,那时我的竞争对手大多是建筑设计公司。我也一直认为与建筑设计公司相比,我们一直都有优势,因为我们知道他们站在建筑设计角度所做的工作本质上都是数据。他们不能否认的是数据不属于图纸,而是数据库。所有的 CAD 图纸都是可以链接数据的可视化工具。

在您现在正在使用的工具里面,有没有一些能很好地利用这种数据?

DS:我们现在正在建立一个更强大和更复杂的客户数据集,或者基于这些数据集的企业数据库,这样我们可以更好地利用存储在数据集中的知识。我们并不是仅仅局限于任何一种单一的工具,我们会让客户来决定用于展示平面图上空间管理数据的可视化工具。

您曾说过:"我意识到数据可视化可以改变整个策略,并可能会有意想不到的成果或不可预见的机会。数据可视化是一个强大的力量。"[2] 您能够详细说明一下吗?

DS:数据可视化带来的改变是显著的,在投资组合策略中尤为明显。总的来说,你正在处理一定规模的财产信息,比如说你有 1000 条数据。而与我们一起共事的高层管理人员,他们不知道这些信息在哪,也不知道这些信息有什么用,他们能够理解其中的三分之一就很不错了。其中一些属性是获得性属性,与它们的来源并没有关系。你从数据可视化工具获得的授权以及与它们的交互可帮助你发现变异性。相关性和变异性什么时候相符或不一致?为什么得到这个结果?这些是你应该从数据中发现的。

成本最高和空房最多的地方在哪里?哪个地方每平方英尺的成本比平均成本高了 30%?哪里的空房率在 30% 以上?我们有一套算法,可以展现到最近办公场所的距离。随着我们客户的不断增长,令人惊讶的是,有的客户甚至没有意识到他们在同一个城市有两座建筑,且这两座建筑都有 50% 的空房。这是一个很明显的战略决策的失误。你不能在一张纸上看到这些东西,纸本身并不会将所有的数据链接起来。这是事实,一些你看起来很有趣的东西其实并不正确,你需要不断钻研才能有所发现。

策略 25 利用数据提供更好的服务

JLL 的世界五百强客户的房地产部门是如何使用数据的?

JLL 也处于文化转型的过程中,我们不仅仅是使我们的客户能够使用数据,也同样利用我们客户的数据提供更好的服务。

我们要以更优惠的价格完成更高效、更有效的服务。

327 我们与 Target 商店没有什么不同——在提供更好服务的过程中使用客户数据提高利润。

公司解决方案业务的很大一部分是集成设施管理（IFM）——外包的设施管理。

根据地理位置、工单类型——不仅仅从单个客户，而是从所有客户，我们可以学习有关工单绩效、成本、周期时间和供应商绩效管理的哪些方面，以帮助我们提供更好的服务和交付？

一流的设施管理是什么样的？

这不仅仅是类似每平方英尺清洁成本这样的问题，而是在成本和服务上达到顾客满意水平的问题。实际上，我们不会以 99.9% 的满意度为标准，那样的代价太高了。

我们的客户——从企业地产（CRE）开始：总的来说，他们仍然处在数据启用或者数据感知阶段。他们想更多地利用数据。他们看到达到数据启示层级能够提供的机会，但是他们仍然在思考着这意味着什么以及如何到达那里。

关于他们如何到达那里的建议：

他们知道他们的目标，他们真正苦恼的是到达那里所需的投资。因为这不仅仅是文化的变化，这是对额外人员和技术的投资。

但是最大的部分是变革管理、附加流程以及评价数据。他们现在使用的是一张一次性的电子表格，输入了 30% 的数据，但是需要 90% 的数据才能做与战略相关的事情，这就是他们陷入困境的地方。当他们看着纸上的计划的时候，他们是准备要那样去做了，但是一旦看到预算，他们就会受到挑战。

—— David Sawdey，仲量联行战略咨询师

您为什么会对数据如此感兴趣？

DS：又回到了这个问题，因为我一直对好的设计充满热情。在制定事关未来业务走向的决策时，最好使用图片交流，也就是数据可视化和图形化；同时也需要知道如何将数据表转换为图表的专业知识。现在，分析和可视化工具处于一个实惠的价位，并能在一定程度上帮助终端用户创造视觉效果。以前需要花费几个月和数千美元的事情，现在只需一小时，成本也几乎可以忽略不计。

我基本不会提及大数据。我选择与这些客户坐在一起讨论，是因为他们拥有 10000 条数据，而他们总认为这就是大数据。实际上，你拥有多少数据并不重要，重要的是你要用它们做什么，你需要去寻找数据带来的价值。

—— David Sawdey，仲量联行

您会在项目进程的什么时候介入？

DS：有一些公司会在项目后期应用数据，基本上可以利用统计数据来说明任何想要说明

的东西，这也就是决策之后的合理化。我们很幸运有我们现在的客户。我领导的是战略咨询商业智能和分析实践小组，我要描述的内容是我们在战略咨询组中所做的更广泛的事情。我 328 们有这样的客户，他们已经决定并显然已经准备经营一个由事实和数据驱动的企业地产组织。他们经常找我们一起准备变革管理，它是这类组织所需要的。我们很幸运我们在项目早期就开始介入，并已经为后期可能出现的种种情况做好了准备。几年来我们一直在把变革管理推荐给我们的客户。事实上他们不仅仅从我们这里听说，从他们首席执行官那里、从市场上、从贸易展中，他们也听说了类似的事情，他们也真的付诸行动。我们已经有很多成功的客户案例，他们每月和每季度举行一次会议，会议上没有长篇大论，只有基于核心运营系统的主控面板。以往你参加会议时，Excel 不能帮你提取数据，你必须人工绘制图表展示你的观点。而现在数据存储在数据库中，数据库由运营系统设置，通过适当的权限和资源来确保数据在这些资源系统中的应用流程得到正确管理，以便我们能够依赖数据库中的数据。与高级管理层打交道要有记录，如果事情没有写下来就不会去做。没有人想听项目为什么提前或滞后的故事，最好用数据说话，而这些数据就在项目的主控面板上，在每周或每月的例会上都可以看到。这种数据的可视化推动了文化变革，开会时间很短，这对于我们的客户来说是有益的。

我们通常是与企业地产小组打交道。他们这样子处理自己的业务越多，他们就越能改变与支持自己的不同创收部门的沟通，以帮助他们理解房地产的挑战，做好新工作方式下的占用成本、空置率和变革管理。你现在参加这些会议，不再是泛泛而谈，而是展示真实的利用率和空置率——因为它与业务直接相关，并要给出一个实在的测量值或者损失值。

人们通常为了得到期望的结果，会首先选取某一个角度去展现数据或者以某种方式来改变它，那么我们是否有可能客观地呈现数据呢？

DS：这很难。我认为你再客观，都或多或少有偏见在里面。规划好数据管理流程是有意义的。但是你如何规划这个流程？你如何确定术语和分类？定义服务级别协议和关键性能指标 [KPI] 需要花费很长时间。不管怎样你都无法避开这些问题。由于政治要求始终存在，对时间或交付物的解释会有些许差别。就像你说的，JLL 比一般的公司做的更好，这很大程度上归功于公司对行为准则的重视。即使在一个完美流程里，具有完美的操作衔接和抱着我刚才描述的美好愿景，总是能够滤掉绩效不佳的部门或客户流失率高的区域，得到你想要得到的数据。[*]

我们正在经历一场文化变革：我们正在培训我们的客户如何使用这些工具，以及如何更聪明地理解数据；我们正在反思最佳的数据管理方式是什么样子的；我们正在创建一个客户可以利用的集中的、全球的数据科学家数据库，我们认为它是我们的竞争优势。

329　　　在本章和前面各章中，你已经了解了行业创新者和思想领袖的想法。他们一起提供了信息、知识和智慧，帮助你建立有力的案例说明如何利用自己公司或组织中的数据，用多种方式证明数据的使用将为每个项目利益相关者带来巨大的影响。现在既然你已经看完了这本书，你就可以在你的实践、职业和生活中利用数据完成你想做的一切事情。

注释

　除非特别说明，本书所有引文均来自作者 2014 年 2 月至 7 月所做的采访。

1. www.architecture2030.org/2030_challenge/the_2030_challenge
2. www.joneslanglasalle.com/SaltLakeCity/en-us/ Pages/NewsItem.aspx？ ItemID=27301

后记

建筑行业数据的未来

我夸张断言我们正在进入数据时代。

—— Geoffrey C. Bowker

未来已经存在——只是尚未分布均匀。

—— William Gibson

想象这样一个世界，建筑师、工程师和承包商都用数据来支撑他们的预测及偏好。建筑师们将受到更少排斥而获取更多信任。决策可以更为迅速、准确地作出。生产效率得到提高。建筑成果将更早可视化并易于接受，从而减少不必要的意外状况。数据应用将逐步引入到学院、在职学习及职业发展中。

数据驱动的未来

未来，建筑行业仍将利用数据，部分原因在于数据使用的持续增加、普遍和更有保障。数据的使用将保证设计师和设计行业不会被取代。数据将使那些设计、施工和运营人员工作更有信心，少依赖谬误的论据以及"我们总是这样做的"论调（图 10.1）。

建筑 作为 建筑	建筑 作为 文档	建筑 作为 数据库

图 10.1　未来，建筑的数据将越来越受重视 © R Deutsch

数据景观和地理资讯

我们目前学习、生活、工作的这个时代，没有人能确切地知道 BIM、建筑或建造的未来会是什么样子。每天在物联网（IoT）——建筑联网、万物联网——上阅读或浏览，却不知道它是怎么回事。如何将智能对象、设备、制造商产品与我们设计和建造的建筑对接？尽管没有人可以肯定地说未来是什么景象，这本书试图描述这样一个世界，正将从智能手机、设备和产品中获得的数据用于设计、施工及运营，并且这种应用在未来几年将越来越多。

数据的未来将是双管齐下：数据使用将持续增加，一方面是由于它在孩子的早期教育中就开始使用，并在学校中发挥更中心、综合的作用，另一方面是由于技术进步；数据在实践中的作用将同样增加，部分由于学生和从业者对建筑全生命周期（从规划设计到施工直至拆除）数据影响的了解，以及在实践和现场中对数据的认识及实施能力的提高。

智慧建筑、智慧城市、智慧基础设施、智慧景观等的智能化将会提高，这不是由于单纯的技术，而是在这些实例中智能等于互联。只要我们意识到一栋建筑不会止于它的墙壁，从流动的角度思考，我们将能更好地利用数据连接起来的一切。

332 *不断扩大的视野和无限的机会*

MKThink 的 Evelyn Lee 认为，传统建筑公司的理念不会持久，也就是说传统习惯做法将很难继续。"作为建筑师，我们对不能参与其中有很多抱怨，" Lee 说，"但是为了参与其中，我们公司必须做一些有特色的工作。"她补充说：

> 如果建筑师想参与其中，当谈到可持续发展或我们城市的未来时，他们需要找到有不同背景的人一起合作。将会有更多这样的模式，公司的所有合伙人都不是建筑师。作为公司的合作伙伴，他们可能是社会学家、生物学家或经济学家。他们对有关客户的利益会作更为广泛的思考。我觉得事情正在朝着这个方向发展。

利用多学科合作伙伴的数据，能够使一个人、一家公司与众不同，并为公司继续保持特色提供一种令人信服的方式。

预测分析

> 我不会只是说预测分析看起来前景美好，我认为未来是预测分析时代。它是如今建筑行业两大主流趋势的核心推动者。
>
> —— David L Morgareidge，Page 公司预测分析主管

如今建筑行业的两大主流趋势是绩效分析、优化、预测，和跨学科、跨时空的绩效保证。"客户希望设计团队提供的不仅仅是一个满足功能需要、有吸引力的设施，能够保持干燥和热舒适度，" Morgareidge 说，"他们想要完整的运营和财务模拟'业务平台'，包括空间、技术、人员配置、产品、服务的供需曲线以及工作流程，这样，他们可以确切知道对业务成功至关重要的核心财务和经营绩效是否达到基准要求。"这就是性能分析、优化和预测，是预测分析所能提供的。

"客户越来越希望得到的不仅是一个好的设计说明。" Morgareidge 补充说道。根据 Morgareidge 的说法，

> 他们希望得到长期、可以量化的业绩保证，由整个 AECO-M 团队——建筑师、工程师、承包商及设备运维团队作出财政承诺。PPP（政府和社会资本合作）项目和私营部门"设施性能保障"项目的增长尤其证明了这一点。在这些项目中，设计 / 建设 / 运维财团对设施性能的财务负责 20—30 年。若一个或多个性能指标不达标时间超过一个月，该财团当月收费会按比例减少。

因此如今建筑行业的第二大趋势是：跨学科、跨时空的性能保证，这可由预测分析来提供。它代表了一种变化，迫使以前"学术导向"的入住后评估（POE）或设施性能评估（FPE），转变为将整个 AECO-M 团队补偿及兑现承诺的能力联系起来的可靠的合同承诺。

GEO 和 GIS

333　　未来在工具方面将会有更广泛、更有影响及变革性的数据使用。数据管理人 Jonathon Broughton 认为自己是生成事物、窗户、门、人物……时间测量报告的帮手。"地理空间数据的口头禅：'一切都发生在某个地方'是对 GIS 专家的战斗号令，但这比'任何事情均是事情'要更重要，"Broughton 解释道，"那些我们真正感兴趣的东西呢？它们在哪里？确定。有多少？答案是肯定的。对我来说更有兴趣的是何时 BIM 和 GIS 能够回答投资建筑行业的基金持有人的提问：'由于同 Elbonia[1]（Elbonia 是系列漫画 Dilbert 中杜撰的一个原东欧国家——译者注）的贸易禁运，钢铁价格正在飙升。现在对此我面临着什么？'只有在那时 BIM 才几乎接近大数据的类别。"

　　Brian Ringley 指出，建筑行业最大的障碍是数据来源而非技术。"在 Rhino/Grasshopper 工作流程中使用 DIVA 或 Ladybug 来直接引用环境数据的某些元素，或者使用 Elk 或 Meerkat 得到 GIS 数据，这对我来说都是没有问题的，"Ringley 说，"但是如果我真的想要一个给定交叉路口的城市声学数据或步行交通数据，以确定选址、出口或其他什么呢？"

未来已来

建筑和城市是有形的数据接口

　　SmartGeometry（智能几何组织，一家非营利性机构，专注于建筑行业中的计算机智能化辅助设计，举办两年一次的 SG 研讨会——译者注）的"现实投影"项目，通过实时空间分析增强涉及物理模型的设计过程。他们开发了一个系统，用 Kinect 传感器识别放置在桌子上的物体，然后经过计算机模拟，将模拟结果投影回到桌子上，导致一个"可以直观操纵和模拟的城市景观；一个有形的数据接口。"[2]现实投影预示着这样的未来，虚拟数据将与建筑师在现实世界中操纵的对象重叠在一起。我问 CASE 的 Daniel Davis，不久的将来我们将如何描述实体：建筑和城市是一种有形的数据接口？"建筑工地在某种程度上已经得到增强，"Davis 回答说，"如果我去工地，我可以打开邮件，看到以其他任何方式都无法接触到的信息数据。现在的情况是，虚拟与现实世界的界限正变得日益模糊，难以区分。我们与建筑物互动的方式及建造建筑物的方式将会因此而改变。"

　　"我认为这点非常好，"David Fano 说，"很多人只从字面上考虑。那就是说需要有影像投射在面前。那我们会戴上护目镜。如《银翼杀手》（*Blade Runner*）的未来版本。现实情况是，我可以通过电话立刻获得所有的东西。我需要的是思维模式。"Fano 解释说：

　　如果我经过一个建筑，是否会想知道它是哪天建成的吗？我只要从维基百科中提取信息就好。大家都认为建筑会将所有东西展现在我面前。这与它的接口及了解它的渴望有关。未来图景的描绘如同电影《蠢蛋进化论》（*Idiocracy*），当一个角色实实在在地进入互联网络，他在大厅里走来走去，人们从各个地方跑出来。这是增强现实动画的戏剧版。我们**现在**就生活在那样的世界里。我们与它接口的方式是不同的。我们现在同样有能力生活在那个信息世界里。

334   无论是混合现实、合成现实或混合虚拟现实，在未来的岁月里，我们将看到数据驱动下的虚拟与现实世界的融合将不断增加。[3]

自动化

"未来已来"的另一个实例可在 Thornton Tomasetti 公司找到。在高层建筑项目中，关于如果某些柱被移除建筑物如何反应的研究司空见惯。Jonatan Schumacher 解释说，按照惯例工程师只是挑选（手动）5 或 10 根柱在分析时进行测试。"我们的一名工程师设置了一种工具可以对高楼的每根柱进行分析；它会自动挑一根柱出来，运行分析，再挑下一根柱，运行分析，如此整夜运行不息，"Schumacher 说道，"每个迭代结果均被录入 TTX 数据库，包括作用在所有建筑构件上的力，运行上千次。因此在早上我们将得到数以百万条信息，记录着所有可能出现的柱子坍塌工况作用在构件上的力。然后我们可以利用 BIM 查询和可视化工具来了解建筑将如何反应，并在此后做出明智的决策。"

建筑行业的很多人担心自动化将取代设计及施工人员。有人认为建筑设计和施工将最终成为计算机和机器人文化，不会再有他们的一席之地。"平心而论，在某种程度上他们是对的，"Zigmund Rubel 说道，"我不是想减少他们的恐惧，但是我认为实际情况却是行业中数据驱动的计算机应用将会使参与其中的人采用更有创意的流程。"

人机协作

依赖计算机及各种电子设备来完成工作的设计师、工程师及承包商们，在一定程度上已经参与到人机协作中。在完成本书之前的几个月，Flux，谷歌半公开登月实验室及孵化器的一个新启动项目的副产品，致力于无人驾驶及谷歌眼镜等项目，开始介入建筑自动化。"我们注意到房地产商、土地利用专家及建筑师们花大量时间从各种渠道收集汇总数据，以了解发展潜力及局限。"[4] 为帮助整合管理数据，Flux 使用了一系列工具观察在建筑行业中人们是如何利用数据使设计、建造效率更高和可持续性好的？试问：如果有一个标准库，人们的工作可以建造在其他人的成果之上，而不是一遍又一遍解决同样的问题，会怎样？换句话说，如果设计施工过程中更多机械的做法和重复的部分，可以自动化，从而（至少表面上）能将设计和施工人员解放出来，去做他们最擅长的工作，这又将会怎样呢？

由于在教育中的增加和技术的最新进展，数据将持续在设计、施工及运营中发挥重要作用，但若没有正确思维方式，它也不会在设计行业或施工行业蓬勃发展。向前迈进，展望未来，我们的创造性工作——如果能实现的话——将会由数据驱动。但是对电脑算法与人工干预而言，恰当的比例应是多少？对 David L. Morgareidge 来说，这本身是个错误的问题。"今天技术中的一切均是人工生成的。处理逻辑的每个字节、每种算法，均涉及'人工干预'，"Morgareidge 说道：

技术的价值在于加速了即使是最先   335

进的人类大脑也无法单独完成的对复杂事物的探索进程。技术只是人类集体经验的存储库。在某种程度上需要人类超越，这表明启发式算法、内部设计逻辑存在缺陷。人类忽略了一些东西——不是计算机的错。"显然算法中没有考虑某些东西。我们需要修正它。"这是一个反复的过程，每次出现这种情况都会提示一些改进。你循环往复返回到知识管理门户进行仿真及优化，通过不断循环你会越来越好。

这些全部都是"人工干预"。每一行代码均有人来开发。不管你是在使用商业化的程序还是自己的程序，你的工作都只是建造在其他人的智慧之上。如果你不喜欢跟数字打交道，你可能将很难工作，就这么简单。

注释

除非特别说明，本书所有引文均来自作者 2014 年 2 月至 7 月所做的采访。

1. http://en.wikipedia.org/wiki/Dilbert#Elbonia
2. Daniel Davis & David Fano，"Practice 2.0：10 Years of Smart Geometry"；www.archdaily.com/398406/practice-2-0-10-years-of-smart-geometry/
3. http://referaat.cs.utwente.nl/conference/2/paper/7089/the-use-of-mixed-reality-inarchitecture-for-conceptual-design.pdf
4. "A+U Interviews Co-Founders of Google[x] Startup, Flux"；www.japlusu.com/news/flux-encoding-logic-design

受采访的专家、创新者和思想领袖

- Jill Bergman, Healthcare Principal and Vice President at HDR
- Jonathon Broughton, Data Wrangler, Allies and Morrison
- Aimee Buccellato, Assistant Professor, School of Architecture at the University of Notre Dame
- Sean D. Burke, LEED AP, Digital Practice Leader, NBBJ
- Daniel Davis, Senior Building Information Specialist, CASE Inc.
- Bill East, PhD, PE, F.ASCE, bSa Projects Coordinator, Founder, Prairie Sky Consulting LLC
- Billie Faircloth, AIA, LEED AP BD+C, Research Director and Associate, KieranTimberlake
- David Fano, Partner and Managing Director, CASE Inc.
- Mark Frisch, FAIA, Managing Principal, Solomon Cordwell Buenz
- Mani Golparvar-Fard, PhD, Assistant Professor of Civil and Environmental Engineering and Computer Science, University of Illinois at Urbana-Champaign
- Tyler Goss, Director of Construction Solutions, CASE Inc.
- Toru Hasegawa, Columbia University GSAPP Cloud Lab Co-director, Proxy Co-creator, Morpholio Co-creator
- Marco Hemmerling, MA, Prof. Dipl.-Ing. Professor at Detmold School of Architecture
- Andrew Heumann, Leader of NBBJ's Design Computation team
- Gregory Janks, Principal, Sasaki Associates
- Mads Jensen, CEO, Sefaira
- Jennifer Johnson, Senior Director of Product Development/Management, Reed Construction Data
- Michael Kilkelly, Principal, Space Command
- Evelyn Lee, Strategist, MKThink
- Brendon Levitt, Loisos + Ubbelohde
- Peter Liebsch, Global Head of Design Technology, Grimshaw Architects
- Sam Miller, Partner, LMN Architects
- David Morgareidge, Predictive Analytics Director, Page
- Tom Mulhern, SVP, Chief Innovation Officer, D ā tu Health, (formerly with Gensler)
- Ryan Mullenix, Design Partner, NBBJ
- Erik Olsen, PE, Managing Partner & CEO, Transsolar Climate Engineering
- Sukanya Paciorek, Vice President of Corporate Sustainability, Vornado Realty Trust
- Greig Paterson, Researcher, AHR (formerly

Aedas）

- Peter Pellerzi, Manager, Data Center Global Engineering Team, Google

338
- Chris Pyke, USGBC
- Brian Ringley, Fuse Lab Technology Coordinator, City University of New York ; Design Technology Platform Specialist, Woods Bagot
- Zigmund Rubel, AIA, Co-Founder Aditazz Inc.
- David Sawdey, Director of Business Intelligence, Jones Lang Lasalle Strategic Consulting
- Greg Schleusner, Director buildingSMART Innovation, HOK
- Jonatan Schumacher, Director of CORE studio, Thornton Tomasetti
- Brian Skripac, Director of Digital Practice at Astorino（now Astorino-CannonDesign）
- Clayton Starr, Associate Vice President, RTKL
- Carin Whitney, Communications Director, KieranTimberlake
- Andrew Witt, Director of Research, Gehry Technologies
- Robert Yori, Senior Digital Design Manager at SOM

介绍过的机构和大学

- Aditazz
- AHR（formerly Aedas）
- Allies and Morrison
- Astorino（now Astorino-CannonDesign）
- buildingSMART
- CASE Inc.
- City University of New York
- Civil and Environmental Engineering and Computer Science, University of Illinois at Urbana-Champaign

- Columbia University
- Dātu Health
- Detmold School of Architecture
- HDR
- Gehry Technologies
- Google
- Grimshaw Architects
- HOK
- Jones Lang Lasalle
- KieranTimberlake
- LMN Architects
- LOISOS + UBBELOHDE
- MKThink
- Morpholio
- NBBJ
- Page
- Prairie Sky Consulting LLC
- Proxy
- Reed Construction Data
- RTKL
- Sasaki Associates
- School of Architecture at the University of Notre Dame
- Sefaira
- Solomon Cordwell Buenz
- SOM
- Space Command
- Thornton Tomasetti
- Transsolar Climate Engineering
- USGBC

339
- Vornado Realty Trust
- Woods Bagot

25 种数据驱动策略

- **策略 1**　专注于关键信息
- **策略 2**　示范有用，解释无用

所提及的软件

本书力求与软件供应商无关。列出的软件不是背书。请注意：软件变化频繁，在编辑这个列表之后可能已经发生变化。

- Alibre
- Apache OpenOffice
- Athena
- Autodesk 3ds Max
- Autodesk AutoCAD
- Autodesk AutoCAD Architecture
- Autodesk Dynamo Visual Programming for BIM
- Autodesk Dynamo BIM
- Autodesk Ecotect
- Autodesk Green Building Studio
- Autodesk Maya
- Autodesk Revit Architecture
- Autodesk Revit MEP
- Autodesk Revit Structure
- Building CATALYST
- CASE Pro Apps
- CASE/SOM BIM Dashboard
- Chameleon
- CodeBook
- Copy Monitor
- D3
- Dassault Systèmes CATIA
- Dhour
- DIVA
- dRofus
- DynaRobo
- EES：Engineering Equation Solver（Transsolar）
- Elk
- EnergyPlus（U.S. DOE）
- Energy Star Portfolio Manager
- Etabs
- eQUEST
- Firefly
- FlexSim Healthcare
- Galopogos
- Gehry Technologies Digital Project
- Geometry Gym suite
- Graphisoft ArchiCAD
- Grasshopper plug-in Ladybug
- Grasshopper plug-in Honeybee
- GreenScale Tool
- Hadoop
- IES
- KieranTimberlake Research Group，Tally plugin

340

- Lyrebird（LMNts and Robert McNeel & Associates）
- MapReduce
- McNeel & Associates Grasshopper
- Meerkat
- Microsoft Excel
- Microsoft Word
- MKThink 4Adaptive
- Mobile Augmented Reality System（MARS）
- Oasys MassMotion
- R
- Radiance
- RAM
- Robert McNeel & Associates Rhino（Rhinoceros）
- SAP
- Sefaira
- Sefaira for SketchUp plug-in
- Shade 3D
- SolidWorks
- Tableau
- Tekla
- Therm
- TRACE™ simulation
- Trelligence Affinity
- Trimble SketchUp
- TRNSYS
- TTX（Thornton Tomasetti CORE studio/ACM Team）
- ViziCalc

341

推荐读物

Aiden，Erez，and Jean-Baptiste Michel. *Uncharted：Big Data as a Lens on Human Culture.* Riverhead，2013.

Ayres，Ian. *Super Crunchers：Why Thinking-by-Numbers is the New Way to Be Smart.* Bantam，2008.

Borner，Katy，and David E. Polley. *Visual Insights：A Practical Guide to Making Sense of Data.* MIT Press，2014.

Brandt，Robert，Gordon H. Chong，and W. Mike Martin. *Design Informed：Driving Innovation with Evidence-Based Design.* John Wiley & Sons，2010.

Carr，Nicholas. *The Big Switch.* W. W. Norton，2013.

Cook，Gareth，ed. *The Best American Infographics 2014.* Houghton Mifflin Harcourt，2014.

Davenport，Thomas H. *Big Data at Work：Dispelling the Myths，Uncovering the Opportunities.* Harvard Business Review Press，2014.

Davenport，Thomas H.，Jeanne G. Harris，and Robert Morison. *Analytics at Work：Smarter Decisions，Better Results.* Harvard Business Review Press，2010.

Davenport，Thomas H.，and Jinho Kim. *Keeping Up with the Quants：Your Guide to Understanding and Using Analytics.* Harvard Business Review Press，2013.

Few，Stephen. *Now You See It：Simple Visualization Techniques for Quantitative Analysis.* Analytics Press，2009.

Foreman，John W. *Data Smart：Using Data Science to Transform Information into Insight.* John Wiley & Sons，2013.

Fung，Kaiser. *Number Sense：How to Use Big Data to Your Advantage.* McGraw-Hill，2013.

Gitelman，Lisa. ed. *"Raw Data" Is an Oxymoron.* MIT Press，2013.

Goldstein，Brett，and Lauren Dyson. *Beyond Transparency：Open Data and the Future of Civic Innovation.* Code for America Press，2013.

Gurin，Joel. *Open Data Now：The Secret to Hot Startups，Smart Investing，Savvy Marketing， and Fast Innovation*. McGraw-Hill Education, 2013.

Harris, Phillip A. *Data-Driven Design : How Today's Product Designer Approaches User Experience to Create Radically Innovative Digital Products*. K & R Publications, 2013.

Hey, Tony, Tansley, Stewart, & Tolle, Kristin. *The Fourth Paradigm : Data-Intensive Scientific Discovery*. Microsoft Research, 2009.

Hubbard, Douglas W. *How to Measure Anything : Finding the Value of Intangibles in Business*. John Wiley & Sons, 2014.

Kelly III, John E., & Hamm, Steve. *Smart Machines : IBM's Watson and the Era of Cognitive Computing*. Columbia Business School Publishing, 2013.

Kolb, Jeremy. *Business Intelligence in Plain Language : A Practical Guide to Data Mining and Business Analytics*. Applied Data Labs Inc., 2012.

Lanier, Jaron. *Who Owns the Future?* Simon & Schuster, 2014.

Mayer-Schönberger, Viktor, and Kenneth Cukier. *Big Data : A Revolution That Will Transform HowWe Live, Work, and Think*. Houghton Mifflin Harcourt, 2013.

Isard, Michael, and John MacCormick. *Nine Algorithms That Changed the Future : The Ingenious Ideas That Drive Today's Computer*. Princeton University Press, 2011.

Milton, Michael. *Head First Data Analysis : A Learner's Guide to Big Numbers, Statistics, and Good Decisions*. O' Reilly Media, 2009.

342　Minelli, Michael, Michele Chambers, and Ambiga Dhiraj. *Big Data, Big Analytics : Emerging Business Intelligence and Analytic Trends for Today's Businesses*. John Wiley & Sons, 2012.

O' Reilly Radar Team. *Big Data Now : Current Perspectives from O'Reilly Radar*. O' Reilly Media. 2011.

Provost, Foster, and Tom Fawcett. *Data Science for Business : What You Need to Know about Data Mining and Data-Analytic Thinking*. O' Reilly Media, 2013.

Redman, Thomas C. *Data Driven*. Harvard Business Review Press, 2008.

Rudder, Christian. *Dataclysm : Who We Are (When We Think No One's Looking)*. Crown Publishing Group, 2014.

Sathi, Arvind. *Big Data Analytics : Disruptive Technologies for Changing the Game*. Mc Press, 2012.

Schmidt, Eric, and Jared Cohen. *The New Digital Age : Reshaping the Future of People, Nations and Business*. Knopf, 2013.

Scoble, Robert, and Shel Israel. *Age of Context : Mobile, Sensors, Data and the Future of Privacy*. Patrick Brewster Press, 2014.

Segal, Leerom, Aaron Goldstein, Jay Goldman, and Rahaf Harfoush. *The Decoded Company : Know Your Talent Better Than You Know Your Customers*. Portfolio, 2014.

Segaran, Toby, and Jeff Hammerbacher, eds. *Beautiful Data : The Stories Behind Elegant Data Solutions*. O' Reilly Media, 2009.

Shron, Max. *Thinking with Data : How to Turn Information into Insights*. O' Reilly Media, 2014.

Siegel, Eric. *Predicative Analytics : The Power to Predict Who Will Click, Buy, Lie, or Die*. John Wiley & Sons, 2013.

Simon, Phil. *The Visual Organization : Data Visualization, Big Data, and the Quest for Better Decisions*. Wiley and SAS Business

Series, 2014.

Simon, Phil. *Too Big to Ignore : The Business Case for Big Data*. John Wiley & Sons, 2013.

Smolan, Rick, and Jennifer Erwitt. *The Human Face of Big Data*. Against All Odds Productions, 2012.

Steiner, Christopher. *Automate This : How Algorithms Took Over Our Markets, Our Jobs, and the World*. Penguin Group, 2012.

Surdak, Christopher. *Data Crush : How the Information Tidal Wave Is Driving New Business Opportunities*. AMACOM, 2014.

Takahashi, Mana, and Shoko Azuma. *The Manga Guide to Databases*. No Starch Press, 2009.

Townsend, Anthony M. *Smart Cities : Big Data, Civic Hackers, and the Quest for a New Utopia*. W. W. Norton, 2013.

Tucker, Patrick. *The Naked Future : What Happens in a World That Anticipates Your Every Move?* Penguin Group, 2014.

Yau, Nathan. *Data Points : Visualization That Means Something*. John Wiley & Sons, 2013.

346

---

* 此处疑为 GBIG——译者注

DATA-DRIVEN DESIGN AND CONSTRUCTION
25 STRATEGIES FOR CAPTURING, ANALYZING, AND APPLYING BUILDING DATA

学习如何有效地获取并利用数据，以便把工作做得更好，做出明智的决策并提高生产率

> "在这本综合性著作中，兰迪 多伊奇（Randy Deutsch）教授解锁并道破了 21 世纪建筑隐藏的密码。那就是数据、大数据、作为驱动力的数据…… 本书为我们提供了成为明智的和有知识的追求者的机会，去追求数据及其带来的可以使建筑成为美妙的、有用的和智慧的艺术形式的机遇。"
>
> —— 摘自 美国建筑师学会会士 James Timberlake 为本书撰写的"序言"

尽管已经认识到建筑信息模型（BIM）的价值，今天大多数人仍仅用 BIM 工具创建文档。是设计和施工专业人员认识 BIM 作为数据库的真正价值的时候了。学习捕获、分析和应用数据将使我们中很多人把 BIM 应用带到可视化、碰撞检测和协同之后的下一个新高度。

本书是以当今的技术和实践为基础，为建筑师、工程师、承包商、业主和教育工作者而写的：

- 讲述具有创新精神的个人和公司在提升业务的同时，如何利用数据保持竞争力。
- 通过向建筑师、工程师、承包商和业主以及这些领域的学生，解释如何获取和使用数据。以做出更明智的决策，寻求解决和纠正我们知识的不足。
- 记述了数据驱动设计是如何成为 BIM 与建筑计算分析和相关工具融合新前沿的。
- 本书是一本你和你的组织今天就可以应用的有关如何利用触手可及数据的实战策略的书。
- 本书的目的是帮助设计从业人员和他们的项目团队更好地利用 BIM，并在整个建筑生命周期中利用数据。

作者简介

兰迪·多伊奇（Randy Deutsch），美国建筑师协会（AIA）会员，LEED 认证专家，在伊利诺伊大学厄巴纳 – 尚佩思分校任副教授，是一名 BIM 技术权威和建筑师，主持了超过 100 个大型、复杂的可持续项目的设计。他是美国建筑师协会芝加哥青年建筑师奖的获得者，是公认的专业思想家和实践领导者；TEDx 活动主讲嘉宾；《BIM 与整合设计——建筑实践策略》（Wiley 出版社，2011）的作者。他经常有稿件刊登在《设计智能》杂志上，他主持哈佛大学研究生院的高层管理人员设计教育课程。他的咨询和讲演活动遍布全球。